Theoretische Physik kompakt III

Theoretische Physik kompakt III

Wolfgang Cassing

Theoretische Physik kompakt III

Quantenmechanik

Wolfgang Cassing
Theoretische Physik
Justus-Liebig-Universität Gießen
Gießen, Hessen, Deutschland

ISBN 978-3-031-96447-3   ISBN 978-3-031-96448-0   (eBook)
https://doi.org/10.1007/978-3-031-96448-0

Die Deutsche Nationalbibliothek verzeichnet diese Publikation in der Deutschen Nationalbibliografie; detaillierte bibliografische Daten sind im Internet über https://portal.dnb.de abrufbar.

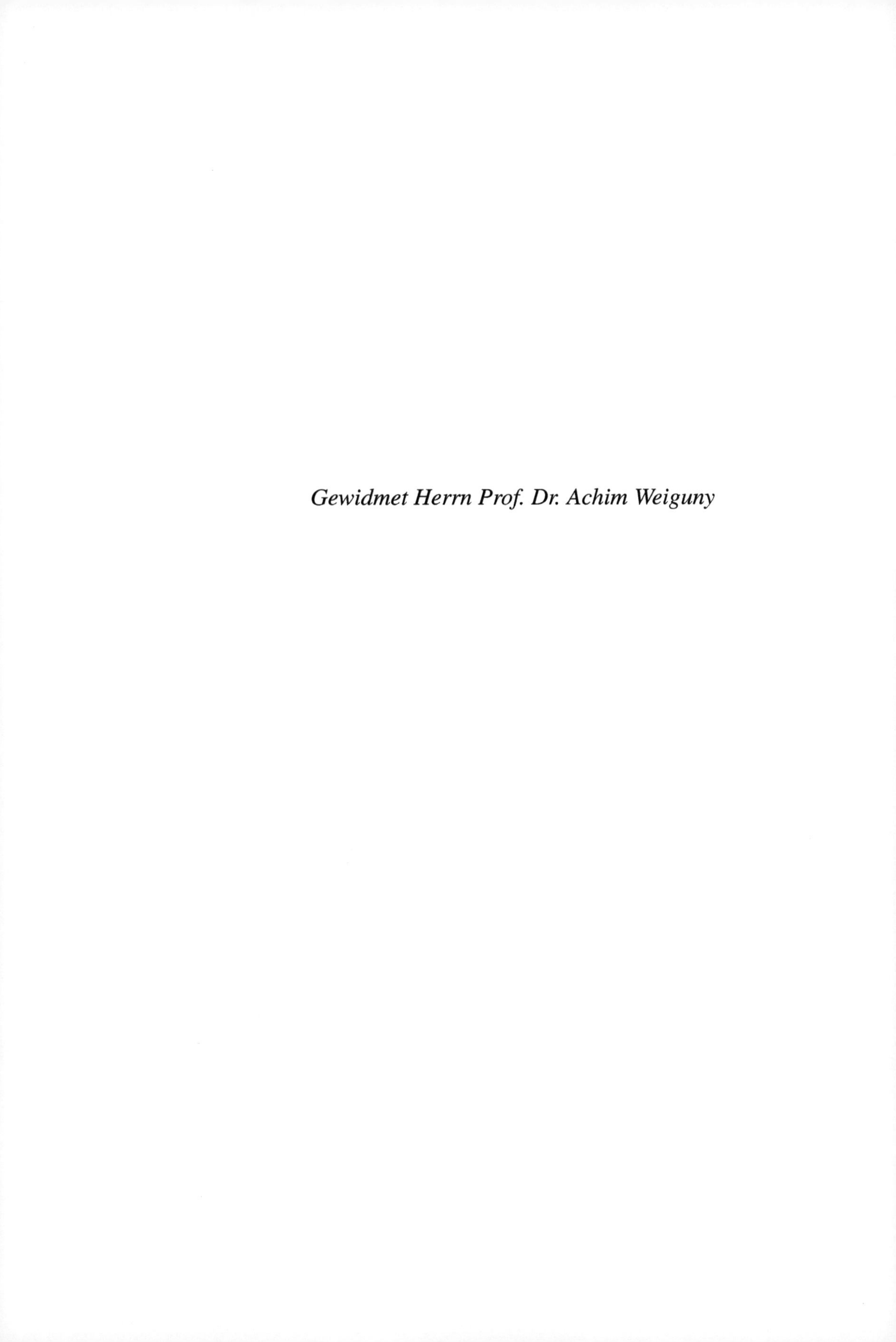

Gewidmet Herrn Prof. Dr. Achim Weiguny

Vorwort

Dieses Buch dient als Lehrbuch der Quantenmechanik und richtet sich insbesondere an Bachelorstudenten und Bacherlorstudentinnen im zweiten oder dritten Studienjahr der Theoretischen Physik. Im ersten Teil wird eine kurze Zusammenfassung der klassischen Mechanik und ihrer Grenzen gegeben, indem auf jene physikalischen Beobachtungen hingewiesen wird, die im Widerspruch zu Interpretationen innerhalb der klassischen Mechanik stehen. Frühe Versuche, die klassische Physik durch zusätzliche Randbedingungen zu erweitern, werden ebenfalls diskutiert.

Im zweiten Teil wird die elementare Quantenmechanik für ein einzelnes Teilchen eingeführt sowie die statistische Interpretation seiner Wellenfunktion, die sich aus der Schrödinger-Gleichung in Anwesenheit äußerer Kräfte ergibt. Es wird gezeigt, wie klassische Observable in der Phasenraumdarstellung in quantenmechanische Operatoren übersetzt werden, die in einem abstrakten Hilbertraum der Wellenfunktionen wirken. Beobachtbare Größen wie Impuls, Drehimpuls oder Energie werden dann durch Erwartungswerte ihrer entsprechenden Operatoren definiert. Im Gegensatz zur klassischen Mechanik kann die Reihenfolge von Messungen verschiedener Observablen im Allgemeinen nicht vertauscht werden; dies spiegelt sich in Kommutatoren zwischen Operatoren wider, die dieselbe Algebra wie die Poisson-Klammern in der klassischen Physik haben. Ein bekanntes Beispiel ist die Unschärferelation zwischen Ort und Impuls, die besagt, daß das Produkt der Unschärfe im Ort und der Unschärfe im Impuls in der Quantenmechanik eine untere Grenze hat und im Laufe der Zeit für freie Wellenpakete zunimmt. Ein weiteres Beispiel ist der Drehimpuls, dessen Komponenten nicht kommutieren und widerspiegeln, daß die Reihenfolge von Rotationen nicht vertauschbar ist. In Übereinstimmung mit den Beobachtungen in den Stern-Gerlach-Experimenten wird Elektronen ein Spin zugeordnet, der als innerer Freiheitsgrad beschrieben wird und dieselbe Algebra wie der Drehimpuls hat. Dies führt schließlich zur Pauli-Gleichung, die die Dynamik von geladenen Spin-1/2-Teilchen, z. B. in einem äußeren elektromagnetischen Feld beschreibt.

Die allgemeinen Eigenschaften der Quantenmechanik werden dann anhand einiger Beispiele illustriert, darunter der unendliche (und endliche) Potentialtopf, das quantenmechanische Tunneln durch eine endliche Potentialbarriere sowie Probleme mit periodischen Symmetrien, die zu endlichen Energiebandstrukturen in Festkörpern führen. Das Problem des harmonischen Oszillators wird algebraisch gelöst und sein Spektrum sowie seine Eigenfunktionen in einer und drei Dimensionen abgeleitet. Im Falle der radialen Symmetrie wird die radiale Schrödinger-Gleichung abgeleitet und explizit für den Fall des Wasserstoffatoms gelöst. Neben den gebundenen Zuständen des Einteilchenproblems werden auch kontinuierliche Zustände im Rahmen der Streutheorie untersucht, und eine alternative Formulierung der Quantenmechanik wird in Form der Lippmann-Schwinger-Gleichung vorgestellt, die aufgrund der expliziten Implementierung geeigneter Randbedingungen besser für Streuprobleme geeignet ist. In diesem Zusammenhang werden die Streuamplitude und der differentielle Wirkungsquerschnitt eingeführt, die die Streuwahrscheinlichkeit in der Quantentheorie beschreiben. Die Born'sche Reihenentwicklung wird für die Streuamplitude aufgestellt und in führender Näherung untersucht. Schließlich wird die Streuamplitude in der Drehimpulsdarstellung abgeleitet und Streuphasen eingeführt, die die S-Matrix für elastische Streuung (bei festem Drehimpuls) definieren.

Die mathematischen Grundlagen der Quantenmechanik werden im dritten Teil dieses Buches behandelt, der darauf abzielt eine strenge Formulierung von Vielteilchenproblemen in der Quantenphysik zu geben. Zu diesem Zweck werden insbesondere selbstadjungierte, unitäre und Projektionsoperatoren ausführlich besprochen. In diesem Zusammenhang werden die möglichen Vielkörperzustände im Hinblick auf ihre Teilchenaustausch-Symmetrie (im Falle identischer Teilchen) charakterisiert, was zur Klassifizierung von Fermionen und Bosonen führt, die sich durch ein Minuszeichen in ihrer Wellenfunktion beim Austausch zweier Teilchen unterscheiden. Das Pauli-Prinzip besagt ferner, daß Fermionen nur einen Zustand (mit gegebenen Quantenzahlen) einmal besetzen können, während es für Bosonen keine Beschränkung gibt. Diese Unterscheidung ist in der klassischen Mechanik nicht möglich, da die Teilchen durch ihre Bahnen im Phasenraum unterschieden werden können, hat jedoch schwerwiegende Folgen für Vielteilchensysteme in der Nähe ihres Grundzustands.

Im vierten Teil dieses Buches wird die Quantenmechanik von Vielteilchensystemen behandelt und die verschiedenen Bilder der Zeitentwicklung des Systems werden aufgezeigt, d. h. das Schrödinger-Bild, das Heisenberg-Bild und das Dirac-Bild, die äquivalent sind, aber je nach Problemstellung unterschiedliche Vorteile bieten. Um eine flexible und bequeme Formulierung des Vielteilchenproblems zu erhalten, wird die Teilchenzahldarstellung für Fermionen und Bosonen eingeführt, die sich in den Vertauschungsrelationen für die Teilchenerzeugungs- und Vernichtungsoperatoren unterscheiden. Es wird gezeigt, wie man Observable in dieser Darstellung berechnet und Beispiele für Grundzustände von Bosonen und Fermionen werden vorgestellt. Außerdem wird die Quantisierung des elektromagnetischen Feldes präsentiert, das – wie im Fall von Materiefeldern – zusätzlich zu den Welleneigenschaften eine Teilcheninterpretation (Photonen) hat. Auch die Wechselwirkungen zwischen Materie und dem Strahlungsfeld werden in führender Ordnung berechnet.

Systematische Näherungsmethoden stehen im Mittelpunkt des fünften Teils dieses Buches, der mit einer formalen Formulierung der Streutheorie für Vielteilchensysteme beginnt und das Konzept der S-Matrix und T-Matrix einführt. Insbesondere wird gezeigt, dass die T-Matrix einer allgemeinen Born'schen Entwicklung folgt, die entweder durch Iteration oder eine systematische Entwicklung in Potenzen der Wechselwirkung gelöst werden kann. Explizite Formeln für den Grundzustand von Vielteilchensystemen werden vorgestellt. Der Hartree-Fock-Ansatz wird abgeleitet und ausführlich diskutiert, der breite Anwendung in der Atom- und Kernphysik sowie in der Theoretischen Chemie findet. Der Ansatz konzentriert sich im Wesentlichen auf die Eigenschaften der Grundzustände von Atomen und Molekülen sowie Atomkernen und ist eine effektive Einteilchentheorie, bei der die individuellen 2-Teilchen Wechselwirkungen in einem effektiven Hartree-Fock Potential zusammengefaßt werden. Restwechselwirkungen zwischen Paaren von Fermionen mit zeitumgekehrten Quantenzahlen werden schließlich in der BCS-Theorie einbezogen, die es ermöglicht Supraleitung in Metallen und Atomkernen bei niedrigen Temperaturen zu beschreiben.

Gießen   Wolfgang Cassing
Oktober 2024

Danksagung

Dieses Buch ist das Ergebnis einer langjährigen Zusammenarbeit mit vielen Studierenden und Mitarbeitern sowie Mitarbeiterinnen im Laufe von etwa 35 Jahren gemeinsamer Lehre und Forschung. Es folgt den Entwürfen meines Lehrers Prof. Dr. Achim Weiguny, dem dieser Band gewidmet ist. Besonderer Dank gilt meiner Tochter Marie für die Erstellung einiger Abbildungen sowie für hilfreiche Kommentare zu Notation und Präsentation.

Inhaltsverzeichnis

Teil III Mathematische Grundlagen der Quantenmechanik

Teil IV Quantenmechanik der Vielteilchensysteme

Abbildungsverzeichnis

Teil I
Einführung

Prinzipien der klassischen Physik

1

Inhaltsverzeichnis

Bevor wir zur eigentlichen Formulierung der Quantenmechanik kommen, fassen wir kurz die grundlegenden Konzepte und Gleichungen der klassischen Mechanik zusammen. Darüber hinaus wird die klassische Statistik im Hinblick auf das Konzept identischer Teilchen diskutiert und die grundlegenden Annahmen für experimentelle Messungen in der klassischen Physik werden dargelegt um sie den unterschiedlichen Perspektiven in der Quantenmechanik gegenüberzustellen.

1.1   Bewegung von Massenpunkten

In der klassischen Physik ist ein System von N Massenpunkten vollständig charakterisiert durch die Positionen und Geschwindigkeiten der Teilchen als Funktion der Zeit

$$\{q_i(t), \dot{q}_i(t)\}; \qquad i = 1, 2, .., 3N. \tag{1.1}$$

Jedem Massenpunkt (Teilchen) wird eine Bahn zugeordnet, die man durch Integration der Newton'schen Bewegungsgleichungen bestimmen kann. Die Lösung ist eindeutig, sobald man zu irgendeinem Zeitpunkt t_0 Positionen und Geschwindigkeiten aller Teilchen gemessen hat, vorausgesetzt, daß man alle inneren und äußeren Kräfte kennt.

Im Hinblick auf die Quantentheorie schreiben wir die Bewegungsgleichungen mit Hilfe einer für das System charakteristischen Funktion, der **Lagrange-Funktion**

© Der/die Autor(en), exklusiv lizenziert an Springer Nature Switzerland AG 2025   3
W. Cassing, *Theoretische Physik kompakt III*,
https://doi.org/10.1007/978-3-031-96448-0_1

$$L = L(q_i, \dot{q}_i; t) \tag{1.2}$$

als

$$\frac{d}{dt}\left(\frac{\partial L}{\partial \dot{q}_i}\right) - \frac{\partial L}{\partial q_i} = 0. \tag{1.3}$$

Lassen sich die Kräfte aus einem Potential

$$V = V(q_i; t) \tag{1.4}$$

durch Bildung des Gradienten herleiten, so hat L die Form

$$L = T - V, \tag{1.5}$$

wobei

$$T = \sum_{i=1}^{3N} \frac{m_i}{2}\dot{q}_i^2 \tag{1.6}$$

die kinetische Energie ist. Durch Einsetzen von (1.4), (1.5) und (1.6) in (1.3) erhält man
sofort die Newton'schen Bewegungsgleichungen. Treten geschwindigkeitsabhängige Kräfte
auf (Beispiel: **Lorentz-Kraft**), so muß V verallgemeinert werden zu

$$V = V(q_i, \dot{q}_i; t). \tag{1.7}$$

Statt mit den $r = 3N$ Differentialgleichungen 2. Ordnung (1.3) zu arbeiten (**Lagrange-
Formalismus**), kann man auch $2r$ Differentialgleichungen 1. Ordnung benutzen (**Hamilton-
Formalismus**). Man führt dazu **kanonische Impulse** ein durch

$$p_i = \frac{\partial L}{\partial \dot{q}_i}, \tag{1.8}$$

die sich auf die gewöhnlichen Impulse

$$m_i \dot{q}_i \tag{1.9}$$

reduzieren, falls V nicht von $\dot{q}_i$ abhängt. Mit Hilfe der Hamilton-Funktion, die durch eine
Legendre Transformation entsteht,

$$H = H(q_i, p_i; t) = \sum_i \dot{q}_i p_i - L \tag{1.10}$$

lassen sich die Bewegungsgleichungen dann schreiben als

$$\dot{q}_i = \frac{\partial H}{\partial p_i}, \qquad \dot{p}_i = -\frac{\partial H}{\partial q_i}. \tag{1.11}$$

Ferner gilt

$$\frac{\partial H}{\partial t} = -\frac{\partial L}{\partial t}. \tag{1.12}$$

Zum Beweis bildet man das vollständige Differential von $H(q_i, p_i; t)$.

Den Bewegungsgleichungen äquivalent ist das **Variationsprinzip**

$$\delta \int_{t_1}^{t_2} L(q_i, \dot{q}_i; t)\, dt = 0 \tag{1.13}$$

mit

$$\delta q_i(t_1) = \delta q_i(t_2) = 0. \tag{1.14}$$

1.2 Poisson Klammern, Erhaltungssätze

Eine Observable des Systems (Beispiel: z-Komponente des Drehimpulses, mittlerer quadratischer Radius) läßt sich darstellen als

$$F = F(q_i, p_i; t). \tag{1.15}$$

Für die totale zeitliche Änderung von F erhält man:

$$\begin{aligned}
\frac{dF}{dt} &= \sum_i \left(\frac{\partial F}{\partial q_i} \frac{dq_i}{dt} + \frac{\partial F}{\partial p_i} \frac{dp_i}{dt} \right) + \frac{\partial F}{\partial t} \\
&= \sum_i \left(\frac{\partial F}{\partial q_i} \frac{\partial H}{\partial p_i} - \frac{\partial F}{\partial p_i} \frac{\partial H}{\partial q_i} \right) + \frac{\partial F}{\partial t} \\
&= \{F, H\} + \frac{\partial F}{\partial t}.
\end{aligned} \tag{1.16}$$

Allgemein heißt die Größe

$$\{F_1, F_2\} = \sum_i \left(\frac{\partial F_1}{\partial q_i} \frac{\partial F_2}{\partial p_i} - \frac{\partial F_1}{\partial p_i} \frac{\partial F_2}{\partial q_i} \right) \tag{1.17}$$

die **Poisson-Klammer** der betrachteten Größen F_1, F_2. Für eine Observable F, die nicht explizit von der Zeit abhängt (Beispiele: z-Komponente des Drehimpulses), ist ihre zeitliche Änderung bestimmt durch die Poisson-Klammer mit H,

$$\frac{dF}{dt} = \{F, H\} \text{ falls } \frac{\partial F}{\partial t} = 0. \tag{1.18}$$

Beispiele:

i) Fundamentale Poisson Klammern $\{q_i, p_j\} = \delta_{ij}$

ii) Hamilton'sche Gleichungen:

$$\dot{q}_i = \frac{\partial H}{\partial p_i} = \{q_i, H\}$$

$$\dot{p}_i = -\frac{\partial H}{\partial q_i} = \{p_i, H\}$$

Aus

$$\frac{dH}{dt} = \{H, H\} + \frac{\partial H}{\partial t} = \frac{\partial H}{\partial t}$$

entsteht der Energieerhaltungssatz, falls H nicht explizit von t abhängt und die Form $H = T + V(q_i)$ hat.

Für ein abgeschlossenes System sind die fundamentalen mechanischen Größen – Energie, Impuls und Drehimpuls – Erhaltungsgrößen. Dies ist eine direkte Folge der Invarianz der Lagrange-Funktion – und damit des physikalischen Systems – gegen Zeit-Translation, Raum-Translation und Raumdrehung. Da Impuls und Drehimpuls eines Systems von N Teilchen nicht explizit von der Zeit t abhängen, folgt aus (1.16) bzw. (1.18) für eine Erhaltungsgröße G

$$\frac{dG}{dt} = \{G, H\} = 0. \tag{1.19}$$

Erhaltungssätze bedeuten also, daß für die erhaltene Observable die Poisson-Klammer mit der Hamilton-Funktion verschwindet.

1.3   Identische Teilchen – klassische Statistik

Teilchen mit gleichen physikalischen Eigenschaften (gleiche Masse, gleiche Ladung etc.) heißen **identische Teilchen**. In der klassischen Physik sind identische Teilchen **unterscheidbar** aufgrund ihrer Bahnen: numeriert man z. B. zwei identische Teilchen zur Zeit t_0 mit 1 und 2, so kann man die Teilchen zu einer späteren Zeit $t > t_0$ wieder als 1 bzw. 2 identifizieren, indem man ihre Bewegung längs der jeweiligen Bahn verfolgt.

Hat man sehr viele identische Teilchen (etwa H_2 – Moleküle in einem makroskopischen Volumen), so beschreibt man das System mit Hilfe statistischer Methoden (Wahrscheinlichkeitsaussagen), obwohl im Prinzip alle physikalischen Eigenschaften des Systems bei

Kenntnis der Anfangsbedingungen für alle Zeiten festgelegt sind. Statistik betreibt man aus rein praktischen Erwägungen: wenn es praktisch nicht möglich ist, alle physikalischen Größen des Systems zu messen oder zu berechnen, oder wenn Aussagen über bestimmte Größen uninteressant sind (z. B. die Positionen aller Moleküle in einem makroskopischen Volumen).

1.4   Fundamentale Wechselwirkungen

Die zwischen Massenpunkten wirkenden Kräfte lassen sich auf einige wenige fundamentale Arten der Wechselwirkung zurückführen, die vorwiegend im Rahmen von **Feldtheorien** beschrieben werden:

i) die **Gravitationswechselwirkung,** welche an die Masse der Teilchen koppelt und für die Bewegung makroskopischer Körper (insbesondere der Himmelskörper) wesentlich ist;

ii) die **elektromagnetische Wechselwirkung,** die an die Ladung und das magnetische Moment der Teilchen koppelt. Sie ist wichtig für Probleme in makroskopischen wie mikroskopischen Dimensionen;

iii) die **schwache Wechselwirkung,** die z. B. für den β-Zerfall verantwortlich ist;

iv) die **starke Wechselwirkung,** welche die Kernkräfte zwischen den Nukleonen erklärt z. B. durch den Austausch von Mesonen. Im Rahmen der Quantenchromodynamik (QCD) beruht sie auf dem Austausch von 'farbigen' Gluonen, die an die 'Farbladung' der Quarks koppeln.

Bemerkung: ii) und iii) werden auch unter der Bezeichnung **elektroschwache Wechselwirkung** geführt, die auf dem Austausch eines masselosen Vektorteilchens (des Photons γ) sowie von massiven Vektorbosonen (W^{+}, W^{0}, W^{-}, Z^{0}) beruht.

In diesem Lehrbuch wird vorwiegend die elektromagnetische Wechselwirkung von Bedeutung sein.

1.5   Das Konzept der Messung in der klassischen Physik

Um an einem physikalischen System eine Messung durchzuführen, muß man das zu untersuchende System (Objekt) in Wechselwirkung mit einem Meßgerät bringen. Dabei ändert das Meßgerät seinen Zustand (z. B. in Form eines Zeigerausschlages), umgekehrt wird prizipiell auch das zu untersuchende System durch den Meßprozeß gestört.

Auf der Basis der klassischen Physik macht man folgende fundamentale Annahmen über den Meßprozeß:

1. Die Rückwirkung des Meßprozesses auf das Objekt ist prinzipiell nach den Gesetzen der klassischen Physik berechenbar.
2. Die durch eine Messung am Objekt hervorgerufene Störung kann beliebig klein gemacht werden. Bei geeigneter Meßanordnung kann daher die Rückwirkung auf das Objekt vernachlässigt werden.
3. Messungen verschiedener Eigenschaften am gleichen System stören sich nicht gegenseitig.

Beispiel: Wenn wir an einem System von Massenpunkten Positionen und Impulse zur Zeit t_0 messen, so erhalten wir bestimmte Zahlenwerte. Führen wir zu einer späteren Zeit t die gleiche Messung noch einmal durch, so erhalten wir im Prinzip die nach den Bewegungsgleichungen aus der ersten Messung berechenbaren Werte.

Auf makroskopische Phänomene ist das oben beschriebene Konzept in der Tat anwendbar. Die Position eines makroskopischen Objekts können wir z. B. mit Hilfe einer photographischen Aufnahme bestimmen. Grundsätzlich wird dabei der Zustand des makroskopischen Objekts verändert, da bei der Aufnahme Licht auf ihn fällt (Strahlungsdruck). Diese Änderung kann aber im Rahmen der klassischen Physik beliebig klein gemacht werden, indem man das Objekt immer schwächer belichtet und einen entsprechend empfindlicheren Film benutzt. Voraussetzung ist dabei, daß sich alle physikalischen Größen **kontinuierlich** ändern lassen.

Grenzen der Klassischen Physik

2

Inhaltsverzeichnis

Die klassische Physik hat sich bewährt bei der Anwendung auf makroskopische Körper (z. B. Himmelsmechanik) und makroskopische Felder (z. B. Ablenkung eines Elektronenstrahls im Kondensator oder Magnetfeld). Im Folgenden sollen einige charakteristische Experimente kurz erläutert werden, bei deren Erkärung die klassische Physik definitiv versagt.

2.1 Der photoelektrische Effekt

Experimentell findet man, daß z. B. aus einem Alkali-Metall Elektronen emittiert werden, wenn man das Metall mit UV-Licht bestrahlt. Im Einzelnen stellt man fest:

1) Die elektrische Stromdichte ist proportional der Intensität der einfallenden Strahlung, wie nach der klassischen Physik zu erwarten. Aber:
2) Die Energie der emittierten Elektronen hängt nicht ab von der Strahlungsintensität (insbesondere nicht von der Entfernung Lichtquelle-Metall), sondern nur von der Frequenz des Lichts und dem benutzten Metall. Mit Hilfe einer angelegten Gegenspannung zeigt man, daß die Energie der Elektronen linear mit der Frequenz ansteigt und daß unterhalb einer (materialabhängigen) Grenzfrequenz keine Elektronen emittiert werden, und zwar unabhängig von der Strahlungsintensität.
3) Oberhalb der jeweiligen Grenzfrequenz setzt die Elektronenemission instantan ein.

© Der/die Autor(en), exklusiv lizenziert an Springer Nature Switzerland AG 2025
W. Cassing, *Theoretische Physik kompakt III*,
https://doi.org/10.1007/978-3-031-96448-0_2

Punkt 2) zusammen mit 3) sind in der klassischen Wellentheorie nicht zu erklären; speziell 3) zeigt, daß der Prozeß nicht auf einer kontinuierlichen Ansammlung von Strahlungsenergie im Metall beruht.

Einstein's Erklärung basiert auf der Hypothese, daß die einfallende Strahlung sich als ein Strom von Lichtquanten (Photonen) mit der Energie $h\nu$ auffassen läßt. Diese Photonen können einzeln von den Metallelektronen absorbiert werden; ist die Energie $h\nu$ der Photonen größer als die Bindungsenergie der Elektronen im Metall, so können Elektronen das Metall nach Absorption eines Photons verlassen. Ihre kinetische Energie ist dann

$$E_{kin} = \frac{1}{2}\, m\, v^2 = h\nu - W, \qquad (2.1)$$

wobei W die Austrittsarbeit ist. Die Einstein'sche Hypothese wird qualitativ wie quantitativ vom Experiment bestätigt; insbesondere erklärt (2.1) das Auftreten einer Grenzfrequenz. Die Proportionalitätskonstante h in (2.1) erweist sich als identisch mit der aus der Strahlung des schwarzen Körpers bekannten **Planck'schen Konstanten.**

2.2   Der Compton Effekt

Wir betrachten die Streuung von Licht an freien (oder sehr schwach gebundenen) Elektronen und nehmen an, daß die einfallende Strahlung monochromatisch ist. Man beobachtet, daß die Wellenlänge des gestreuten Lichts von der des einfallenden Lichts abweicht; es gilt für die Abweichung

$$\Delta\lambda = d(1 - \cos\vartheta) = \lambda' - \lambda \qquad (2.2)$$

wobei die Konstante d unabhängig ist von der Wellenlänge λ des einfallenden Lichts und ϑ der Winkel zwischen der Beobachtungsrichtung und der Fortpflanzungsrichtung der einfallenden Strahlung.

Diese Befund läßt sich im Rahmen der Einstein'schen Photonen-Hypothese einfach erklären: Da Photonen sich (im Vakuum) mit der Lichtgeschwindigkeit c fortbewegen, können sie keine Ruhemasse besitzen; also lautet die relativistische Energie-Impuls-Relation:

$$E = |\mathbf{p}|c. \qquad (2.3)$$

Wenn also Energie und Frequenz über $E = h\nu$ verknüpft sind, so folgt für den Betrag des Impulses:

$$p = \frac{h\nu}{c}. \qquad (2.4)$$

Insgesamt sind also die Eigenschaften der Photonen $(E, \mathbf{p})$ mit denen des Wellenpaketes $(\nu, \mathbf{k})$, das sie repräsentieren, verknüft durch:

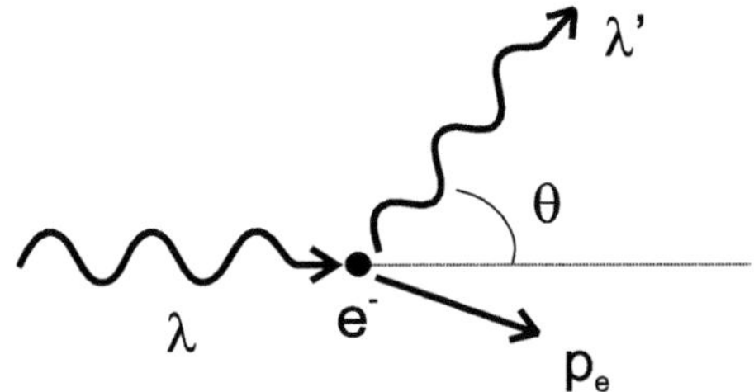

Abb. 2.1 Kinematik für die Streuung eines Photons (mit Wellenlänge λ) an einem Elektron in Ruhe

$$E = h\nu; \qquad \mathbf{p} = \hbar\mathbf{k}; \qquad k = |\mathbf{k}| = \frac{2\pi}{\lambda} = \frac{2\pi\nu}{c}. \qquad (2.5)$$

Zur Erklärung von (2.2) benötigt man dann nur die Erhaltungssätze von Energie und Impuls. Fällt das Licht (die Photonen) auf ruhende Elektronen, so gilt für den einzelnen Elementarprozeß (Abb. 2.1)

$$\mathbf{p} = \mathbf{p}' + \mathbf{p}_e, \qquad (2.6)$$

$$E + mc^2 = E' + \sqrt{m^2c^4 + p_e^2 c^2}. \qquad (2.7)$$

Schreibt man (2.7) als

$$p_e^2 = \frac{1}{c^2}(E + mc^2 - E')^2 - m^2c^2 \qquad (2.8)$$

und quadriert (2.6)

$$p_e^2 = p^2 + p'^2 - 2\,\mathbf{p}\cdot\mathbf{p}' = \frac{1}{c^2}(E^2 + E'^2 - 2\,EE'\cos\vartheta), \qquad (2.9)$$

so folgt

$$E - E' = \frac{EE'}{(mc^2)}(1 - \cos\vartheta) = \frac{2\pi\hbar c}{\lambda\lambda'}(\lambda' - \lambda) \qquad (2.10)$$

oder mit (2.5)

$$\Delta\lambda = \lambda' - \lambda = \frac{h}{(mc)}(1 - \cos\vartheta). \qquad (2.11)$$

In der Tat stimmt h/mc mit der experimentell bestimmten Konstanten d aus (2.2) überein.

Die Erklärung des Compton-Effekts im Rahmen der Einstein'schen **Photonen- Hypothese** impliziert, daß das gestreute Photon und das gestreute Elektron simultan auftreten. Dies konnte durch Koinzidenzmessungen bestätigt werden.

Es ist instruktiv, diese Resultate mit den Vorhersagen der klassischen Theorie zu vergleichen. Nach der Maxwell-Theorie wird das betrachtete Elektron durch das elektrische

Feld der einfallenden Strahlung beschleunigt; dabei wird dem elektrischen Feld der einfallenden Strahlung Energie und Impuls entzogen. Die aufgenommene Energie wird von dem beschleunigten Elektron in Form einer Kugelwelle gleicher Frequenz wieder emittiert. Da die emittierte Strahlung aus Symmetriegründen den Gesamtimpuls null hat, fordert der Impulssatz, daß das Elektron Impuls in Richtung der einfallenden Strahlung (**k**-Richtung) aufnimmt. War das Elektron anfangs in Ruhe, so sollte es sich in **k**-Richtung bewegen. Dies steht im Widerspruch zum experimentellen Befund, wonach gestreute Elektronen auch Impulskomponenten senkrecht zu **k** besitzen.

Anmerkung Die Frequenz des absorbierten und des emittierten Lichts ist nur im Ruhesystem des betrachteten Elektrons gleich; die im Laborsystem beobachteten Frequenzen sind wegen des Doppler-Effekts verschieden, sobald das Elektron in Bewegung ist. Die entsprechende Verschiebung der Wellenlänge $\Delta\lambda$ hängt wie in Gl. (2.11) von dem Winkel ϑ ab, unter dem die Streustrahlung emittiert wird; für den Faktor d in (2.2) erhält man in der klassischen Theorie jedoch nicht den richtigen Wert!

Die in i) und ii) skizzierten Experimente zeigen, daß Licht korpuskularen Charakter besitzt; andererseits gibt es Interferenz- und Beugungsversuche, die sich nur im Wellenbild verstehen lassen. Licht präsentiert sich also in 2 Formen, als Korpuskel oder als Welle, je nach dem betrachteten Experiment. Diese **Welle-Korpuskel-Dualität** ist mit den Vorstellungen der klassischen Physik inkompatibel.

Wenn die elektromagnetische Strahlung entgegen dem klassischen Wellenbild auch Teilchenaspekte zeigt, ist zu erwarten, daß umgekehrt Massenpunkte unter gewissen Bedingungen auch Wellencharakter zeigen. Dies ist in der Tat der Fall.

2.3 Elektronenbeugung an Kristallen

Läßt man Elektronen mit definierter Energie E und Impuls **p** auf einen Einkristall fallen, so beobachtet man auf einem dahinter aufgestellten Schirm **Laue-Diagramme,** wie man sie von der Streuung von Röntgenstrahlen an Kristallen kennt. Ist die Struktur des Kristalls bekannt (Gitterkonstante, Kristallsymmetrie), so kann man analog der Röntgen-Beugung aus dem **Laue-Diagramm** eine Wellenlänge λ bestimmen. Man findet empirisch, daß λ mit der Energie E bzw. dem Impulsbetrag p der Elektronen zusammenhängt gemäß der **de Broglie-Beziehung,**

$$\lambda = \frac{h}{p}, \tag{2.12}$$

oder mit Hilfe der Wellenzahl $k = 2\pi/\lambda$

$$p = \hbar k; \quad \hbar = \frac{h}{2\pi}, \tag{2.13}$$

in Einklang mit (2.5) für den Fall der Photonen!

Die hier gefundenen Resultate sind in vielfältiger Weise mit anderen experimentellen Anordnungen und mit anderen Teilchen (z. B. Neutronen, Helium-Atome) bestätigt worden, und zwingen uns dazu, **der Materie auch Welleneigenschaften zuzuordnen,** was den Vorstellungen der klassischen Physik offensichtlich widerspricht.

Außer dem für die klassische Physik unlösbaren Dilemma der Welle-Korpuskel-Dualität für Materie und elektromagnetische Strahlung gibt es noch weitere experimentelle Evidenz für die Grenzen der klassischen Physik: Im atomaren Bereich gibt es Situationen, in denen physikalische Größen (Beispiel: Energie eines Teilchens) im Gegensatz zur klassischen Theorie nur **diskrete** Werte annehmen können.

2.4 Quantisierung der Energie gebundener Zustände

Charakteristisch für die Emission und Absorption von elektromagnetischer Strahlung durch Materie ist die Existenz **scharfer Spektrallinien.** Absorptions- und Emissionsspektren sind für ein gegebenes System (Atom, Molekül, Atomkern) gleich; jedes System besitzt ein charakteristisches Spektrum, welches zu seiner Identifikation benutzt werden kann (Nachweis von Spurenelementen).

Dieser experimentelle Befund paßt nicht in den Rahmen der klassischen Theorie, in der die Energie eine kontinuierliche Größe ist. Eine zwanglose Erklärung liefert die folgende Hypothese (N. Bohr): Atome (Moleküle, Atomkerne) können nur in bestimmten **stationären Zuständen** existieren, denen eine wohldefinierte Energie zukommt. Bei der Wechselwirkung mit elektromagnetischer Strahlung sind nur **diskontinuierliche** Übergänge zwischen den stationären Zuständen möglich, sodaß scharfe Spektrallinien beobachtet werden; die Energiedifferenz zwischen den betrachteten Zuständen entspricht der Energie des emittierten (absorbierten) Photons,

$$E_i - E_j = h\nu_{ij}. \tag{2.14}$$

Eine weitere experimentelle Bestätigung der Energie-Quantisierung liefert das **Experiment von Frank und Hertz** über inelastische Stöße von Elektronen an Atomen: Monoenergetische Elektronen werden von den Atomen eines Targets gestreut, die Energie der gestreuten Elektronen (mit einer Gegenspannung) gemessen und daraus der Energieverlust ermittelt. Es sei im Folgenden T die kinetische Energie der einlaufenden Elektronen, $E_0, E_1, ..$ die Energien der stationären Zustände der Target-Atome. Da sich unter den Versuchsbedingungen praktisch alle Atome im Grundzustand mit Energie E_0 befinden, können nach der Bohr'schen Hypothese die Atome keine Energie absorbieren solange $T \leq E_1 - E_0$, d. h. der Stoß verläuft elastisch. Wird $T \geq E_1 - E_0$, so können Atome in den ersten angeregten Zustand gelangen und die Elektronen verlieren die Energie $E_1 - E_0$ (inelastische Streuung). Genau dieses wird beobachtet; mit wachsender Energie T beobachtet man dann auch Anregungen des Niveaus E_2 etc.

Das analoge Experiment in der Kernphysik ist die **Coulomb-Anregung,** bei der Protonen nahe an einem Kern vorbeifliegen und diesen – unter Energieverlust – in einen der unteren Kern-Anregungszustände anheben.

2.5   Orientierungs-Quantisierung

Wir betrachten die Ablenkung eines Strahls paramagnetischer Atome mit dem magnetischen Moment $\vec{\mu}$ in einem inhomogenen Magnetfeld **B** (**Stern-Gerlach-Experiment**). Die auf die Dipolmomente wirkende Kraft ist

$$\mathbf{F} = \nabla(\boldsymbol{\mu} \cdot \mathbf{B}). \tag{2.15}$$

Der Einfachheit halber wollen wir annehmen, daß (durch geeignete Form der Magnete) nur B_z und $\partial B_z/\partial z$ von null verschieden sind. Dann wirkt auf die Teilchen nur eine Kraft in z-Richtung und es gilt für den Betrag:

$$|\mathbf{F}| = F_z = \mu_z \frac{\partial B_z}{\partial z}. \tag{2.16}$$

Wenn die magnetischen Momente anfangs statistisch orientiert sind, so sind für μ_z kontinuierlich alle Werte zwischen $\pm\mu$ ($\mu = |\vec{\mu}|$) möglich. Dementsprechend kann der Ablenkwinkel kontinuierlich zwischen den zu $\mu_z = \pm\mu$ gehörenden extremen Winkeln variieren. Man erwartet also – nach der klassischen Theorie – auf einem senkrecht zur ursprünglichen Strahlrichtung hinter dem Magneten aufgestellten Schirm das in Abb. 2.2a skizzierte Bild (die Länge des Strichs hängt ab von der kinetischen Energie der Atome, der Stärke des Magnetfeldes und dem Abstand Magnet-Schirm). Abb. 2.2b zeigt das triviale Resultat für den Fall $\mu_z = 0$.

Experimentell gefunden wird (2.2c) eine Folge äquidistanter Punkte entlang der z-Richtung, symmetrisch zur ursprünglichen Strahlrichtung. Offenbar sind nur ganz bestimmte diskrete Werte von μ_z realisiert; da das magnetische Moment direkt mit dem Drehimpuls des betreffenden Atoms zusammenhängt, bedeutet dies, daß die z-Komponente des Drehimpulses des Atoms nur gewisser diskreter Werte fähig ist. Anmerkung: Abb. 2.2c bezieht sich auf den Fall des Bahndrehimpulses $l = 2\hbar$; im Fall des Spins entfällt der zentrale Punkt.

Abb. 2.2 Die klassisch erwartete örtliche Verteilung der Atome (**a**); Ergebnis für den Fall $\mu = 0$ (**b**); Ergebnis für den Fall des Drehimpulses $l=2\hbar$ (**c**)

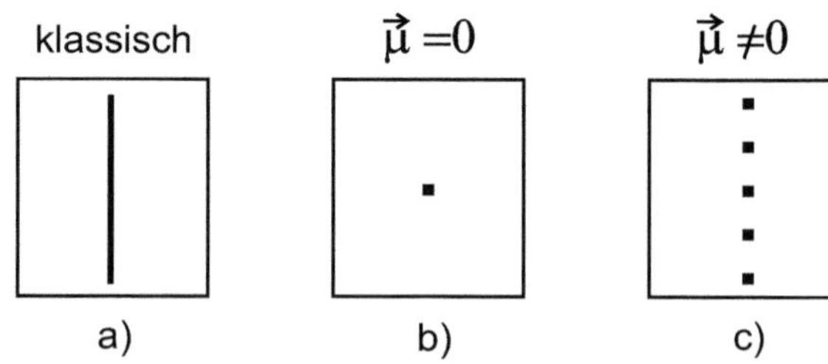

Die Welle-Korpuskel-Dualität wie die Quantisierung gewisser physikalischer Eigenschaften zeigen, daß die klassische Physik im atomaren Bereich versagt. Sie muß durch eine neue Theorie – die Quantentheorie – ersetzt werden, die selbstverständlich die klassische Physik als Grenzfall enthalten muß, da diese ja ihre Gültigkeit für makroskopische Systeme erwiesen hat. **Die Tatsache, daß die Welle-Korpuskel-Dualität sowohl für Materie wie für elektromagnetische Strahlung auftritt, zeigt, daß wir eine Quantentheorie nicht nur für Materie sondern auch für die Strahlung benötigen.**

Im Folgenden soll zunächst die Quantentheorie der Materie am Beispiel eines einzigen Teilchens heuristisch entwickelt werden. Darauf aufbauend werden wir die Quantentheorie abstrakt-axiomatisch formulieren; diese abstrakte Formulierung wird zeigen, wie der Fall eines Mehrteilchenproblems zu behandeln ist und wie das elektromagnetische Feld quantisiert werden muß.

Inhaltsverzeichnis

In diesem Kapitel besprechen wir kurz das Bohrsche Atommodell und das Konzept der Materiewellen.

3.1 Bohr'sches Atom-Modell

Der erste Versuch, die Probleme der klassischen Physik zu lösen, bestand darin zur klassischen Mechanik gewisse **Quanten-Postulate** hinzuzunehmen. Dadurch wurde das Kontinuum der klassisch möglichen Bahnen auf bestimmte ‚erlaubte' Bahnen eingeschränkt. Trotz einiger Erfolge (quantitative Beschreibung des Wasserstoffatoms etc.) mußte dieser Versuch aufgegeben werden, da er

1.) in einigen konkreten Fällen versagte (aperiodische Bewegungen, d. h. Streuzustände; **anormaler Zeemann-Effekt**) und

2.) in sich nicht widerspruchsfrei ist: so wird einerseits der Bahnbegriff in Form **erlaubter Bahnen** benötigt, andererseits sollen die Teilchen ihren Zustand beim Übergang zwischen zwei **erlaubten Bahnen** diskontinuierlich ändern, also sicher nicht längs einer klassischen Bahn.

© Der/die Autor(en), exklusiv lizenziert an Springer Nature Switzerland AG 2025 17
W. Cassing, *Theoretische Physik kompakt III*,
https://doi.org/10.1007/978-3-031-96448-0_3

3.2   Materiewellen

Der zweite Versuch, der schließlich in die richtige Richtung führte, ging von der Beobachtung von Interferenzerscheinungen von Materiestrahlen aus. Experimente wie die Elektronenbeugung an Kristallen legen nahe, einem monoenergetischen Teilchenstrahl eine Welle zuzuordnen; der einfachste Ansatz ist – aus geometrischen Gründen – eine ebene Welle

$$\psi(\mathbf{r}, t) \sim \exp(i[\mathbf{k} \cdot \mathbf{r} - \omega t]). \tag{3.1}$$

Wir müssen nun die Eigenschaften der Teilchen – in unserem Fall die Energie E und den Impuls $\mathbf{p}$ – verknüpfen mit den die Welle charakterisierenden Größen, Frequenz ω und Wellenvektor $\mathbf{k}$. Entsprechend der experimentell gefundenen **de Broglie Relation** (2.12) verknüpfen wir $\mathbf{k}$ und $\mathbf{p}$ durch

$$\mathbf{p} = \hbar\mathbf{k}. \tag{3.2}$$

Die Analogie zu den Photonen legt nahe, die (kinetische) Energie der Teilchen mit der Frequenz $\omega = 2\pi v$ zu verknüpfen durch

$$E = \hbar\omega = \hbar\omega(k) \tag{3.3}$$

aufgrund der Lorentz-Invarianz der Phase in (3.1). Die Frequenz ω ist wegen der Raumisotropie unabhängig von der Richtung von $\mathbf{k}$, kann aber vom Betrag von $\mathbf{k}$ abhängen. Wir müssen also das Dispersionsgesetz

$$\omega = \omega(k) \tag{3.4}$$

finden, welches für materielle Teilchen an die Stelle der für Photonen geltenden Beziehung

$$\omega = |\mathbf{k}|c = kc \tag{3.5}$$

tritt. Dazu betrachten wir ein Wellenpaket (d. h. eine Superposition ebener Wellen)

$$\psi(\mathbf{r}; t) = \int d^3k \, \varphi(\mathbf{k}) \exp(i[\mathbf{k} \cdot \mathbf{r} - \omega t]), \tag{3.6}$$

und nehmen an, daß $\varphi(\mathbf{k})$ nur in der Umgebung von $\mathbf{k} - \mathbf{k}_0$ wesentlich von null verschieden ist. Dann können wir die Phase entwickeln:

$$\mathbf{k} \cdot \mathbf{r} - \omega t = \mathbf{k}_0 \cdot \mathbf{r} - \omega_0 t + (\mathbf{k} - \mathbf{k}_0) \cdot (\mathbf{r} - \mathbf{v}_g t) + \dots \tag{3.7}$$

mit

$$\mathbf{v}_g = \frac{\partial \omega}{\partial \mathbf{k}} \big|_{\mathbf{k}=\mathbf{k}_0}. \tag{3.8}$$

Gl. (3.6) ergibt dann approximativ

$$\psi(\mathbf{r}; t) \equiv a(\mathbf{r}; t) \exp(i[\mathbf{k}_0 \cdot \mathbf{r} - \omega_0 t]) \tag{3.9}$$

mit der Amplitude

$$a(\mathbf{r}; t) = \int d^3k \, \varphi(\mathbf{k}) \exp\{i(\mathbf{k} - \mathbf{k}_0) \cdot (\mathbf{r} - \mathbf{v}_g t)\}. \tag{3.10}$$

Gl. (3.9) stellt eine mit der Amplitude (3.10) modulierte ebene Welle zum Wellenvektor $\mathbf{k}_0$ und zur Frequenz ω_0 dar und sollte zur Beschreibung eines experimentell realisierbaren Teilchenstrahls, der stets in Raum und Zeit ,lokalisiert' ist, besser geeignet sein als die unendlich ausgedehnte ebene Welle.

Die Amplitude $a(\mathbf{r}; t)$ wird nun für solche Werte $(\mathbf{r}, t)$ am größten sein, für die der oszillierende exp-Faktor in (3.9) sich am schwächsten ändert, d. h. wo seine Phase stationär ist, d. h. für

$$\mathbf{r} = \mathbf{v}_g t. \tag{3.11}$$

Das Maximum der Amplitude wandert also mit der **Gruppengeschwindigkeit** $\mathbf{v}_g$ durch den Raum. Es liegt nun nahe, diese Gruppengeschwindigkeit mit der Teilchengeschwindigkeit v zu identifizieren,

$$\mathbf{v}_g = \frac{\partial \omega}{\partial \mathbf{k}} = \mathbf{v} = \frac{\mathbf{p}}{m} = \frac{\hbar \mathbf{k}}{m} = \frac{\partial \omega}{\partial k} \mathbf{e}_k. \tag{3.12}$$

Wegen (3.2) folgt also nach Integration (nichtrelativistisch)

$$\omega(k) = \frac{\hbar}{2m} k^2, \tag{3.13}$$

wobei eine mögliche Integrationskonstante hier weggelassen wurde, da sie in $\psi(\mathbf{r}; t)$ nur eine konstante Phase liefern würde.

Die **Dispersionsrelation** (3.13) wird in der Tat durch die Beugungsexperimente mit Elektronen oder anderen atomaren Teilchen bestätigt und damit die Interpretation (3.12) der Gruppengeschwindigkeit. Man bemerkt, daß (3.13) gerade der klassischen (nichtrelativistischen) Energie-Impuls-Beziehung für ein freies Teilchen entspricht (nach Multiplikation mit $\hbar$):

$$E = \frac{p^2}{2m}. \tag{3.14}$$

3.3 Wellengleichung freier Teilchen

Wir wollen nun versuchen eine Wellengleichung für die Bewegung freier Teilchen aufzustellen. Eine solche Gleichung muß die folgenden allgemeinen Kriterien erfüllen:

1.) Sie muß **linear und homogen** sein; die Lösungen genügen dann dem **Superpositionsprinzip,** wie es für Interferenzerscheinungen notwendig ist: wenn ψ_1 und ψ_2 Lösungen der (gesuchten) Wellengleichung sind, so soll auch jede Linearkombination $\lambda_1 \psi_1 + \lambda_2 \psi_2$ Lösung sein.
2.) Sie muß eine **Differentialgleichung erster Ordnung in der Zeit** sein; dann beschreibt $\psi(r; t)$ den Zustand des physikalischen Systems vollständig: wenn ψ zu irgendeiner Zeit t_0 bekannt ist, so folgt aus der Wellengleichung die zeitliche Entwicklung für ψ in eindeutiger Weise.

Eine derartige Wellengleichung erhält man, indem man die folgenden partiellen Ableitungen der ebenen Welle (3.1) bildet

$$\Delta\psi(\mathbf{r}, t) = \frac{\partial^2\psi}{\partial x^2} + \frac{\partial^2\psi}{\partial y^2} + \frac{\partial^2\psi}{\partial z^2} = -k^2\psi(\mathbf{r}, t) \tag{3.15}$$

$$\frac{\partial\psi(\mathbf{r}, t)}{\partial t} = -i\omega\,\psi(\mathbf{r}, t) \tag{3.16}$$

und die Dispersionsbeziehung (3.13) beachtet. Es folgt direkt aus (3.15) und (3.16)

$$i\hbar\frac{\partial}{\partial t}\,\psi(\mathbf{r}, t) = -\frac{\hbar^2}{2m}\Delta\psi(\mathbf{r}, t), \tag{3.17}$$

die **Schrödinger-Gleichung** für freie Teilchen.

Anmerkung Die Wellengleichung für elektromagnetische Strahlung unterscheidet sich von (3.17) wesentlich dadurch, daß sie bzgl. der Zeit von 2. Ordnung ist. Dies ist eine Folge der unterschiedlichen Dispersionsbeziehungen $\omega(k)$. Die Analogie der Wellentheorie für

Materie und für Strahlung wird deutlicher, wenn man (3.17) vergleicht mit den Maxwell-Gleichungen für die Komponenten von **E** und **B** (siehe Elektrodynamik), welche wie (3.17) Differentialgleichungen von 1. Ordnung bzgl. der Zeit sind: der Zustand des freien Strahlungsfeldes ist eindeutig bestimmt, wenn alle Komponenten von **E** und **B** zu irgendeiner Zeit t_0 festgelegt sind. Dieser Vergleich zeigt im übrigen, daß die Beschreibung von Materie nicht notwendigerweise mit einer einzigen Funktion $\psi(\mathbf{r}; t)$ gelingen muß; wir werden in der Tat sehen, daß wir mehrere (mindestens 2) Wellenfunktionen benötigen, sobald wir den Elektronen-Spin in die Theorie einbeziehen.

3.4 Kontinuitätsgleichung

Da in der nichtrelativistischen klassischen Physik die Masse eines Systems eine Erhaltungsgröße ist, liegt es nahe zu fragen, ob sich aus der Wellengleichung (3.17) ein entsprechender Erhaltungssatz herleiten läßt. Dazu bilden wir die zu (3.17) konjugiert-komplexe Gleichung

$$-i\hbar \frac{\partial}{\partial t}\,\psi^* = -\frac{\hbar^2}{(2m)}\Delta\psi^*, \tag{3.18}$$

multiplizieren (3.17) von links mit ψ^*, (3.18) mit ψ und betrachten die Differenz:

$$i\hbar\frac{\partial}{\partial t}(\psi^*\psi) = \frac{\hbar^2}{2m}\{[\Delta\psi^*]\psi - \psi^*[\Delta\psi]\}. \tag{3.19}$$

Mit der Identität

$$[\Delta\psi^*]\psi - \psi^*[\Delta\psi] = \nabla\cdot\{\psi\,\nabla\psi^* - \psi^*\nabla\psi\} \tag{3.20}$$

ergibt sich eine **Kontinuitätsgleichung** der Form

$$\frac{\partial}{\partial t}(\psi^*(\mathbf{r},t)\psi(\mathbf{r},t)) + \nabla\cdot\left(\frac{\hbar}{2im}[\psi^*(\mathbf{r},t)\nabla\psi(\mathbf{r},t) - \psi(\mathbf{r},t)\,\nabla\psi^*(\mathbf{r},t)]\right) = 0. \tag{3.21}$$

Gl. (3.21) legt nun folgende

3.5 Interpretation von Materiewellen

nahe: wir identifizieren

$$\rho(\mathbf{r}; t) = \psi^*(\mathbf{r},t)\psi(\mathbf{r},t) \tag{3.22}$$

mit der **Teilchendichte** und

$$\mathbf{j}(\mathbf{r}; t) = \frac{\hbar}{2im}\{\psi^*(\mathbf{r}, t)\nabla\psi(\mathbf{r}, t) - \psi(\mathbf{r}, t)\,\nabla\psi^*(\mathbf{r}, t)\} \qquad (3.23)$$

mit der **Teilchenstromdichte.** Der Gauß'sche Satz ergibt dann

$$\frac{\partial}{\partial t}\left(\int d^3r\,\psi^*(\mathbf{r}, t)\psi(\mathbf{r}, t)\right) = 0, \qquad (3.24)$$

vorausgesetzt, daß $\mathbf{j}$ für $r \to \infty$ schneller abfällt als $1/r^2$. Gl. (3.24) beinhaltet die Erhaltung der Gesamtmasse bzw. Teilchenzahl. Da für reale physikalische Systeme die Masse bzw. Teilchenzahl stets endlich ist, erhalten wir die Aussage

$$\int d^3r\,\psi^*(\mathbf{r}; t)\psi(\mathbf{r}; t) < \infty. \qquad (3.25)$$

Damit muß $\psi(\mathbf{r}; t)$ eine räumlich quadrat-integrable Funktion sein, d. h. ein Element des ,Hilbertraumes' $\mathcal{L}_2$ (siehe Kap. 9).

Da Gl. (3.17) homogen ist, können wir die Normierungskonstante in (3.25) beliebig wählen. Wir können daher mit der Wellenfunktion $\psi(\mathbf{r}; t)$ auch ein **einzelnes** Teilchen beschreiben. Den Ort, an dem sich das Teilchen nach klassischer Vorstellung befindet, könnten wir mit dem Schwerpunkt

$$< \mathbf{r} > = \int d^3r\,\psi^*(\mathbf{r}, t)\mathbf{r}\,\psi(\mathbf{r}, t) / \int d^3r\,\psi^*(\mathbf{r}, t)\psi(\mathbf{r}, t) = \frac{(\psi, \mathbf{r}\psi)}{(\psi, \psi)} \qquad (3.26)$$

identifizieren, wobei

$$(\phi, \psi) := \int d^3r\,\phi^*(\mathbf{r})\psi(\mathbf{r}) \qquad (3.27)$$

das auf $\mathcal{L}_2$ definierte Skalarprodukt ist (siehe Kap. 9).

3.6   Kritik am Konzept der Materiewellen

Die oben entwickelte Vorstellung räumlich ,verschmierter' Teilchen erweist sich bei genauerer Betrachtung als unhaltbar. Dies sollen die folgenden Überlegungen zeigen:

1.) Beschreibt man ein Teilchen mit definierter Masse m und Ladung e durch ein zur Zeit $t = t_0$ räumlich scharf lokalisiertes Wellenpaket, so zerfließt dieses Wellenpaket im Laufe der Zeit.

2.) Im Rahmen einer strengen Wellentheorie sollte in Beugungsexperimenten bei abnehmender Intensität der einfallenden Materiewelle die Intensität des Beugungsbildes abnehmen, die Struktur des Beugungsbildes jedoch erhalten bleiben. Experimentell beobachtet man etwas ganz anderes: Auf einer Photoplatte hinter dem beugenden Objekt zeigen sich einzelne Punkte; **erst eine Messung über längere Zeit ergibt eine statistische Verteilung der einzelnen Punkte, welche die Struktur eines Beugungsbildes widerspiegelt.**

Zusammenfassend haben wir das Bohrsche Atommodell und die frühen Konzepte der Materiewellen für ein Teilchen besprochen. Die Schwächen dieser frühen Konzepte wurden aufgezeigt und ebnen den Weg zu einer angemessenen Formulierung der Quantenmechanik.

Teil II

Elementare Quantenmechanik

Inhaltsverzeichnis

In diesem Kapitel werden wir die Schrödinger-Gleichung – ohne und mit äußeren Kräften – vorstellen und die Eigenschaften stationärer Zustände untersuchen.

4.1 Statistische Interpretation der Wellenfunktion

Der Ausgang von Beugungsexperimenten bei sehr geringer Intensität (vgl. Abschn. 3.6) legt eine statistische Interpretation der Wellenfunktion $\psi(\mathbf{r}; t)$ nahe. Einem Vorschlag von Born folgend normieren wir

$$\int d^3r \, |\psi(\mathbf{r}; t)|^2 = 1 \tag{4.1}$$

und interpretieren

$$|\psi(\mathbf{r}; t)|^2 \tag{4.2}$$

als **Wahrscheinlichkeitsdichte,** d. h. als die Wahrscheinlichkeit, bei einer Ortsmessung zur Zeit t das Teilchen am Ort $\mathbf{r}$ zu finden. Wenn wir die **Schrödinger-Gleichung** in der Form (3.17) beibehalten, gilt weiterhin die Kontinuitätsgleichung (3.21), nur muß $\mathbf{j}(\mathbf{r}; t)$ jetzt als **Wahrscheinlichkeitsstromdichte** interpretiert werden. Dann ist

$$\int_F \mathbf{j} \cdot d\mathbf{f} \tag{4.3}$$

W. Cassing, *Theoretische Physik kompakt III*,
https://doi.org/10.1007/978-3-031-96448-0_4

die Wahrscheinlichkeit dafür, daß pro Zeiteinheit ein Teilchen durch die Fläche F hindurchtritt. Die aus (3.21) folgende Relation ($V \rightarrow \infty$)

$$\frac{d}{dt}\left(\int_V d^3r \, |\psi(\mathbf{r};t)|^2 \right) = 0 \tag{4.4}$$

bedeutet nun die Erhaltung der Gesamtwahrscheinlichkeit, das Teilchen irgendwo im Raum zu finden (Zeitkonstanz der Norm).

Diese statistische Interpretation ist so zu verstehen, daß $\psi(\mathbf{r};t)$ nicht (wie in der naiven Theorie der Materiewellen angenommen) ein einzelnes Teilchen beschreibt, sondern den **Zustand einer quantenmechanischen Gesamtheit von Teilchen,** d. h. einer großen Anzahl von Teilchen mit gleichen inneren Eigenschaften bei gleicher experimenteller Präparation. Ein Beispiel bilden die Elektronen einer großen Zahl von Wasserstoff-Atomen, die alle dem gleichen elektrostatischen Feld ausgesetzt sind.

Dementsprechend ist die in Kap. 3 schon eingeführte Größe

$$< \mathbf{r} > = \frac{\int d^3r \, \psi^* \mathbf{r} \, \psi}{\int d^3r \, \psi^* \psi} \tag{4.5}$$

nicht mit dem Ort eines Teilchens zu identifizieren, sondern als **Mittelwert** einer hinreichend großen Anzahl von Ortsmessungen an der betrachteten Gesamtheit zu verstehen.

Diese **statistische Interpretation** ist in vollem Einklang mit Beugungsexperimenten wie in Abschn. 2.3 besprochen. Ein Beugungsexperiment mit einem Elektronenstrahl genügend hoher Intensität ist äquivalent einer Vielzahl von Experimenten mit einem einzelnen Elektron einer quantenmechanischen Gesamtheit. Man erhält daher eine Beugungsfigur entsprechend der durch die Wellenfunktion $\psi(\mathbf{r};t)$ bestimmten Wahrscheinlichkeitsverteilung. Reduziert man die Intensität des einfallenden Elektronenstrahls (oder Photonenstrahls) mehr und mehr, so verschwindet schließlich das Beugungsbild; stattdessen registriert man auf der Photoplatte eine Folge wohldefinierter Treffer, über die die Wellenfunktion $\psi(\mathbf{r};t)$ im einzelnen keine Aussage machen kann.

Die zeitliche Entwicklung einer quantenmechanischen Gesamtheit freier Teilchen wird durch die Schrödiger-Gleichung (3.17) beschrieben. Da sie bzgl. der Zeit t eine Differentialgleichung 1. Ordnung ist, genügt die Vorgabe der Wellenfunktion $\psi(\mathbf{r};0)$ zur Zeit $t = 0$, um den Zustand der Gesamtheit zu späteren Zeiten $t \neq 0$ eindeutig zu bestimmen. In diesem Sinne ist auch die Quantenmechanik eine streng kausale Theorie.

4.2 Schrödinger-Gleichung eines Teilchens bei Anwesenheit äußerer Kräfte

Bei Anwesenheit äußerer Kräfte müssen wir die Schrödinger-Gleichung (3.17) erweitern, ohne die in Abschn. 3.3 und 3.4 aufgeführten fundamentalen Eigenschaften zu verletzen. Damit sind wir festgelegt auf die Form:

$$i\hbar \frac{\partial}{\partial t}\, \psi = O\, \psi, \tag{4.6}$$

wobei O ein noch zu bestimmender linearer Operator ist. Die möglichen Ansätze für O können wir wesentlich einschränken, wenn wir verlangen, daß die statistische Interpretation von $|\psi|^2$ weiterhin gelten soll. Wie in Abschn. 3.3 erhalten wir aus (4.6)

$$i\hbar \frac{\partial}{\partial t} \int d^3 r\, \psi^*\psi = \int d^3 r\{\psi^* O\, \psi - (O\psi)^*\psi\}. \tag{4.7}$$

Die Erhaltung der Gesamtwahrscheinlichkeit fordert

$$\int d^3 r\, \psi^* O\, \psi = \int d^3 r (O\psi)^*\psi. \tag{4.8}$$

Seien ψ_1 und ψ_2 zwei verschiedene Lösungen zu (4.6). Dann gilt wegen der Linearität von O

$$O(c_1\psi_1 + c_2\psi_2) = c_1 O\psi_1 + c_2 O\psi_2 \tag{4.9}$$

für beliebige komplexe Zahlen c_1 und c_2. Setzt man in (4.8) $\psi = c_1\psi_1 + c_2\psi_2$, so folgt direkt:

$$\int d^3 r\, (O\psi_1)^*\psi_2 = \int d^3 r\, \psi_1^*\, O\, \psi_2. \tag{4.10}$$

Einen Operator mit der Eigenschaft (4.10) nennen wir **hermitesch.**

Um die detaillierte Struktur des hermiteschen Operators O zu finden, erinnern wir uns, daß die rechte Seite der freien Schrödinger-Gleichung

$$i\hbar \frac{\partial}{\partial t}\, \psi = -\frac{\hbar^2}{2m}\Delta\, \psi \tag{4.11}$$

von der kinetischen Energie $E = \hbar^2 k^2/(2m)$ des freien Teilchens herrührt. Wenn wir also dem Impuls in der Quantenmechanik den **Differentialoperator**

$$\mathbf{p} = -i\hbar\nabla \tag{4.12}$$

zuordnen, so können wir (4.11) schreiben als

$$i\hbar \frac{\partial}{\partial t}\, \psi = T\, \psi, \tag{4.13}$$

wobei

$$T \equiv -\frac{\hbar^2}{2m}\Delta \equiv \frac{p^2}{2m} \tag{4.14}$$

der Operator der kinetischen Energie ist. – Der Einfachheit halber bezeichnen wir den Operator der kinetischen Energie in der Quantenmechanik wieder mit T. – Für den Fall einer konservativen Kraft (z. B. elektrostatisches Feld) legt die Form (4.13) nahe, als Schrödinger-Gleichung anzusetzen:

$$i\hbar\frac{\partial}{\partial t}\,\psi = (T+V)\psi = \left(-\frac{\hbar^2}{2m}\Delta + V(\mathbf{r})\right)\psi. \tag{4.15}$$

Dabei erscheint das Potential V, in dem das Teilchen sich bewegen soll, als reeller multiplikativer Operator. Dann wäre

$$H = T + V \tag{4.16}$$

der der Hamiltonfunktion entsprechende Operator in der Quantenmechanik. Wir schreiben daher (4.15) auch in Form

$$i\hbar\frac{\partial}{\partial t}\psi = H\psi. \tag{4.17}$$

Der **Hamiltonoperator** H ist hermitesch, da V als reell vorausgesetzt wurde.

Im Fall der geschwindigkeitsabhängigen Lorentzkraft übernehmen wir die klassische Vorschrift und ersetzen (für ein reelles Vektorpotential $\mathbf{A}$)

$$\mathbf{p} \to \mathbf{p} - \frac{e}{c}\,\mathbf{A}(\mathbf{r}, t). \tag{4.18}$$

Wir erhalten dann die allgemeine Schrödinger-Gleichung für ein Teilchen der Masse m und Ladung e in der Form (in cgs Gauß-Einheiten)

$$i\hbar\frac{\partial}{\partial t}\,\psi(\mathbf{r};t) = \left[\frac{1}{2m}\left\{-i\hbar\nabla - \frac{e}{c}\,\mathbf{A}(\mathbf{r},t)\right\}^2 + e\Phi(\mathbf{r},t)\right]\psi(\mathbf{r};t) \equiv H\,\psi(\mathbf{r};t). \tag{4.19}$$

Die Verknüpfung mit dem eletrischen Feld $\mathbf{E}(\mathbf{r}; t)$ und dem magnetischen Feld $\mathbf{B}(\mathbf{r}; t)$ ist dabei gegeben durch (siehe Elektrodynamik)

$$\mathbf{B}(\mathbf{r}; t) = \nabla \times \mathbf{A}(\mathbf{r}; t), \tag{4.20}$$

$$\mathbf{E}(\mathbf{r}; t) = -\nabla \Phi(\mathbf{r}; t) - \frac{\partial}{\partial t} \mathbf{A}(\mathbf{r}; t).$$

Die obigen Untersuchungen sind nicht als Ableitung der Schrödiger-Gleichung zu verstehen, sondern nur als heuristische Einführung in die Quantentheorie im Rahmen der Korrespondenz von klassischen und quantenmechanischen Größen. Eine stringentere mathematische Formulierung wird in Kap. 9 und 10 vorgestellt.

4.3 Stationäre Zustände

Falls der Hamiltonoperator H nicht von t abhängt (abgeschlossenes System), kann die Zeitabhängigkeit in $\psi(\mathbf{r}; t)$ absepariert werden durch den Ansatz

$$\psi(\mathbf{r}; t) = \varphi(\mathbf{r}) \exp\left\{ -\frac{i}{\hbar} E t \right\}. \tag{4.21}$$

Man erhält dann aus (4.19) die zeitunabhängige Schrödinger-Gleichung

$$H \varphi(\mathbf{r}) = E \varphi(\mathbf{r}) \tag{4.22}$$

zur Berechnung der **stationären Zustände**. Wir beweisen kurz einige **fundamentale Eigenschaften**:

1.) E **ist reell, da** H **hermitesch ist.** Zum Beweis bilden wir

$$(\varphi, H\varphi) = \int d^3 r \; \varphi^* H \varphi = E \int d^3 r \; \varphi^* \varphi = E(\varphi, \varphi) \tag{4.23}$$

und nach Komplex-Konjugieren von (4.22)

$$(H\varphi, \varphi) = \int d^3 r (H\varphi)^* \varphi = E^* \int d^3 r \; \varphi^* \varphi = E^*(\varphi, \varphi). \tag{4.24}$$

Differenzbildung ergibt wegen der Hermitezität von H

$$0 = (E - E^*) \int d^3 r \; \varphi^* \varphi = (E - E^*)(\varphi, \varphi) \tag{4.25}$$

also

$$E = E^*, \tag{4.26}$$

da das Normierungsintegral $(\varphi, \varphi) \neq 0$ ist.

2.) Für jeden zeitunabhängigen Operator F – wie z.B. den Orts-Operator $\mathbf{r}$ – gilt, daß

$$(\psi, F\psi) = \int d^3r \, \psi^*(\mathbf{r}; t) F \, \psi(\mathbf{r}; t) = \int d^3r \, \varphi^*(\mathbf{r}) F \, \varphi(\mathbf{r}) = (\varphi, F\varphi) \tag{4.27}$$

unabhängig von t (**stationär**) wird. Speziell gilt

$$\psi^*\psi = \varphi^*\varphi \tag{4.28}$$

und

$$\psi^*\nabla\psi - \psi \, \nabla\psi^* = \varphi^*\nabla\varphi - \varphi \, \nabla\varphi^*. \tag{4.29}$$

3.) **Orthogonalität**:

Für Lösungen φ_1, φ_2 von (4.22) zu verschiedenen Werten $E_1 \neq E_2$ gilt

$$(\varphi_1, \varphi_2) = \int d^3r \, \varphi_1^*(\mathbf{r})\varphi_2(\mathbf{r}) = 0. \tag{4.30}$$

Beweis Wir gehen aus von

$$\varphi_2^*(H - E_1)\varphi_1 = 0; \quad \varphi_1[(H - E_2)\varphi_2]^* = 0 \tag{4.31}$$

und bilden $\int d^3r$ ... Für die Differenz der so entstehenden Gleichungen erhält man

$$(E_2 - E_1) \int d^3r \, \varphi_2^*(\mathbf{r})\varphi_1(\mathbf{r}) = 0 \tag{4.32}$$

wegen der Hermitezität von H. Da nach Voraussetzung $E_1 \neq E_2$, folgt die Behauptung.

4.) **Entartung**

Unter den stationären Zuständen gibt es auch solche, die zu ein und demselben Eigenwert E gehören, sich aber in irgendwelchen anderen physikalischen Eigenschaften unterscheiden. Solche Lösungen von (4.22) nennt man **entartet.** Eine beliebige Linearkombination solcher Lösungen ist dann wieder Lösung von (4.22) zum gleichen Wert E; insbesondere sind entartete Lösungen im allgemeinen nicht orthogonal zueinander. Durch geeignete Linearkombination kann jedoch aus den entarteten Lösungen stets ein orthogonaler Satz von Funktionen erhalten werden (**Schmidt-Orthogonalisierung).**

Solche Entartungen treten im Zusammenhang mit Symmetrien von H auf. Wir geben ein einfaches Beispiel: Für die freie Schrödiger-Gleichung ($V = 0$) ist $H = T$ invariant unter der **Paritäts-Operation**

$$\mathbf{r} \to -\mathbf{r} \tag{4.33}$$

und die Lösungen

$$\exp(+i\mathbf{k} \cdot \mathbf{r}), \ \exp(-i\mathbf{k} \cdot \mathbf{r}) \tag{4.34}$$

sind (zweifach) entartet. Sie unterscheiden sich physikalisch voneinander durch die verschiedene Impulsrichtung.

Zusammenfassend haben wir in diesem Kapitel die statistische Interpretation der Schrödinger-Gleichung – ohne und mit äußeren Kräften – eingeführt und die Eigenschaften stationärer Zustände untersucht.

Operatoren und Erwartungswerte

5

Inhaltsverzeichnis

In diesem Kapitel werden wir die Regeln einführen nach denen klassische Observable in Phasenraumdarstellung zu übersetzen sind in hermitesche Operatoren im formalen Raum der Wellenfunktionen (Hilbertraum). Es wird außerdem bewiesen, daß die klassischen Bewegungsgleichungen auch für die Erwartungswerte des entsprechenden Quantenoperators gelten (Ehrenfest-Theorem). Die formale Übersetzung der Poisson-Klammern in der klassischen Mechanik in Kommutatoren der Quantenphysik wird hergeleitet und es wird gezeigt, daß die Kommutatoren derselben Algebra folgen wie die Poisson-Klammern.

5.1   Das quantenmechanische Analogon der klassischen Bewegungsgleichungen

In Abschn. 4.2 haben wir verschiedenen klassischen Observablen lineare Operatoren zugeordnet, welche im Raum der Wellenfunktionen $\psi(\mathbf{r}; t)$ wirken. Unter anderem hatten wir den Orts-Operator $\mathbf{r}$ als Multiplikation mit $\mathbf{r}$ eingeführt und unter der Voraussetzung (4.1) seinen **Erwartungswert**

$$< \mathbf{r} > = \int d^3 r \, \psi^*(\mathbf{r}; t) \, \mathbf{r} \, \psi(\mathbf{r}; t) = (\psi, \mathbf{r}\psi) \tag{5.1}$$

© Der/die Autor(en), exklusiv lizenziert an Springer Nature Switzerland AG 2025
W. Cassing, *Theoretische Physik kompakt III*,
https://doi.org/10.1007/978-3-031-96448-0_5

interpretiert als Mittelwert einer sehr großen Anzahl von Ortsmessungen an der untersuchten Gesamtheit. Wir wollen uns nun mit der zeitlichen Entwicklung von $< \mathbf{r} >$ beschäftigen und dabei der Einfachheit halber annehmen, daß der Hamilton-Operator des Teilchens die Form hat,

$$H = -\frac{\hbar^2}{2m}\Delta + V(\mathbf{r}). \tag{5.2}$$

Für die zeitliche Ableitung von $< \mathbf{r} >$ – der Operator $\mathbf{r}$ selbst ist zeitunabhängig – finden wir dann bei Benuzung der Schrödingergleichung (4.17)

$$\frac{d}{dt}< \mathbf{r} >= \int d^3r \left\{ \frac{\partial}{\partial t}\psi^*\mathbf{r}\,\psi + \psi^*\mathbf{r}\,\frac{\partial}{\partial t}\psi \right\} = \frac{i}{\hbar}\int d^3r \left\{ [H\psi]^*\mathbf{r}\,\psi - \psi^*\mathbf{r}\,H\psi \right\}. \tag{5.3}$$

Die Hermitezität von H erlaubt die Umformung

$$\frac{d}{dt}< \mathbf{r} >= \frac{i}{\hbar}\int d^3r\,\psi^*(H\,\mathbf{r} - \mathbf{r}\,H)\psi = \frac{i}{\hbar}(\psi,(H\,\mathbf{r} - \mathbf{r}\,H)\psi). \tag{5.4}$$

Für die weitere Auswertung von (5.3) müssen wir den **Kommutator**

$$[H,\mathbf{r}] = H\,\mathbf{r} - \mathbf{r}\,H \tag{5.5}$$

berechnen. Da $\mathbf{r}$ und $V(\mathbf{r})$ als rein multiplikative Operatoren miteinander vertauschen, trägt V zu (5.5) nicht bei; es bleibt zu untersuchen

$$[\Delta,\mathbf{r}] =? \tag{5.6}$$

Da Operatoren wie $\partial/\partial y$ und x miteinander vertauschbar sind im Hinblick auf ihre Anwendung auf $\psi(\mathbf{r};t)$, also

$$\left[\frac{\partial}{\partial y},\,x \right]\psi(\mathbf{r};t) = 0, \tag{5.7}$$

kann nur

$$\left[\frac{\partial^2}{\partial x^2},\,x \right]\psi(\mathbf{r};t) \tag{5.8}$$

zu (5.3) beitragen. Dafür erhält man

$$\left[\frac{\partial^2}{\partial x^2}x - x\frac{\partial^2}{\partial x^2} \right]\psi(\mathbf{r};t) = \frac{\partial}{\partial x}\left(x\frac{\partial}{\partial x} + 1 \right)\psi(\mathbf{r};t) - x\frac{\partial^2}{\partial x^2}\psi(\mathbf{r};t) = 2\frac{\partial}{\partial x}\psi(\mathbf{r};t). \tag{5.9}$$

Insgesamt erhält man damit aus (5.3)

$$\frac{d}{dt} < \mathbf{r} > = -\frac{i\hbar}{m} \int d^3r \ \psi^* \nabla \psi = \frac{1}{m} \int d^3r \ \psi^*(-i\hbar\nabla)\psi \qquad (5.10)$$

und schließlich mit (4.12)

$$\frac{d}{dt} < \mathbf{r} > = \frac{1}{m} < \mathbf{p} > . \qquad (5.11)$$

Die klassische Beziehung zwischen Geschwindigkeit und Impuls gilt also offenbar auch für die Erwartungswerte der korrespondierenden quantenmechanischen Operatoren.

Ausgehend von dem obigen Ergebnis berechnen wir nun nach dem gleichen Verfahren die zeitliche Ableitung von $< \mathbf{p} >$

$$\frac{d}{dt}(\psi, \mathbf{p}\psi) = \frac{d}{dt} < \mathbf{p} > = \frac{i}{\hbar} \int d^3r \ \psi^*[H, \mathbf{p}]\psi. \qquad (5.12)$$

Da $-\hbar^2 \Delta \equiv p^2$ und jeder Operator mit sich selbst vertauscht, bleibt von dem Kommutator (5.12) nur der Beitrag von der potentiellen Energie:

$$[V, \mathbf{p}] \equiv V \mathbf{p} - \mathbf{p} V = i\hbar\nabla V. \qquad (5.13)$$

Wir erhalten damit das quantenmechanische Analogon der klassischen Bewegungsgleichungen nach Bildung des Erwartungswertes,

$$\frac{d}{dt} < \mathbf{p} > = - < \nabla V > . \qquad (5.14)$$

5.2 Darstellung von Observablen durch hermitesche Operatoren

Wir wollen die obigen Überlegungen nun auf beliebige Observablen erweitern. Dazu beachten wir:

1.) Jede klassische Observable F läßt sich darstellen als Funktion der Orts- und Impuls-Koordinaten $\mathbf{r}_{kl}$ und $\mathbf{p}_{kl}$ und evtl. der Zeit t,

$$F(\mathbf{r}_{kl}, \mathbf{p}_{kl}; t). \qquad (5.15)$$

2.) Den klassischen Variablen $\mathbf{r}_{kl}$ und $\mathbf{p}_{kl}$ hatten wir in der Quantentheorie die Operatoren $\mathbf{r}$ und $\mathbf{p} = -i\hbar\nabla$ zugeordnet, die im Raum der Wellenfunktionen wirken.

Die Quantisierungsvorschrift für Ort und Impuls legt nahe, jeder Observablen F einen Operator

$$F(\mathbf{r}, \mathbf{p}; t) \tag{5.16}$$

zuzuordnen. Dabei spielt die Zeit t in der nichtrelativistischen Theorie die Rolle eines Parameters, nicht eines Operators! Auf diesen Punkt werden wir später noch zurückkommen. Bei der 'Übersetzung' klassischer Observabler in Operatoren

$$F(\mathbf{r}_{kl}, \mathbf{p}_{kl}; t) \rightarrow F(\mathbf{r}, \mathbf{p}; t) \tag{5.17}$$

sind die folgenden Punkte zu beachten:

i) Obige Quantisierungsvorschrift bezieht sich auf **kartesische Koordinaten.** Um diesen Punkt zu verdeutlichen betrachten wir die Schrödungergleichung eines freien Teilchens in 2 Dimensionen:

$$i\hbar\frac{\partial}{\partial t}\,\psi(x, y; t) = -\frac{\hbar^2}{2m}\left\{\frac{\partial^2}{\partial x^2} + \frac{\partial^2}{\partial y^2}\right\}\psi(x, y; t). \tag{5.18}$$

Rechnet man (5.18) auf Polarkoordinaten r, φ um, so erhält man

$$i\hbar\frac{\partial}{\partial t}\,\psi(r, \varphi; t) = -\frac{\hbar^2}{2m}\left\{\frac{\partial^2}{\partial r^2} + \frac{1}{r}\frac{\partial}{\partial r} + \frac{1}{r^2}\frac{\partial^2}{\partial \varphi^2}\right\}\psi(r, \varphi; t). \tag{5.19}$$

Würde man von der klassischen Hamiltonfunktion in Polarkoordinaten ausgehen,

$$H_{kl} = \frac{1}{2m}\left\{p_r^2 + \frac{1}{r^2}p_\varphi^2\right\}_{kl} \tag{5.20}$$

und zur Quantisierung die Vorschrift

$$(p_r)_{kl} \rightarrow p_r = -i\hbar\frac{\partial}{\partial r}; \qquad (p_\varphi)_{kl} \rightarrow -i\hbar\frac{\partial}{\partial \varphi} \tag{5.21}$$

benutzen, so würde man im Gegensatz zu (5.19) als Schrödinger-Gleichung

$$i\hbar\frac{\partial}{\partial t}\,\psi(r, \varphi; t) = -\frac{\hbar^2}{2m}\left(\frac{\partial^2}{\partial r^2} + \frac{1}{r^2}\frac{\partial^2}{\partial \varphi^2}\right)\psi(r, \varphi; t) \tag{5.22}$$

erhalten. Um solche Mehrdeutigkeiten bei der Quantisierung zu vermeiden, beziehen wir die in (5.17) formulierte Quantisierungsvorschrift stets auf kartesische Koordinaten.

ii) Da die Erwartungswerte der Operatoren

$$< F >= \int d^3r \; \psi^* F(\mathbf{r},\mathbf{p}; t)\psi \tag{5.23}$$

eine direkte physikalische Bedeutung haben, müssen sie reell sein, die Operatoren also hermitesch:

$$(\psi, F\psi) = \int d^3r \; \psi^* F \; \psi = \int d^3r \; (F\psi)^* \psi = (F\psi, \psi) \tag{5.24}$$

für jede Zustandsfunktion $\psi(\mathbf{r}; t)$ des Teilchens. Außer den elementaren Operatoren für Ort und Impuls sind also zulässig: Polynome (mit reellen Koeffizienten) in $\mathbf{r}$ (z. B. potentielle Energie eines Oszillators) oder $\mathbf{p}$ (z. B. kinetische Energie eines Teilchens), aber auch gemischte Polynome wie

$$\mathbf{l} \equiv \mathbf{r} \times \mathbf{p} = -(\mathbf{p} \times \mathbf{r}) \tag{5.25}$$

als Operator des Bahndrehimpulses. Dagegen ist

$$\mathbf{r} \cdot \mathbf{p} \tag{5.26}$$

kein hermitescher Operator. Wir müssen beim Übergang von der klassischen Mechanik zur Quantenmechanik also **symmetrisieren** und ersetzen

$$\mathbf{r}_{kl} \cdot \mathbf{p}_{kl} \rightarrow \frac{1}{2}(\mathbf{r} \cdot \mathbf{p} + \mathbf{p} \cdot \mathbf{r}). \tag{5.27}$$

Der Grund für die Notwendigkeit dieser Symmetrisierung ist die Nichtvertauschbarkeit der für sich allein genommen hermiteschen Operatoren $\mathbf{r}$ und $\mathbf{p}$,

$$[x_i, \; p_j] = i\hbar\delta_{ij}; \quad i, j = 1, 2, 3. \tag{5.28}$$

Sie wird – im Gegensatz zu (5.25) – in dem Skalarprodukt (5.26) bzw. (5.27) wirksam. Für die x-Komponente findet man wegen der Hermitezität von $\mathbf{r}$ und $\mathbf{p}$ z. B.:

$$\int d^3r \; \psi_1^* \, p_x x \; \psi_2 = \int d^3r \; (p_x \psi_1)^* x \; \psi_2 = \int d^3r \; (x \, p_x \psi_1)^* \psi_2 \neq \int d^3r \; (p_x x \psi_1)^* \psi_2, \tag{5.29}$$

wegen (5.28). Analog prüft man nach, daß die Form (5.27) hermitesch ist.

Ein praktisches Beispiel für die in (5.27) durchgeführte Symmetrisierung bildet die Übersetzung von

$$(\mathbf{A} \cdot \mathbf{p})_{kl} \tag{5.30}$$

in die Quantentheorie als

$$\frac{1}{2}(\mathbf{A} \cdot \mathbf{p} + \mathbf{p} \cdot \mathbf{A}). \tag{5.31}$$

Aus (5.30) gewinnt man explizit

$$\frac{1}{2}(\mathbf{A} \cdot \mathbf{p} + \mathbf{p} \cdot \mathbf{A}) = \mathbf{A} \cdot \mathbf{p} + \frac{1}{2}\nabla \cdot \mathbf{A} \neq \mathbf{A} \cdot \mathbf{p}. \tag{5.32}$$

Die obigen Ausführungen sind bei der praktischen Arbeit mit (4.19) zu beachten!

Anmerkung Auch mit der Forderung der Hermitezität wird die Quantisierungsvorschrift nicht in allen Fällen eindeutig. Wir betrachten z. B. die klassische Größe

$$(p_x x)^2_{kl}, \tag{5.33}$$

für die wir 2 hermitesche Oparatoren angeben können:

$$\frac{1}{2}(p_x^2 x^2 + x^2 p_x^2) \neq \frac{1}{4}(p_x x + x\, p_x)^2. \tag{5.34}$$

Solche formal mögliche, hermitesche Operatoren werden uns in der Praxis nicht begegnen; wir verzichten daher auf eine tiefer gehende Untersuchung solcher Mehrdeutigkeiten.

5.3   Theorem von Ehrenfest; Erhaltungssätze

Die Untersuchungen aus Abschn. 5.1 lassen sich nun leicht verallgemeinern für die zeitliche Entwicklung des Erwartungswertes einer beliebigen Observablen, dargestellt durch einen hermiteschen Operator

$$F = F(\mathbf{r}, \mathbf{p}; t). \tag{5.35}$$

Dafür gilt:

$$\frac{d}{dt} <F> = \int d^3 r \left\{ \left(\frac{\partial}{\partial t} \psi^*\right) F \psi + \psi^* F \left(\frac{\partial}{\partial t} \psi\right) + \psi^* \frac{\partial F}{\partial t} \psi \right\}$$

$$= -\frac{i}{\hbar} <[F, H]> + <\frac{\partial F}{\partial t}> . \tag{5.36}$$

Vergleicht man (5.36) mit (1.16), so stellt man fest, daß für quantenmechanische Erwartungswerte die gleichen Beziehungen gelten wie für die korrespondierenden klassischen Observablen, wenn man den Kommutator [,] mit der entsprechenden Poisson-Klammer $\{,\}$ identifiziert (bis auf den Faktor $-i/\hbar$).

Für eine nicht explizit t-abhängige Observable G wird nach (5.36)

$$\frac{d}{dt} < G >= 0 \ \rightarrow \ < G >= \text{const.} \tag{5.37}$$

falls

$$[G, \, H] = 0. \tag{5.38}$$

Eine solche Observable nennen wir in Analogie zur klassischen Mechanik (vgl. (1.19)) eine **Erhaltungsgröße.**

Als **Theorem von Ehrenfest** bezeichnet man die Aussage, daß für die Mittelwerte von Operatoren die gleichen Bewegungsgleichungen gelten wie für die klassischen Observablen, d. h. daß im Falle kleiner Fluktuationen die quantenmechanischen Bewegungsgleichungen in die klassischen Bewegungsgleichungen übergehen. Dazu betrachten wir die zeitliche Änderung des Erwartungswertes des Impulses (5.14) und entwickeln $< \nabla V(\mathbf{r}) >$ in $\mathbf{r}$ um den Erwartungswert $< \mathbf{r} >$,

$$\frac{d}{dt} < \mathbf{p} > = - < \nabla V(\mathbf{r}) >= - < \sum_{n=0}^{\infty} \nabla \left(\frac{1}{n!} [(\mathbf{r} - < \mathbf{r} >) \cdot \nabla]^n V(\mathbf{r})|_{\mathbf{r}=<\mathbf{r}>} \right) >$$

$$= -\nabla V(< \mathbf{r} >) - \frac{1}{2} \nabla \left[\sigma_x^2 \frac{\partial^2}{\partial x^2} + \sigma_y^2 \frac{\partial^2}{\partial y^2} + \sigma_z^2 \frac{\partial^2}{\partial z^2} \right] V(\mathbf{r})|_{<\mathbf{r}>} - \cdots \tag{5.39}$$

mit

$$\sigma_x^2 =< x^2 > - < x >^2; \ \sigma_y^2 =< y^2 > - < y >^2; \ \sigma_z^2 =< z^2 > - < z >^2 . \tag{5.40}$$

Im Falle verschwindender Fluktuationen σ_i^2 im Ortsraum bleibt also gerade die klassische Kraft $-\nabla V(< \mathbf{r} >)$ bestehen. Andererseits ist für den harmonischen Oszillator (in beliebiger Dimension) die 2. partielle Ableitung jeweils eine Konstante, so daß der Korrekturterm mit dem Gradienten immer wegfällt. In diesem speziellen Fall gelten die klassischen Bewegungsgleichungen für die Erwartungswerte der Operatoren $< \mathbf{r} >$ und $< \mathbf{p} >$.

5.4   Algebra von Kommutatoren

Direkt aus der Definition ergeben sich die folgenden, häufig benötigten **Rechenregeln für Kommutatoren:** Für beliebige lineare Operatoren A, B, C gilt

$$[A, B] = -[B, A]$$

$$[A, B + C] = [A, B] + [A, C]$$

$$[A, BC] = [A, B]C + B[A, C]$$

$$[A, [B, C]] + [B, [C, A]] + [C, [A, B]] = 0. \tag{5.41}$$

Beispiel $[p_x^2, x] = p_x[p_x, x] + [p_x, x]p_x = 2\hbar/i \ p_x$.

Anmerkung Die Regeln (5.41) gelten auch für die Poisson-Klammern (siehe Mechanik). Die Identität der Algebren ist Voraussetzung dafür, dass klassische Physik und Quantenmechanik im Grenzfall großer Wirkungen kompatibel sind!

Zusammenfassend haben wir in diesem Kapitel die Regeln zur Übersetzung klassischer Observable in Phasenraumdarstellung in hermitesche Operatoren im Hilbertraum eingeführt. Es wurde außerdem bewiesen, daß die klassischen Bewegungsgleichungen auch für die Erwartungswerte des entsprechenden Quantenoperators gelten (Ehrenfest-Theorem). Die formale Übersetzung der Poisson-Klammern der klassischen Mechanik in Kommutatoren der Quantenphysik wurde hergeleitet und es wurde gezeigt, daß die Kommutatoren derselben Algebra folgen wie die Poisson-Klammern.

Inhaltsverzeichnis

© Der/die Autor(en), exklusiv lizenziert an Springer Nature Switzerland AG 2025 $\qquad$ 43

W. Cassing, *Theoretische Physik kompakt III*,

https://doi.org/10.1007/978-3-031-96448-0_6

In diesem Kapitel werden wir den Zusammenhang zwischen den möglichen Erwartungswerten einer Observablen A und ihren Schwankungen im Zusammenhang mit ihrem Kommutator $[A, H]$ untersuchen. Außerdem werden wir die Beziehung zwischen Impulserhaltung und Translationsinvarianz sowie zwischen Drehimpulserhaltung und Rotationsinvarianz in der Quantentheorie herstellen. Darüber hinaus werden wir den **Spin** von Elektronen (oder verwandten Fermionen) einführen und seine Eigenschaften im Hinblick auf Rotationen erkunden.

6.1   Mittelwerte

Wir hatten in Kap. 4 (Gl. (4.5)) den Erwartungswert (normiert gemäß (4.1))

$$< \mathbf{r} >= \int d^3r \; \psi^* \mathbf{r} \; \psi = (\psi, \mathbf{r}\psi) \tag{6.1}$$

interpretiert als den Mittelwert, den man bei genügend vielen Messungen des Orts an der durch ψ beschriebenen Gesamtheit erhält. Dabei hatten wir

$$|\psi(\mathbf{r}; t)|^2 = w(\mathbf{r}; t) \tag{6.2}$$

als die Wahrscheinlichkeitsdichte interpretiert, bei einer Ortsmessung das Teilchen am Ort $\mathbf{r}$ zur Zeit t zu finden. (t ist stets bezogen auf den Zeitpunkt der Präparation des betrachteten Teilchens der Gesamtheit; da t hier die Rolle eines Parameters spielt, werden wir in den folgenden Gleichungen t stets weglassen). Gl. (6.1) können wir also auch schreiben als

$$< \mathbf{r} >= \int d^3r \; w(\mathbf{r})\mathbf{r} \tag{6.3}$$

mit

$$\int d^3r \; w(\mathbf{r}) = 1. \tag{6.4}$$

Wir wollen nun den allgemeinen Fall einer beliebigen Observablen untersuchen.

Zunächst eine kurze Vorbemerkung zur Definition des ‚Mittelwertes'. Haben wir in einer Reihe von N Experimenten für eine bestimmte Größe X die Werte x_i mit der Wahrscheinlichkeit (relativen Häufigkeit) w_i gemessen, so ist als **Mittelwert** der Größe X definiert

$$< X >= \sum_{i=1}^{N} x_i w_i, \tag{6.5}$$

wobei

$$\sum_{i=1}^{N} w_i = 1.\tag{6.6}$$

Ist für X ein Kontinuum von Meßwerten x möglich, so ist in (6.5) und (6.6) die Summation durch eine Integration zu ersetzen; dies entspricht dem Fall der oben diskutierten Größe ‚Ort‘. Natürlich ist auch eine Kombination beider Fälle (kontinuierliche und diskrete Meßwerte der Größe X) möglich.

Beispiele: Energie eines Teilchens in einem endlich hohen Potential, Energiespektren des H-Atoms (Kap. 7).

Betrachten wir unter dem obigen Gesichtspunkt den Erwartungswert

$$<\mathbf{p}> = \int d^3r \; \psi^* \frac{\hbar}{i}\nabla\psi = (\psi, \mathbf{p}\psi),\tag{6.7}$$

so hat dieser offensichtlich noch nicht die gewünschte Form eines Mittelwertes, da ∇ kein multiplikativer Operator ist. Um hier und in anderen Fällen die Form eines Mittelwertes zu erhalten, müssen wir das

6.2 Eigenwertproblem hermitescher Operatoren

untersuchen. Der Einfachheit halber betrachten wir zunächst nur solche hermitesche Operatoren $A(\mathbf{r}, \mathbf{p})$, deren Eigenwertproblem

$$A(\mathbf{r}, \mathbf{p})\chi_n(\mathbf{r}) = a_n \chi_n(\mathbf{r})\tag{6.8}$$

nur diskrete, nicht-entartete Eigenwerte a_n besitzt ($n = 0, 1, 2, ...$). In diesem Fall sind die Lösungen χ_n quadrat-integrabel (vgl. dazu verschiedene Beispiele aus Kap. 7) und wir können ohne Beschränkung der Allgemeinheit annehmen,

$$\int d^3r \; |\chi_n(\mathbf{r})|^2 = 1.\tag{6.9}$$

Für die Interpretation des Erwartungswertes von A in einem Zustand $\psi(\mathbf{r}; t)$ als Mittelwert im Sinne der Gl. (6.5) und (6.6) ist es wesentlich, daß das System der Eigenfunktionen χ_n von A vollständig ist: jede quadrat-integrable Funktion muß nach den Funktionen χ_n entwickelt werden können, insbesondere also auch die Zustandsfunktion $\psi(\mathbf{r}; t)$,

$$\Psi(\mathbf{r}; t) = \sum_{n=0}^{\infty} c_n(t)\chi_n(\mathbf{r}).\tag{6.10}$$

Unter der Konvergenz der Reihe in (6.10) ist die **Konvergenz im Mittel** zu verstehen (vgl. Kap. 9). Da die Funktionen χ_n orthogonal (vgl. Abschn. 4.3, Gl. (4.30) und normiert (6.9) sind, folgt für die Entwicklungskoeffizienten:

$$c_n(t) = \int d^3r\, \chi_n^*(\mathbf{r})\psi(\mathbf{r};t) = (\chi_n, \psi). \tag{6.11}$$

Beispiel: Der Hamilton-Operator des eindimensionalen, harmonischen Oszillators besitzt ein diskretes, nichtentartetes, vollständiges Spektrum.

Für eine Gesamtheit im Zustand $\psi(\mathbf{r};t)$ ergibt sich für den Erwartungswert der Observablen A

$$< A >= \int d^3r\, \psi^* A\, \psi = \sum_{n=0}^{\infty} a_n |c_n(t)|^2 \tag{6.12}$$

mit

$$1 = \int d^3r\, \psi^*\psi = \sum_{n=0}^{\infty} |c_n(t)|^2, \tag{6.13}$$

wenn man (6.8) und (6.10) sowie die Orthonormierung der $\chi_n(\mathbf{r})$ ausnutzt. Die Gl. (6.12) und (6.13) erlauben nun die gewünschte Interpretation von $< A >$:

Die möglichen Meßwerte der Observablen A an einem Teilchen der Gesamtheit sind die Eigenwerte a_n. Die Wahrscheinlichkeit (relative Häufigkeit bei vielen Einzelmessungen an Teilchen der Gesamtheit), mit der einer der Werte a_n gemessen wird, ist gegeben durch $|c_n(t)|^2$.

Während in der klassischen Physik die Meßwerte einer Observablen ein Kontinuum bilden, können nach den obigen Überlegungen Observable in der Quantentheorie **diskrete Meßwerte** (die Eigenwerte) besitzen. Dies ist im Einklang mit der Energie- und Orientierungs-Quantisierung (vgl. Kap. 2). Ob eine Observable diskrete und/oder kontinuierliche Eigenwerte besitzt, muß in jedem konkreten Fall durch Lösung der Eigenwertgleichung (6.8) geprüft werden.

Wir skizzieren nun den Fall, daß eine Observable B ein vollständiges, diskretes Spektrum besitzt, welches jedoch noch entartet sein kann; ein Beispiel bildet das Spektrum des Drehimpulses (6.4). Das Eigenwertproblem für $B = B(\mathbf{r}, \mathbf{p})$ können wir dann schreiben als

$$B\,\chi_{n,l}(\mathbf{r}) = b_n\chi_{n,l}(\mathbf{r}), \tag{6.14}$$

wo $b_n \neq b_m$ für $n \neq m$; der Index l numeriert die zu einem Eigenwert b_n gehörenden entarteten Lösungen. Die Lösungen $\chi_{n,l}$ seien so gewählt, daß

$$\int d^3r\,\chi_{n,l}^{*}\,\chi_{n',l'} = \delta_{nn'}\delta_{ll'} \tag{6.15}$$

(die Orthogonalität bzgl. n folgt automatisch aus der Hermitezität von B; die zu festem n entarteten Lösungen seien nach dem Schmidt'schen Verfahren orthogonalisiert). Da das Spektrum als vollständig vorausgesetzt war, gilt wieder, daß wir die Zustandsfunktion ψ entwickeln können als

$$\psi(\mathbf{r};t) = \sum_{n,l} d_{nl}(t)\chi_{n,l}(\mathbf{r}) \tag{6.16}$$

mit

$$d_{nl}(t) = \int d^3r\,\chi_{n,l}^{*}(\mathbf{r})\psi(\mathbf{r};t) = (\chi_{n,l}, \psi). \tag{6.17}$$

Analog (6.12), (6.13) findet man also:

$$<B> = \int d^3r\,\psi^{*}B\,\psi = \sum_n b_n \sum_l |d_{nl}(t)|^2, \tag{6.18}$$

mit

$$1 = \int d^3r\,\psi^{*}\psi = \sum_n \sum_l |d_{nl}(t)|^2. \tag{6.19}$$

Die Summe $\sum_l |d_{nl}(t)|^2$ wird als die Wahrscheinlichkeit interpretiert, mit der der Eigenwert b_n bei einer Einzelmessung angetroffen wird.

Im Falle eines kontinuierlichen Spektrums treten als Eigenfunktionen nicht-normierbare Funktionen auf; als ein wichtiges Beispiel werden wir in Abschn. 6.3 den Teilchen-Impuls untersuchen. Schließlich gibt es auch den Fall eines teils diskreten – teils kontinuierlichen Spektrums, z. B. das Energiespektrum des H-Atoms.

6.2.1 Streuung von Meßwerten

Die **mittlere Quadratische Schwankung**

$$(\Delta x)^2 := < (x- <x>)^2 > = < x^2 > - < x >^2 \qquad (6.20)$$

ist ein sinnvolles Maß für die Streuung von Meßdaten, d. h. die Abweichung vom Mittelwert. Wenden wir dies auf die Meßwerte einer Observablen A an, so erhalten wir als mittlere quadratische Schwankung einer Observablen A im Zustand $\psi(\mathbf{r}; t)$:

$$(\Delta A)^2 = \int d^3r\, \psi^*(A - \int d^3r\, \psi^* A\, \psi)^2 \psi = \int d^3r\, \psi^* A^2 \psi - \left(\int d^3r\, \psi^* A\, \psi \right)^2 \geq 0$$

$$(6.21)$$

$$= (\psi, A^2\psi) - (\psi, A\psi)^2.$$

Von besonderem Interesse ist der Fall

$$\Delta A = 0, \qquad (6.22)$$

für den bei jeder Einzelmessung an einem Teilchen der Gesamtheit ein wohldefinierter Wert mit der Wahrscheinlichkeit 1 gemessen wird (**scharfer Meßwert**). Wir untersuchen nun, wann dies der Fall ist, wann also

$$(\psi, A^2\psi) = \int d^3r\, \psi^* A^2 \psi = \left(\int d^3r\, \psi^* A\, \psi \right)^2 = (\psi, A\psi)^2. \qquad (6.23)$$

Gl. (6.23) schreibt sich kompakter als

$$(\psi, A^2\psi) = (A\psi, A\psi) = (\psi, A\psi)^2, \qquad (6.24)$$

da A als hermitesch vorausgesetzt ist. Bezeichnet man

$$\bar{\psi} \equiv A\psi \qquad (6.25)$$

so erkennt man

$$(\psi, \bar{\psi})^2 = (\bar{\psi}, \bar{\psi}) = (\bar{\psi}, \bar{\psi})(\psi, \psi) \tag{6.26}$$

als den Fall der **Schwarz'schen Ungleichung** für Skalarprodukte (siehe Kap. 9), in dem diese sich auf eine Gleichung reduziert. Dies tritt nur dann ein, wenn

$$A\psi = a\psi, \tag{6.27}$$

d. h. $\bar{\psi}$ proportional ψ ist.

Ergebnis: Die Observable A besitzt mit der Wahrscheinlichkeit 1 einen wohldefinierten Wert nur dann, wenn die Zustandsfunktion ψ zugleich Eigenfunktion des Operators A ist; der Meßwert ist dann der zugehörige Eigenwert von A. Zum gleichen Ergebnis gelangt man, wenn man (6.10) in (6.21) einsetzt. Die Forderung (6.22) lautet dann:

$$(\Delta A)^2 = \sum_{n=0}^{\infty} \left\{ a_n - \sum_{m=0}^{\infty} a_m |c_m(t)|^2 \right\}^2 |c_n(t)|^2 = 0. \tag{6.28}$$

Gl. (6.28) ist genau dann erfüllt, wenn

$$|c_m(t)| = 1 \tag{6.29}$$

für $m = k$ (fest) und $= 0$ sonst; also muß ψ zur Zeit t der Messung die Form haben:

$$\Psi(\mathbf{r}; t) = c_k(t)\chi_k(\mathbf{r}) \tag{6.30}$$

für beliebiges, aber festes k.

Wie der Erwartungswert $< A >$ so ist auch ΔA im allgemeinen zeitabhängig, die Streuung der Meßwerte also zeitlich nicht konstant.

Nur wenn A eine Erhaltungsgröße ist, $[H, A] = 0$, bleiben neben $< A >$ die Meßwahrscheinlichkeiten $|c_n(t)|^2$ und damit auch ΔA konstant.

Beweis: Wenn $[H, A] = 0$, so folgt aus

$$A\chi_n = a_n \chi_n, \tag{6.31}$$

daß auch $H\chi_n$ Eigenfunktion von A zum Eigenwert a_n ist,

$$H\,A\chi_n = A\,H\chi_n = a_n H\chi_n. \tag{6.32}$$

Wenn keine Entartung vorliegt, muß $H\chi_n$ bis auf einen Zahlenfaktor mit χ_n übereinstimmen, also

$$H\chi_n = E_n\chi_n;\ \ E_n \text{ reell.} \tag{6.33}$$

Damit folgt aus (6.11):

$$\frac{d}{dt}\,c_n(t) = \int d^3r\ \chi_n^*\frac{\partial}{\partial t}\,\psi = -\frac{i}{\hbar}\int d^3r\ \chi_n^*H\psi = -\frac{i}{\hbar}\int d^3r\ (H\chi_n)^*\psi$$

$$= -\frac{i}{\hbar}E_n c_n(t) \tag{6.34}$$

mit der Lösung

$$c_n(t) = c_n(0)\exp\left\{-\frac{i}{\hbar}E_n t\right\}. \tag{6.35}$$

Also ist

$$|c_n(t)|^2 = |c_n(0)|^2 \tag{6.36}$$

zeitunabhängig und damit auch ΔA. Für eine Observable B mit entartetem, diskretem Spektrum (vgl. (6.14)) kann man analog beweisen, daß

$$\frac{d}{dt}\sum_k |d_{nk}(t)|^2 = 0 \tag{6.37}$$

für den Fall, daß $[H, B] = 0$.

Wir haben damit das allgemeine Ergebnis, daß für eine Erhaltungsgröße neben dem Erwartungswert auch die Meßwahrscheinlichkeiten und die Streuung der Meßwerte zeitlich konstant sind.

6.2.2 Vertauschbare Operatoren

Wir zeigen, daß zwei Observable – repräsentiert durch Oparatoren A, B – gleichzeitig scharf meßbar sind, wenn $[A, B] = 0$, und umgekehrt. Dabei machen wir die (vereinfachende) Annahme, daß A und B rein diskrete Spektren besitzen. Dazu beweisen wir, daß

1.) vertauschbare (hermitesche) Operatoren ein gemeinsames **System von Eigenfunktionen** besitzen, d. h. nicht nur einzelne Eigenfunktionen wie l^2 und l_z für $l = 0$. Sei also χ_n Eigenfunktion von A zum Eigenwert a_n,

$$A\chi_n = a_n\chi_n. \tag{6.38}$$

Dann folgt wegen $[A, B] = 0$:

$$AB\chi_n = B\,A\chi_n = a_n B\chi_n, \tag{6.39}$$

also ist $B\chi_n$ Eigenfunktion zu A mit Eigenwert a_n. Wenn nun a_n nicht entartet ist, so muß $B\chi_n$ proportional zu χ_n sein, also

$$B\chi_n = b_n\chi_n \tag{6.40}$$

wie behauptet. Wenn a_n f-fach entartet ist,

$$A\chi_{nk} = a_n\chi_{nk}; \ k = 1, ..., f, \tag{6.41}$$

so folgt aus (6.39) nur, daß

$$B\chi_{nk} = \sum_{l=1}^{f} \alpha_{kl}\chi_{nl}. \tag{6.42}$$

Nun kann man aber die hermitesche, f-dimensionale Matrix

$$(\chi_{nk}, B\chi_{nk'}) = B^n_{kk'} \equiv \int d^3r\ \chi^*_{nk} B\ \chi_{nk'} = (B^n_{kk'})^* \tag{6.43}$$

stets auf Diagonalform bringen durch eine lineare Transformation der χ_{nk}. Die resultierenden Linearkombinationen der χ_{nk} sind dann simultan Eigenfunktionen zu A und B; q.e.d.

2.) Umgekehrt gilt: Haben A und B ein gemeinsames System von Eigenfunktionen,

$$A\chi_n = a_n\chi_n; \ \ B\chi_n = b_n\chi_n, \tag{6.44}$$

so vertauschen A und B. Zum Beweis bilden wir aus

$$B\,A\chi_n = b_n a_n\chi_n \ \text{und}\ AB\chi_n = a_n b_n\chi_n \tag{6.45}$$

die Differenz:

$$(BA - AB)\chi_n = 0. \tag{6.46}$$

Da die χ_n ein vollständiges System bilden (sonst könnte man A, B nicht als Observable interpretieren), folgt die **Operator-Relation**

$$[B, A] = 0. \tag{6.47}$$

6.2.3 Zusammenfassung:

1.) Damit ein Operator A eine Observable repräsentieren kann, muß er hermitesch sein und ein vollständiges Spektrum von Eigenfunktionen im Hilbertraum $\mathcal{H}$ besitzen.
2.) Meßwerte der Observablen A sind die reellen Eigenwerte a_n; sie können diskret und/oder kontinuierlich sein.
3.) Die Wahrscheinlichkeit für die Messung eines Wertes a_n ist gegeben durch das Betragsquadrat des Entwicklungskoeffizienten von ψ bzgl. der zu a_n gehörenden Eigenfunktion χ_n, wenn a_n nicht entartet ist; andernfalls ist über die Beiträge der entarteten Eigenfunktionen zu summieren.
4.) Die Streuung der Meßwerte ist durch das mittlere Schwankungsquadrat bestimmt: $(\Delta A)^2 = <A^2> - <A>^2$.
5.) Der Erwartungswert $<A>$, ΔA und die Meßwahrscheinlichkeiten sind genau dann zeitlich konstant, wenn $[A, H] = 0$.
6.) Zwei Observable sind genau dann simultan **scharf** meßbar, wenn sie kommutieren.

Zu 4.) Es ist $\Delta A = 0$ genau dann, wenn die Zustandsfunktion $\psi(\mathbf{r}; t)$ zum Zeitpunkt t des Beginns der Messung Eigenfunktion zu A ist.

6.3   Der Impuls

6.3.1 Hermitezität

Für die x-Komponente des Impulses gilt (vermöge partieller Integration)

$$\int dx\,dy\,dz\; \psi_1^* \left(\frac{\hbar}{i} \frac{\partial}{\partial x} \psi_2 \right) = \int dx\,dy\,dz\; \left(\frac{\hbar}{i} \frac{\partial}{\partial x} \psi_1 \right)^* \psi_2$$

$$+ \frac{\hbar}{i} \int dy\,dz \left(\psi_1^* \psi_2 \big|_{x=-\infty}^{x=+\infty} \right). \tag{6.48}$$

Falls die Funktionen ψ_1, ψ_2 im Unendlichen verschwinden, entfällt in (6.48) der ausinte-grierte Term und es folgt

$$\int d^3r \; \psi_1^* \left(\frac{\hbar}{i} \frac{\partial}{\partial x} \psi_2 \right) = \int d^3r \left(\frac{\hbar}{i} \frac{\partial}{\partial x} \psi_1 \right)^* \psi_2. \tag{6.49}$$

Der Operator $\mathbf{p}$ ist also hermitesch im Raum der Funktionen ψ, welche mit ihren partiellen Ableitungen quadrat-integrabel sind.

Analog zu $\mathbf{p}$ ist der Operator der kinetischen Energie

$$T \equiv -\frac{\hbar^2}{2m}\Delta = \frac{p^2}{2m} \tag{6.50}$$

hermitesch im Raum der Funktionen ψ, welche nebst ihren 1. und 2. partiellen Ableitungen quadrat-integrabel sind. Wir hatten in Abschn. 3.3 gesehen, daß diese Eigenschaft von T (allgemein: H, vgl. Abschn. 4.2) notwendig ist für die Wahrscheinlichkeitsinterpretation von $\psi^*\psi$.

6.3.2 Translation

Wir betrachten eine infinitesimale ($\epsilon \ll 1$) Translation **im Ortsraum**

$$\mathbf{r} \to \mathbf{r} - \epsilon\mathbf{a}; \tag{6.51}$$

den Zusammenhang von $\psi(\mathbf{r};t)$ und $\psi(\mathbf{r} - \epsilon\mathbf{a};t)$ **im Hilbertraum** $\mathcal{H}$ erhalten wir dann durch Taylor- Entwicklung

$$\psi(\mathbf{r} - \epsilon\mathbf{a};t) = \psi(\mathbf{r};t) - \epsilon\mathbf{a} \cdot \nabla\psi(\mathbf{r};t).. \approx (1 - \epsilon\mathbf{a} \cdot \nabla)\psi(\mathbf{r};t). \tag{6.52}$$

Für eine **endliche** Translation um $\mathbf{a}$ müssen die höheren Terme der Taylor- Entwicklung beachtet werden:

$$\psi(\mathbf{r} - \mathbf{a};t) = \sum_{n=0}^{\infty} \frac{1}{n!}(-\mathbf{a} \cdot \nabla)^n \psi(\mathbf{r};t) = \exp\{-\mathbf{a} \cdot \nabla\}\psi(\mathbf{r};t)$$

$$= \exp\left(-\frac{i}{\hbar}\mathbf{a} \cdot \mathbf{p}\right)\psi(\mathbf{r};t) = \psi'(\mathbf{r};t). \tag{6.53}$$

Der Operator $\exp(-i/\hbar\,\mathbf{a}\cdot\mathbf{p})$ repräsentiert also eine Translation im Raum der Wellenfunktionen ψ auf $\mathcal{H}$. Die **Erzeugenden** einer solchen Translation in $\mathcal{H}$ sind die Komponenten des Impulses $\mathbf{p}$.

Die Operatoren

$$\tau(\mathbf{a}) = \exp\left(-\frac{i}{\hbar}\mathbf{a}\cdot\mathbf{p}\right) \tag{6.54}$$

bilden eine **abelsche Gruppe** (wie die Translationen (6.51)), da die Komponenten von $\mathbf{p}$ untereinander vertauschen und es gelten die Gruppeneigenschaften:

1.) Mit $\tau(\mathbf{a}_1)$ und $\tau(\mathbf{a}_2)$ ist auch $\tau(\mathbf{a}_1)\tau(\mathbf{a}_2) = \tau(\mathbf{a}_1 + \mathbf{a}_2)$ ein Translationsoperator.
2.) Assoziativität: $\tau(\mathbf{a}_1)[\tau(\mathbf{a}_2)\tau(\mathbf{a}_3)] = [\tau(\mathbf{a}_1)\tau(\mathbf{a}_2)]\tau(\mathbf{a}_3)$
3.) Die Identität ist $\tau(0) = 1$
4.) Zu jedem Operator $\tau(\mathbf{a})$ gibt es einen Inversen $\tau(-\mathbf{a})$, denn $\tau(\mathbf{a})\tau(-\mathbf{a}) = 1$.

Die Beweise folgen direkt aus (6.53).

Wir nennen ein physikalisches System **translationsinvariant**, wenn

$$[\tau(\mathbf{a}), H] = 0. \tag{6.55}$$

Wenn also ψ Lösung der Schrödinger-Gleichung ist

$$i\hbar\frac{\partial}{\partial t}\,\psi = H\psi,$$

so auch $\tau(\mathbf{a})\psi$, denn

$$i\hbar\frac{\partial}{\partial t}(\tau(\mathbf{a})\psi) = \tau(\mathbf{a})H\psi = H(\tau(\mathbf{a})\psi).$$

Gl. (6.55) ist genau dann erfüllt, wenn

$$[H, \mathbf{p}] = 0. \tag{6.56}$$

Da $[T, \mathbf{p}] = 0$, ist (6.56) für ein einzelnes Teilchen nur möglich, falls V räumlich konstant ist. Umgekehrt: Bewegt sich ein Teilchen in einem räumlich variablen Potential $V = V(\mathbf{r})$, so ist die Translations-Invarianz zerstört. Für mehrere Teilchen bedeutet Translations-Invarianz (wie später noch zu zeigen sein wird), daß die Wechselwirkung V nur von den Relativkoordinaten der Teilchen untereinander abhängen darf:

$$V = V(\mathbf{r}_{ik}); \quad \mathbf{r}_{ik} = \mathbf{r}_i - \mathbf{r}_k \tag{6.57}$$

für zwei beliebige Teilchen i, k des Systems.

6.3.3 Eigenwertproblem

Der Impuls besitzt ein **kontinuierliches Eigenwertspektrum**; die Eigenfunktionen sind ebene Wellen

$$\mathbf{p} \exp(i\mathbf{k} \cdot \mathbf{r}) = \hbar\mathbf{k} \exp(i\mathbf{k} \cdot \mathbf{r}) \tag{6.58}$$

mit $\hbar\mathbf{k}$ als Eigenwert. Sie sind zugleich Eigenfunktionen zu T,

$$T \exp(i\mathbf{k} \cdot \mathbf{r}) = \frac{\hbar^2 k^2}{2m} \exp(i\mathbf{k} \cdot \mathbf{r}), \tag{6.59}$$

bilden also das simultane System von Eigenfunktionen der vertauschbaren Operatoren T und $\mathbf{p}$.

Es gilt die Orthogonalitätsrelation

$$\int d^3r \, \exp(i\mathbf{k} \cdot \mathbf{r})^* \exp(i\mathbf{k}' \cdot \mathbf{r}) = \int d^3r \, \exp(i[\mathbf{k}' - \mathbf{k}] \cdot \mathbf{r}) = 0 \qquad \text{für } \mathbf{k} \neq \mathbf{k}', \tag{6.60}$$

aber für $\mathbf{k} = \mathbf{k}'$ divergiert das Integral (6.60); die Eigenfunktionen zu $\mathbf{p}$ sind nicht quadratintegrabel und sind daher als Wellenfunktionen des freien Teilchens im strengen Sinne nicht zulässig, aber brauchbar, da ‚dicht‘ bzw. ‚vollständig‘ in $\mathcal{H}$ (siehe Kap. 9).

6.3.4 Impulsdarstellung

Wir wollen nun zeigen, daß die Interpretation des Erwartungswertes $< \mathbf{p} >$ als statistischer Mittelwert möglich ist, obwohl das Spektrum von $\mathbf{p}$ kontinuierlich ist und die Eigenfunktionen nicht normierbar sind. Der entscheidende Punkt ist, daß die **Basis** der ebenen Wellen in $\mathcal{H}$ **vollständig** ist. Zur quantitativen Formulierung dieses Tatbestandes beschränken wir uns auf 1 Dimension (x). Die Vollständigkeit der Basis der ebenen Wellen besagt dann, daß jede quadrat-integrable Funktion $\psi(x; t)$ dargestellt werden kann als

$$\psi(x;t) = \lim_{a\to\infty} \int_{-a}^{a} \frac{1}{\sqrt{2\pi}} \exp(ikx)\tilde{\psi}(k;t)\, dk. \tag{6.61}$$

Gl. (6.61) ist – analog zu (6.10) – im Sinne der Konvergenz im quadratischen Mittel zu verstehen. Die **Fourier-Transformierte** $\tilde{\psi}(k;t)$ kann umgekehrt aus $\psi(x;t)$ berechnet werden,

$$\tilde{\psi}(k;t) = \lim_{b\to\infty} \frac{1}{\sqrt{2\pi}} \int_{-b}^{b} \exp(-ikx)\psi(x;t)\, dx, \tag{6.62}$$

und ist selbst wieder quadrat-integrabel. Im Rahmen der durch (6.61) und (6.62) definierten Fourier-Transformation bleibt die Normierung erhalten (was allerdings die zugrunde liegende Forderung an die Fourier-Transformation (6.62) ist, damit die Wahrscheinlichkeitsinterpretation von $\psi^*\psi$ erhalten bleibt, d. h. $(\psi, \psi) = (\tilde{\psi}, \tilde{\psi})$:

$$\int_{-\infty}^{\infty} dx\, |\psi(x;t)|^2 = \int_{-\infty}^{\infty} dk\, |\tilde{\psi}(k;t)|^2. \tag{6.63}$$

Um (6.63) plausibel zu machen, betrachten wir

$$\lim_{a\to\infty}\lim_{b\to\infty} \frac{1}{2\pi} \int_{-\infty}^{\infty} dx \int_{-a}^{a} dk' \int_{-b}^{b} dk\; \exp(i(k-k')x)\; \tilde{\psi}^*(k';t)\tilde{\psi}(k;t). \tag{6.64}$$

Für $k \neq k'$ erhalten wir wegen (6.60) keine Beiträge zum $\int dx$ ... Drücken wir diese Tatsache mit Hilfe der δ-Distribution aus,

$$\delta(k-k') = \frac{1}{2\pi} \int_{-\infty}^{\infty} dx\; \exp\{i(k-k')x\}, \tag{6.65}$$

so wird:

$$\int_{-\infty}^{\infty} dx\, |\psi(x;t)|^2 = \lim_{a\to\infty}\lim_{b\to\infty} \int_{-a}^{a} dk' \int_{-b}^{b} dk\, \delta(k-k')\tilde{\psi}^*(k';t)\tilde{\psi}(k;t)$$

$$= \int_{-\infty}^{\infty} dk\, \tilde{\psi}^*(k;t)\tilde{\psi}(k;t) = 1. \tag{6.66}$$

Wenn die Ableitung $\partial/\partial x\, \psi$ existiert und selbst quadrat-integrabel ist – dies ist für alle Lösungen der Schrödinger-Gleichung der Fall, da immer der Operator der kinetischen Energie T in H enthalten ist – so gilt

$$p_x \psi(x;t) = \lim_{a\to\infty} \frac{1}{\sqrt{2\pi}} \int_{-a}^{a} dk\, \hbar\, k\, \tilde{\psi}(k;t) \exp(ikx),$$

(6.67)

und $k\tilde{\psi}(k;t)$ ist ebenfalls quadrat-integrabel. Damit wird – analog (6.66) -

$$< p_x > = \lim_{a\to\infty} \lim_{b\to\infty} \int_{-a}^{a} dk' \int_{-b}^{b} dk\, \delta(k-k')\, \tilde{\psi}^*(k';t)\, \hbar\, k\, \tilde{\psi}(k;t)$$

$$= \int_{-\infty}^{\infty} dk\, \tilde{\psi}^*(k;t)\, \hbar k\, \tilde{\psi}(k;t).$$

(6.68)

Die Verallgemeinerung von (6.61) bis (6.68) auf den 3-dim. Fall ist trivial.

Im Hinblick auf die statistische Interpretation der Quantentheorie betrachten wir

$$< \mathbf{p} > = \int d^3k\, \hbar\mathbf{k}\, \tilde{\psi}^*(\mathbf{k};t)\tilde{\psi}(\mathbf{k};t)$$

(6.69)

mit

$$1 = \int d^3k\, \tilde{\psi}^*(\mathbf{k};t)\tilde{\psi}(\mathbf{k};t).$$

(6.70)

Interpretiert man $\tilde{\psi}^*(\mathbf{k};t)\tilde{\psi}(\mathbf{k};t)$ als die **Wahrscheinlichkeitsdichte**, das betrachtete Teilchen der Gesamtheit zur Zeit t mit dem Impuls $\hbar\mathbf{k}$ anzutreffen, so kann auch $< \mathbf{p} >$ als Mittelwert im statistischen Sinne aufgefaßt werden.

6.3.5   Periodische Randbedingungen

Will man in der Praxis den Gebrauch der δ-Funktion umgehen, so kann man anstelle des gesamten Raumes $I\!R_3$ ein hinreichend großes aber endliches **Normierungsvolumen** betrachten. Zur Vereinfachung der Schreibweise betrachten wir wieder nur 1 Dimension (x). Damit p_x im endlichen Intervall $[-b/2, b/2]$ hermitesch ist, müssen die Zustandsfunktionen $\psi(x;t)$ gewisse Randbedingungen erfüllen. Entsprechend (6.48) erfordert die Hermitezität von p_x (wegen partieller Integration)

$$\psi_1^* \psi_2 \Big|_{-b/2}^{b/2} = 0\,,$$

(6.71)

also

$$\frac{\psi_1^*(b/2)}{\psi_1^*(-b/2)} = \frac{\psi_2(-b/2)}{\psi_2(b/2)} \tag{6.72}$$

für beliebige, in $[-b/2, b/2]$ quadrat-integrable Funktionen ψ_1, ψ_2. Gl. (6.72) führt auf die
periodischen Randbedingungen (bis auf einen beliebigen Phasenfaktor)

$$\psi(b/2) = \psi(-b/2) \tag{6.73}$$

für die zulässigen Funktionen. Die Eigenfunktionen zu p_x sind nun normierbar

$$u_n = \frac{1}{\sqrt{b}} \exp(ik_n x) \tag{6.74}$$

mit

$$k_n = 2\pi \frac{n}{b}; \quad n = 0, \pm 1, \pm 2, \pm 3, \dots \tag{6.75}$$

und die Eigenwerte zu p_x sind diskret: $\hbar k_n$.

Jede beliebige, in $[-b/2, b/2]$ quadrat-integrable Funktion ist dann darstellbar als
Fourier-Reihe

$$\psi(x; t) = \sum_{n=-\infty}^{\infty} c_n(t) u_n(x) \tag{6.76}$$

mit

$$c_n(t) = \frac{1}{\sqrt{b}} \int_{-b/2}^{b/2} dx \, \psi(x; t) \exp(-ik_n x). \tag{6.77}$$

6.3.6　Orts-Impuls Unschärfe

Da x und p_x nicht vertauschen

$$[p_x, x] = \frac{\hbar}{i}, \tag{6.78}$$

können sie nicht simultan scharf meßbar sein, also ist sicher

$$\Delta p_x \neq 0, \tag{6.79}$$

falls $\Delta x = 0$ und $\Delta x \neq 0$ falls $\Delta p_x = 0$.

Wir wollen im Folgenden zeigen, daß stets gilt

$$\Delta p_x \Delta x \geq \frac{\hbar}{2}. \tag{6.80}$$

Dazu betrachten wir die Funktion

$$f(\alpha) = \int d^3r \; |(x- <x>)\psi + i\alpha(p_x- <p_x>)\psi|^2 \geq 0, \tag{6.81}$$

die sich explizit schreiben läßt als:

$$f(\alpha) = \int d^3r \; \psi^*(x- <x>)^2\psi + \alpha^2 \int d^3r \; ([p_x- <p_x>]\psi)^*(p_x- <p_x>)\psi$$

$$+ i\alpha \int d^3r\{\psi^*(x- <x>)(p_x- <p_x>)\psi - ([p_x- <p_x>]\psi)^*(x- <x>)\psi\}. \tag{6.82}$$

Der erste Term in (6.82) ist gerade $(\Delta x)^2$; der zweite ergibt unter Ausnutzung der Hermitezität von p_x gerade $(\Delta p_x)^2$; in dem linearen Term in α können wir (mit Hilfe von (6.78)) den 2. Summanden umformen:

$$\int d^3r([p_x- <p_x>]\psi)^*(x- <x>)\psi = \int d^3r \; \psi^*(p_x- <p_x>)(x- <x>)\psi$$

$$= \int d^3r \; \psi^*(x- <x>)(p_x- <p_x>)\psi + \frac{\hbar}{i} \int d^3r \; \psi^*\psi, \tag{6.83}$$

so daß (falls ψ normiert ist) dieser Term zu $f(\alpha)$ den Beitrag $-\alpha\hbar$ liefert. Insgesamt ist

$$f(\alpha) = (\Delta x)^2 + \alpha^2(\Delta p_x)^2 - \alpha\hbar \geq 0. \tag{6.84}$$

Da $f(\alpha)$ positiv-semidefinit ist (nach Konstruktion), kann $f(\alpha)$ höchstens eine reelle Nullstelle haben. Damit muß für die Diskriminante gelten:

$$4(\Delta p_x)^2(\Delta x)^2 - \hbar^2 \geq 0, \tag{6.85}$$

also

$$\Delta x \, \Delta p_x \geq \frac{\hbar}{2}. \tag{6.86}$$

Für eine ebene Welle ist $\Delta p_x = 0$, also gemäß (6.80) $\Delta x = \infty$: der Ort des Teilchens ist völlig unbestimmt! Das Gleichheitszeichen in (6.80) tritt auf für den Fall eines Gauß'schen Wellenpaketes, der im Folgenden kurz skizziert wird.

Zur Zeit $t = 0$ sei

$$\psi(x; 0) = \frac{1}{\sqrt{b}} \, \frac{1}{\pi^{1/4}} \exp\left\{-\frac{x^2}{2b^2} + i k_0 x\right\} ; \tag{6.87}$$

die zugehörige Fourier-Transformierte ist

$$\tilde{\psi}(k; 0) = \frac{\sqrt{b}}{\pi^{1/4}} \exp\left\{-\frac{1}{2}(k - k_0)^2 b^2\right\} . \tag{6.88}$$

Da für ein freies Teilchen $[H, p] = 0$, $H = T$, sind der Impulserwartungswert und die mittlere quadratische Schwankung zeitlich konstant. Mit (6.88) erhält man nach Ausführen der k-Integration unter Benutzung von

$$I_0 = \int_{-\infty}^{\infty} \exp(-\alpha x^2) \, dx = \sqrt{\frac{\pi}{\alpha}};$$

$$\frac{d^n}{d\alpha^n} I_0 = (-1)^n \int_{-\infty}^{\infty} x^{2n} \exp(-\alpha x^2) \, dx \tag{6.89}$$

$$< p_x > = \hbar k_0; \quad \Delta p_x = \frac{\hbar}{b\sqrt{2}} \tag{6.90}$$

für alle Zeiten t. Dagegen ändern sich $< x >$ und Δx im Laufe der Zeit. Dazu transformieren wir die Schrödinger-Gleichung des freien Teilchens in die **Impuls- Darstellung**

$$i\hbar\frac{\partial}{\partial t}\tilde{\psi}(k; t) = \frac{\hbar^2 k^2}{2m}\tilde{\psi}(k; t); \tag{6.91}$$

Gl. (6.91) kann mit der Anfangsbedingung (6.88) sofort integriert werden:

$$\tilde{\psi}(k; t) = \exp\left(-\frac{i\hbar k^2 t}{2m}\right)\tilde{\psi}(k; 0). \tag{6.92}$$

Rücktransformation in die **Orts-Darstellung** ergibt:

$$\psi(x;t) = \frac{1}{\sqrt{2\pi}} \int_{-\infty}^{\infty} \tilde{\psi}(k;t)\exp(ikx)dk$$

$$= \frac{1}{\pi^{1/4}} \frac{1}{\sqrt{b + \frac{i\hbar t}{mb}}} \exp\left\{ \frac{2ib^2 k_0 x - x^2 - \frac{i\hbar t k_0^2 b^2}{m}}{2b^2(1 + \frac{i\hbar t}{mb^2})} \right\} \tag{6.93}$$

oder

$$|\psi(x;t)|^2 = \frac{1}{b(t)} \frac{1}{\sqrt{\pi}} \exp\left\{ -\frac{(x - v_0 t)^2}{b(t)^2} \right\} \tag{6.94}$$

mit

$$b(t)^2 = b^2 + \left[\frac{\hbar t}{mb}\right]^2 \text{ und } v_0 = \frac{\hbar k_0}{m}. \tag{6.95}$$

Mit (6.94) erhält man

$$< x >= v_0 t; \qquad \Delta x = \frac{b(t)}{\sqrt{2}}. \tag{6.96}$$

Gl. (6.90) und (6.96) zeigen, daß für $t = 0$

$$\Delta x\,\Delta p_x = \frac{\hbar}{2}, \tag{6.97}$$

jedoch für $t \neq 0$ das Unschärfe-Produkt $> \hbar/2$ wird, da die Ortsunschärfe wächst, während die Impuls-Unschärfe konstant bleibt. Dieses

6.3.7 Zerfließen von Wellenpaketen

ist nicht an die Gauß-Form (6.87) gebunden, sondern gilt allgemein. Für ein kräftefreies Teilchen ist stets ($H = T$) :

$$\frac{d}{dt} < p_x >= \frac{i}{\hbar} < [H, p_x] >= 0, \tag{6.98}$$

also

$$\frac{d}{dt} < x > = \frac{< p_x >}{m} = \text{const.} \tag{6.99}$$

Wir können daher unser Koordinatensystem stets so wählen, daß

$$< x > = 0; \qquad < p_x > = 0. \tag{6.100}$$

Dann wird nach (5.36):

$$\frac{d}{dt}(\Delta x)^2 = \frac{d}{dt} < x^2 > = \frac{i}{\hbar} < [T, x^2] > \tag{6.101}$$

und

$$\frac{d^2}{dt^2}(\Delta x)^2 = \frac{i}{\hbar}\frac{d}{dt} < [T, x^2] > = -\frac{1}{\hbar^2} < [T, [T, x^2]] > . \tag{6.102}$$

Wegen $T = p^2/(2m)$ benötigen wir:

$$[p_x^2, x^2] = x[p_x^2, x] + [p_x^2, x]x = \frac{2\hbar}{i}(xp_x + p_x x) \tag{6.103}$$

und

$$[p_x^2, [p_x^2, x^2]] = \frac{2\hbar}{i}[p_x^2, xp_x + p_x x] = \frac{2\hbar}{i}([p_x^2, x]p_x + p_x[p_x^2, x])$$

$$= \frac{2\hbar}{i}\{p_x[p_x, x]p_x + [p_x, x]p_x^2 + p_x^2[p_x, x] + p_x[p_x, x]p_x\} = -8\hbar^2 p_x^2. \tag{6.104}$$

Damit ergibt sich für (6.102)

$$\frac{d^2}{dt^2}(\Delta x)^2 = \frac{2}{m^2} < p_x^2 > = \text{const} > 0, \tag{6.105}$$

so daß $(\Delta x)^2$ quadratisch mit t anwächst, d.h. **jedes Wellenpaket zerfließt in der Zeit.**

6.3.8 Reduktion von Freiheitsgraden

In der klassischen Physik können wir die Zahl der Freiheitsgrade eines Systems einschränken mit Hilfe von Zwangsbedingungen. Soll sich etwa ein Teilchen auf einer Kugeloberfläche bewegen, so können wir die Bewegungsgleichungen in 3 Dimensionen mit der Nebenbedingung

$$r_{kl.} = \text{const}; \qquad (p_r)_{kl.} = 0 \qquad (6.106)$$

auf ein 2-dimensionales Problem in den Freiheitsgraden ϑ, φ reduzieren. **Aufgrund der Unschärfe-Relation für Ort und Impuls oder allgemein für kanonisch konjugierte Variable ist das Einfrieren von Freiheitsgraden in der Quantenmechanik im allgemeinen nicht möglich.** Wichtigstes **Beispiel** ist die **spontane Emission** von Photonen, die gerade daraus resultiert, daß man die Freiheitsgrade des Strahlungsfeldes in der Quantentheorie **nicht einfrieren** kann.

6.4 Der Bahndrehimpuls

6.4.1 Hermitezität

Der Drehimpulsoperator

$$\mathbf{l} = \mathbf{r} \times \mathbf{p} \qquad (6.107)$$

bedarf keiner Symmetrisierung im Sinne von (5.27), da in jeder Komponente l_i die betreffenden Komponenten von $\mathbf{r}$ und $\mathbf{p}$ kommutieren, z. B.

$$l_z = xp_y - yp_x = p_y x - p_x y. \qquad (6.108)$$

Der Raum der Funktionen, in dem $\mathbf{l}$ hermitesch ist, kann entweder bzgl. kartesischer Koordinaten bestimmt werden oder bzgl. Polarkoordinaten (vgl. Abschn. 6.4.4).

6.4.2 Drehungen

Wir betrachten analog Abschn. 6.3.2 eine infinitesimale Drehung, etwa um die z-Achse:

$$(x, y, z) \rightarrow (x + \epsilon y, -\epsilon x + y, z); \qquad (6.109)$$

Taylor-Entwicklung von $\psi(x + \epsilon y, -\epsilon x + y, z; t)$ um den Punkt (x, y, z) ergibt dann:

$$\psi(x+\epsilon y, -\epsilon x+y, z; t) = \psi(x, y, z; t) - \epsilon\left(x\frac{\partial}{\partial y} - y\frac{\partial}{\partial x}\right)\psi = \left(1 - \frac{i\epsilon}{\hbar}l_z\right)\psi(x, y, z; t). \qquad (6.110)$$

Für eine endliche Drehung φ um die z-Achse wird (wie in Abschn. 6.3.2)

$$\psi(R_\varphi \mathbf{r}; t) = \sum_{n=0}^{\infty} \frac{1}{n!}\left\{-\frac{i}{\hbar}\varphi l_z\right\}^n \psi(\mathbf{r}; t) = \exp\left\{-\frac{i}{\hbar}\varphi l_z\right\}\psi(\mathbf{r}; t). \qquad (6.111)$$

Dreht man um eine beliebige Achse um $\vec{\varphi}$, so lautet die Verallgemeinerung von (6.111)

$$\psi(R_\varphi \mathbf{r}; t) = \exp\left\{-\frac{i}{\hbar}\vec{\varphi}\cdot\mathbf{l}\right\}\psi(\mathbf{r}; t). \qquad (6.112)$$

Die Operatoren

$$\hat{R}(\vec{\varphi}) = \exp\left(-\frac{i}{\hbar}\vec{\varphi}\cdot\mathbf{l}\right), \qquad (6.113)$$

welche Drehungen im Raum der Wellenfunktionen ψ repräsentieren, bilden (wie die Translationen) eine Gruppe, die jedoch (im Gegensatz zu den Translationen) nicht abelsch ist: endliche Drehungen um verschiedene Achsen sind im allgemeinen nicht vertauschbar in ihrer Reihenfolge. Da die Komponenten von $\mathbf{l}$ die **Erzeugenden** der Drehungen sind, bedeutet dies

$$[l_i, l_j] \neq 0 \text{ für } i \neq j. \qquad (6.114)$$

Wir nennen ein physikalisches System **drehinvariant**, wenn

$$[\hat{R}(\vec{\varphi}), H] = 0. \qquad (6.115)$$

Wenn also ψ Lösung der Schrödinger-Gleichung (SG) ist

$$i\hbar\frac{\partial}{\partial t}\,\psi = H\psi, \qquad (6.116)$$

so auch $\hat{R}(\vec{\varphi})\psi$:

$$i\hbar\frac{\partial}{\partial t}(\hat{R}(\vec{\varphi})\psi) = \hat{R}(\vec{\varphi})H\psi = H(\hat{R}(\vec{\varphi})\psi). \qquad (6.117)$$

Gl. (6.115) ist genau dann erfüllt, wenn

$$[\mathbf{l}, H] = 0. \qquad (6.118)$$

Da p^2 ein Skalar ist, vertauscht p^2 mit $\hat{R}(\vec{\varphi})$, also ist auch

$$[T, \mathbf{l}] = 0. \qquad (6.119)$$

Ebenso ist $|\mathbf{r}| = r$ (für mehrere Teilchen $|\mathbf{r}_{ij}|$) ein Skalar, also ist

$$[V, \mathbf{l}] = 0, \tag{6.120}$$

falls

$$V = V(r) \quad \text{oder} \quad V = V(|\mathbf{r}_{ij}|). \tag{6.121}$$

6.4.3 Aktive und passive Transformationen

Bei der Beschreibung räumlicher Transformationen (Drehungen, Translationen) sind die folgenden Betrachtungsweisen äquivalent:

1.) Man betrachtet eine Drehung (Translation) des physikalischen Systems (**aktive Transformation**); also eine starre Drehung (Translation) der Wellenfunktion ψ **im Hilbertraum** $\mathcal{H}$.
2.) Äquivalent zu 1.) ist (vgl. Abbildung 6.1) eine (**passive**) inverse Koordinaten-Transformation (Drehung, Translation), also eine Transformation des Koordinaten-Systems eines Beobachters (passive Transformation) **im 3-dimensionalen Raum.**

Für eine skalare Wellenfunktion ψ, die jedem Raumpunkt eine komplexe Zahl zuordnet, gilt wegen der Äquivalenz der Betrachtungsweisen 1.) und 2.)

$$\psi(s^{-1}\mathbf{r}; t) = S\psi(\mathbf{r}; t) = \psi'(\mathbf{r}; t); \tag{6.122}$$

dabei steht s für eine Drehung (Translation) des Koordinatensystems im 3-dimensionalen Raum, der Operator S für die entsprechende Transformation der Wellenfunktion ψ im Hilbertraum $\mathcal{H}$.

Für ein Vektorfeld – z. B. das Vektorpotential $\mathbf{A}(\mathbf{r}; t)$ – ist die Situation etwas komplizierter als in (6.122), da die Komponenten von $\mathbf{A}$ (als Vektor) sich bei einer Drehung mittransformieren. Man erhält dann:

$$s\mathbf{A}(s^{-1}\mathbf{r}; t) = S\mathbf{A}(\mathbf{r}; t) = \mathbf{A}'(\mathbf{r}; t). \tag{6.123}$$

Um die explizite Form des Operators S zu finden, genügt es eine infinitesimale Transformation, z. B. um die z-Achse, zu betrachten. Dann wird

$$A'_x(\mathbf{r}; t) = A_x(\vec{\rho}; t) - \epsilon A_y(\vec{\rho}; t)$$
$$A'_y(\mathbf{r}; t) = \epsilon A_x(\vec{\rho}; t) + A_y(\vec{\rho}; t)$$

a) Translation

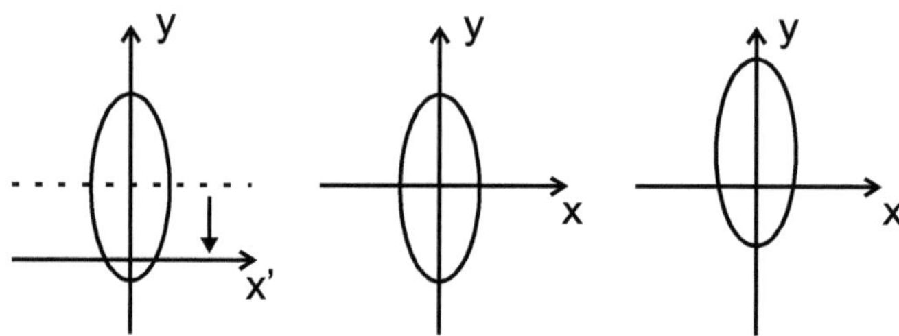

b) Drehung

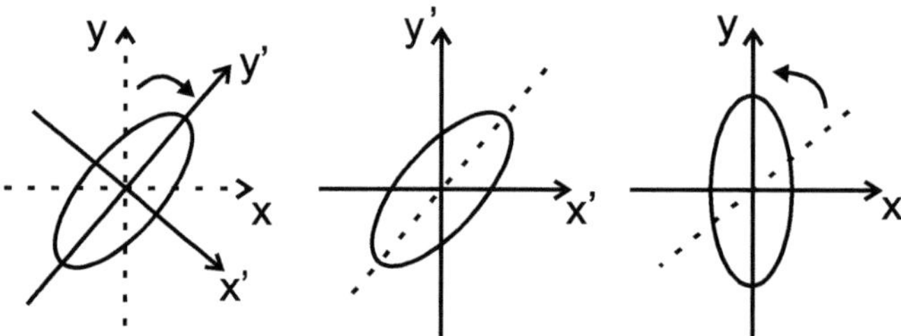

Abb. 6.1 Illustration von ‚passiven' und ‚aktiven' Transformationen

$$A'_z(\mathbf{r}; t) = A_z(\vec{\rho}; t) \tag{6.124}$$

mit

$$\vec{\rho} \equiv s^{-1}\mathbf{r} = (x + \epsilon y, -\epsilon x + y, z). \tag{6.125}$$

Die Taylor-Entwicklung von $A_i(\vec{\rho}; t)$ um die Stelle $\mathbf{r} = (x, y, z)$ führen wir analog (6.110) durch. Dann läßt sich (6.4.3) schreiben als

$$\mathbf{A}'(\mathbf{r}; t) = \left(1 - \frac{i}{\hbar}\epsilon[l_z + s_z]\right)\mathbf{A}(\mathbf{r}; t) \tag{6.126}$$

wobei die 3×3 Matrix s_z definiert ist durch

$$s_z \begin{pmatrix} A_x \\ A_y \\ A_z \end{pmatrix} = \hbar \begin{pmatrix} -iA_y \\ iA_x \\ 0 \end{pmatrix}, \tag{6.127}$$

was auf die explizite Form

$$s_z = \hbar \begin{pmatrix} 0 & -i & 0 \\ i & 0 & 0 \\ 0 & 0 & 0 \end{pmatrix} \tag{6.128}$$

führt. Für Drehungen um die x-, y-Achse ergeben sich analog die Matrizen:

$$s_x = \hbar \begin{pmatrix} 0 & 0 & 0 \\ 0 & 0 & -i \\ 0 & i & 0 \end{pmatrix} \qquad s_y = \hbar \begin{pmatrix} 0 & 0 & i \\ 0 & 0 & 0 \\ -i & 0 & 0 \end{pmatrix} \tag{6.129}$$

Analog 6.4.2 erhält man für eine Drehung $\vec{\varphi}$ um eine beliebige Achse

$$\mathbf{A}'(\mathbf{r};t) = \exp\left\{-\frac{i}{\hbar}\vec{\varphi}\cdot[\mathbf{l}+\mathbf{s}]\right\}\mathbf{A}(\mathbf{r};t). \tag{6.130}$$

Gl. (6.130) legt nahe, daß $\mathbf{s}$ Drehimpuls-Charakter besitzt. In der Tat findet man Vertauschungsrelationen wie für die Komponenten von $\mathbf{l}$ (s.u.),

$$[s_x, s_y] = i\hbar s_z, \quad [s_z, s_x] = i\hbar s_y, \quad [s_y, s_z] = i\hbar s_x. \tag{6.131}$$

Weiterhin prüft man anhand der Darstellungen (6.128) und (6.129) direkt nach:

$$s^2 = s_x^2 + s_y^2 + s_z^2 = 2\hbar^2 \mathbf{1}_{3x3}, \ = 2\hbar^2 \begin{pmatrix} 1 & 0 & 0 \\ 0 & 1 & 0 \\ 0 & 0 & 1 \end{pmatrix} \tag{6.132}$$

so daß (unter Vorwegnahme der Resultate von Abschn. 6.4.4) dem Vektorfeld $\mathbf{A}$ ein **Spin** 1 (in Einheiten von $\hbar$) zuzuordnen ist. Da die Operatoren s_x, s_y, s_z – im Gegensatz zu den Komponenten von $\mathbf{l}$ – nicht von den Ortskoordinaten abhängen, beschreibt dieser Spin offensichtlich eine **innere Eigenschaft** des durch das Vektorfeld $\mathbf{A}(\mathbf{r};t)$ beschriebenen Systems.

Anmerkung: Außer dem Strahlungsfeld $\mathbf{A}$ gibt es noch weitere physikalische Systeme, die durch Vektorfelder beschrieben werden, wie z.B. das ρ- und ω-Meson, die allerdings im

Gegensatz zum Strahlungsfeld (Photon γ) massiv sind, d. h. $m_\omega \approx m_\rho \approx 780\,\mathrm{MeV/c^2}$. In der ‚schwachen Wechselwirkung' spielen die Vektorfelder W^+, W^-, W^0, Z^0 mit Massen um $90\,\mathrm{GeV/c^2}$ die tragende Rolle.

6.4.4 Vertauschungsrelationen; Eigenwerte

Aus der Definition (6.107) rechnet man direkt nach:

$$[l_x, l_y] = i\hbar l_z, \quad [l_z, l_x] = i\hbar l_y, \quad [l_y, l_z] = i\hbar l_x \tag{6.133}$$

oder kurz

$$[l_n, l_m] = i\hbar \epsilon_{nmk} l_k$$

mit dem vollständig antisymmetrischen Tensor 3. Stufe ϵ_{nmk}. Ebenso findet man

$$[l^2, l_i] = 0 \text{ für } i = x, y, z \tag{6.134}$$

als Resultat der Tatsache, daß l^2 eine skalare Größe ist. Aus (6.133) und (6.134) folgt, daß l^2 und jeweils eine der Komponenten l_i ein gemeinsames System von Eigenfunktionen besitzen. Wir wählen für die folgenden Betrachtungen $l_z = l_3$ und suchen nach den Lösungen von

$$l^2 \psi_{\lambda\mu} = \lambda \psi_{\lambda\mu}; \quad l_z \psi_{\lambda\mu} = \mu \psi_{\lambda\mu}. \tag{6.135}$$

In einem ersten Schritt wollen wir untersuchen, welche Eigenwerte (λ, μ) im Rahmen der Vertauschungsregeln (6.133) überhaupt möglich sind, wenn wir die Hermitezität der Komponenten l_i und Normierbarkeit der Lösungen $\psi_{\lambda\mu}$ verlangen. In einem 2. Schritt (Abschn. 6.4.5) sollen dann die Eigenfunktionen $\psi_{\lambda\mu}$ des Bahndrehimpulses explizit konstruiert werden.

Für die Bestimmung der möglichen Eigenwerte λ, μ ist es zweckmäßig, anstelle von l_x, l_y die Linearkombinationen

$$l_\pm = l_x \pm i l_y \tag{6.136}$$

einzuführen. Dann gilt

$$[l^2, l_z] = [l^2, l_\pm] = 0 \tag{6.137}$$

wegen (6.134) und aus (6.133) folgt

$$[l_z, l_\pm] = \pm l_\pm, \tag{6.138}$$

wobei zur Vereinfachung der Schreibweise die Einheiten so gewählt wurden, daß $\hbar = 1$ (**natürliche Einheiten**). In den Operatoren $l_\pm$, l_z schreibt sich l^2 als:

$$l^2 = l_+ l_- + l_z^2 - l_z = l_- l_+ + l_z^2 + l_z. \tag{6.139}$$

Aus (6.138) und (6.137) folgt nun:

$$l^2(l_\pm \psi_{\lambda\mu}) = \lambda(l_\pm \psi_{\lambda\mu}),$$
$$l_z(l_\pm \psi_{\lambda\mu}) = (\mu \pm 1)(l_\pm \psi_{\lambda\mu}), \tag{6.140}$$

wenn man die Operatoren l_+, l_- auf Gl. (6.135) anwendet. Wir können also mit Hilfe der Operatoren l_+, l_- die Quantenzahl μ um jeweils 1 erhöhen oder erniedrigen, d. h.

$$l_\pm \psi_{\lambda\mu} \sim \psi_{\lambda\mu\pm1}. \tag{6.141}$$

Geht man von einem beliebigen Drehimpulseigenzustand $\psi_{\lambda\mu}$ aus, so stellt sich die Frage, ob dieses Erhöhen bzw. Erniedrigen der Quantenzahlen unbegrenzt möglich ist oder nach einer endlichen Anzahl von Schritten (die von λ abhängen kann) aufhört. Dazu müssen wir untersuchen, ob der jeweils neu entstehende Zustand normierbar ist.

Benutzt man (6.136), (6.139) sowie die Hermitezität der l_i, so erhält man:

$$(l_+ \psi_{\lambda\mu}, l_+ \psi_{\lambda\mu}) = (\psi_{\lambda\mu}, l_- l_+ \psi_{\lambda\mu}) = (\lambda - \mu^2 - \mu)(\psi_{\lambda\mu}, \psi_{\lambda\mu}) \tag{6.142}$$

und nach mehrfacher Anwendung von l_+ schließlich:

$$(l_+^{m+1} \psi_{\lambda\mu}, l_+^{m+1} \psi_{\lambda\mu}) = (\lambda - \mu^2 - \mu) \cdots (\lambda - [\mu+m]^2 - [\mu+m])(\psi_{\lambda\mu}, \psi_{\lambda\mu}). \tag{6.143}$$

Bei festem λ, μ wird nun der Faktor

$$(\lambda - \mu^2 - \mu) \cdots (\lambda - [\mu+m]^2 - [\mu+m]) \tag{6.144}$$

für genügend großes m negativ; da die Norm der möglichen Eigenfunktionen $\psi_{\lambda\mu}$, $l_+\psi_{\lambda\mu}$, $l_+\psi_{\lambda\mu}\cdots$ positiv sein muß, geraten wir in Widerspruch, es sei denn, daß die Reihe für einen Wert $m_0 + 1$ abbricht, d. h.

$$l_+^{m_0+1}\psi_{\lambda\mu} = 0 \tag{6.145}$$

bzw. nach (6.143)

$$\lambda - [\mu + m_0]^2 - [\mu + m_0] = 0. \tag{6.146}$$

Die Reihe der aus $\psi_{\lambda\mu}$ erzeugten Drehimpulseigenfunktionen muß also nach $m = m_0$ abbrechen!

Entsprechende Überlegungen können für l_- angestellt werden. Man erhält die zu (6.146) analoge Bedingung

$$\lambda - [\mu - n_0]^2 + [\mu - n_0] = 0, \tag{6.147}$$

also

$$l_-^{n_0+1}\psi_{\lambda\mu} = 0. \tag{6.148}$$

Löst man (6.146) und (6.147) nach μ, λ auf, so findet man:

$$\mu = \frac{n_0 - m_0}{2}\hbar, \tag{6.149}$$

$$\lambda = \frac{1}{2}(m_0 + n_0)\left(\frac{[m_0 + n_0]}{2} + 1\right)\hbar^2. \tag{6.150}$$

Als mögliche Eigenwerte zu l^2, l_z haben wir also gefunden:

$$\lambda = j(j + 1)\hbar^2; \qquad j = 0, \frac{1}{2}, 1, \frac{3}{2}, 2, \frac{5}{2}, \cdots \tag{6.151}$$

und

$$\mu/\hbar = -j, -j + 1, \ldots, +j. \tag{6.152}$$

Zu jeder Drehimpulsquantenzahl j gibt es also $(2j + 1)$ Werte von μ (in Übereinstimmung mit den Stern-Gerlach Experimenten in Kap. 2). Wir wollen im Folgenden zeigen, daß für den Bahndrehimpuls l nur die Werte $j = 0, 1, 2, ..$ auftreten, die wir im Folgenden mit l bezeichnen.

6.4.5 Eigenfunktionen zu l^2, l_z

Zur Konstruktion der Eigenfunktionen zu l^2 und l_z ist es zwechmäßig, Polarkoordinaten r, ϑ, φ einzuführen. Die Komponenten l_i schreiben sich dann:

$$l_z = -i\hbar \frac{\partial}{\partial \varphi}; \qquad l_\pm = \hbar \exp(\pm i\varphi) \left[\pm \frac{\partial}{\partial \vartheta} + i \cot \vartheta \frac{\partial}{\partial \varphi} \right], \qquad (6.153)$$

woraus folgt:

$$l^2 = -\hbar^2 \left(\frac{1}{\sin \vartheta} \frac{\partial}{\partial \vartheta} \sin \vartheta \frac{\partial}{\partial \vartheta} + \frac{1}{\sin^2 \vartheta} \frac{\partial^2}{\partial \varphi^2} \right). \qquad (6.154)$$

Da r in (6.153) und in (6.154) nicht auftritt, lassen wir im Folgenden die Koordinate r weg. Wegen

$$l_z \exp(im\varphi) = -i\hbar \frac{\partial}{\partial \varphi} \exp(im\varphi) = m\hbar \, \exp(im\varphi) \qquad (6.155)$$

können wir für die Lösungen von

$$l^2 \chi_{lm}(\vartheta, \varphi) = l(l+1)\hbar^2 \chi_{lm}; \qquad l_z \chi_{lm}(\vartheta, \varphi) = m\hbar \, \chi_{lm}(\vartheta, \varphi) \qquad (6.156)$$

sofort ansetzen:

$$\chi_{lm}(\vartheta, \varphi) = f_{lm}(\vartheta) \exp(im\varphi). \qquad (6.157)$$

Die nach Abschn. 6.4.4 möglichen Eigenwerte werden nun dadurch eingeschränkt, daß für eine skalare Funktion $\psi(r)$ gelten muß:

$$\psi(r, \vartheta, \varphi + 2\pi) = \psi(r, \vartheta, \varphi). \qquad (6.158)$$

Daraus folgt für (6.157)

$$\exp(im2\pi) = 1 \; \Rightarrow \; m \text{ ist ganzzahlig,} \qquad (6.159)$$

so daß die möglichen Werte von l, m durch

$$l = 0, 1, 2, \ldots; \qquad -l \leq m \leq l \tag{6.160}$$

gegeben sind.

An dieser Stelle können wir kurz auf die Frage der Hermitezität von l_z eingehen. Die Forderung

$$(\psi_1, l_z \psi_2) = (l_z \psi_1, \psi_2) \tag{6.161}$$

führt nach partieller Integration ($\int d^3 r = \int d\varphi \, \sin\vartheta \, d\vartheta \, r^2 dr$) bzgl. φ auf

$$\psi_1^*(r, \vartheta, 2\pi)\psi_2(r, \vartheta, 2\pi) = \psi_1^*(r, \vartheta, 0)\psi_2(r, \vartheta, 0). \tag{6.162}$$

Der Funktionenbereich, in dem l_z hermitesch ist, muß also die Eigenschaft besitzen, daß

$$\psi(r, \vartheta, 2\pi) = \exp(i\alpha)\psi(r, \vartheta, 0), \tag{6.163}$$

wobei α eine beliebige (aber für alle ψ feste) reelle Zahl ist. Durch (6.158) ist jedoch die Bedingung (6.163) immer erfüllt.

Wir wenden uns nun der Berechnung von $f_{lm}(\vartheta)$ zu; zunächst sei $m = l$. Dann ist nach Abschn. 6.4.4

$$l_+ f_{ll}(\vartheta) \exp(il\varphi) = 0, \tag{6.164}$$

was mit (6.153) auf die Differentialgleichung

$$\left(\frac{\partial}{\partial \vartheta} - l \cot\vartheta \right) f_{ll}(\vartheta) = 0 \tag{6.165}$$

führt. Die Lösung von (6.165) ist (bis auf einen Normierungsfaktor)

$$f_{ll}(\vartheta) \sim (\sin\vartheta)^l. \tag{6.166}$$

Ausgehend von (6.166) erhält man nun durch Anwendung von l_-

$$\chi_{lm}(\vartheta, \varphi) \sim (l_-)^{l-m} \chi_{ll}(\vartheta, \varphi). \tag{6.167}$$

Damit haben wir ein vollständiges Konstruktionsverfahren für die gesuchten Eigenfunktionen $\chi_{lm}(\vartheta, \varphi)$.

Um etwas mehr Einblick in die Struktur der χ_{lm} zu gewinnen, benutzen wir (mit $\frac{d}{d(\cos\vartheta)} = -\frac{1}{\sin\vartheta} \frac{d}{d\vartheta}$) die Identität:

$$l_-[\exp(il\varphi)f(\vartheta)] = \exp(i(l-1)\varphi)\left[-\frac{d}{d\vartheta} - l\,\cot(\vartheta)\right]f(\vartheta)$$

$$= \exp(i(l-1)\varphi)\left[(\sin\vartheta)^{1-l}\frac{d}{d(\cos\vartheta)}(\sin\vartheta)^l\right]f(\vartheta), \tag{6.168}$$

aus der durch Iteration folgt:

$$l_-^2[\exp(il\varphi)f(\vartheta)] = l_-\left\{\exp(i(l-1)\varphi)\left[(\sin\vartheta)^{1-l}\frac{d}{d(\cos\vartheta)}(\sin\vartheta)^l\right]f(\vartheta)\right\}$$

$$= \exp(i(l-2)\varphi)\left\{(\sin\vartheta)^{2-l}\frac{d}{d(\cos\vartheta)}(\sin\vartheta)^{l-1}(\sin\vartheta)^{1-l}\frac{d}{d(\cos\vartheta)}(\sin\vartheta)^l f(\vartheta)\right\}. \tag{6.169}$$

Damit können wir (6.167) schreiben als

$$\chi_{lm}(\vartheta,\varphi) \sim \exp(im\varphi)(\sin\vartheta)^{-m}\frac{d^{l-m}}{d(\cos\vartheta)^{l-m}}(\sin\vartheta)^{2l}. \tag{6.170}$$

Die Funktionen $f_{lm}(\vartheta)$ sind also Polynome vom Grad l in $\sin\vartheta$, $\cos\vartheta$.

Durch zweimalige partielle Integration nach den Variablen $\cos\vartheta$ kann man zeigen, daß neben l_z auch l^2 im Raum der Funktionen χ_{lm} hermitesch ist. Dann folgt aus ihrer Eigenschaft als Eigenfunktion zu l^2, l_z die

Orthogonalität der χ_{lm} :

$$\left[\int_0^{2\pi} d\varphi\left(\int_{-1}^{1} d(\cos\vartheta)\,\chi_{lm}^*\chi_{l'm'}\right)\right] = 0 \tag{6.171}$$

für $l \neq l'$ und/oder $m \neq m'$.

Zur Festlegung der Normierungskonstanten beginnen wir wieder mit dem Fall $m = l$. Die Funktionen

$$c_l(\sin\vartheta)^l \exp(il\varphi) \tag{6.172}$$

sind auf 1 normiert, wenn man (unter Festlegung der noch freien Phase)

$$c_l = (-1)^l \sqrt{\frac{(2l+1)!}{4\pi}} \frac{1}{2^l l!}$$

(6.173)

wählt. Für den Fall $m \neq l$ gehen wir von der zu (6.142) analogen Relation

$$(l_-\chi_{lp}, l_-\chi_{lp}) = (l(l+1) - p^2 + p)(\chi_{lp}, \chi_{lp}) = (l-p+1)(l+p)(\chi_{lp}, \chi_{lp}) \quad (6.174)$$

aus. Bei Benutzung der üblichen Phasenkonvention folgt aus (6.174) für normierte χ_{lp}:

$$\chi_{l,p-1} = \frac{1}{\sqrt{(l-p+1)(l+p)}} l_-\chi_{lp}.$$

(6.175)

Ausgehend von den schon normierten Funktionen χ_{ll} liefert Iteration von (6.175) die auf 1 normierten Funktionen

$$\chi_{lm}(\vartheta, \varphi) = \sqrt{\frac{(l+m)!}{(2l)!(l-m)!}} (l_-)^{l-m} \chi_{ll}(\vartheta, \varphi).$$

(6.176)

Damit lauten die normierten Lösungen explizit

$$Y_{lm}(\vartheta, \varphi) = (-1)^l/(2^l l!) \sqrt{\frac{(2l+1)(l+m)!}{4\pi(l-m)!}}$$

$$\times \exp(im\varphi)(\sin\vartheta)^{-m} \frac{d^{l-m}}{d(\cos\vartheta)^{l-m}} (\sin\vartheta)^{2l}.$$

(6.177)

Zusammenfassung: Für die Funktionen $Y_{lm}(\vartheta, \varphi)$ gilt:

$$l^2 Y_{lm} = l(l+1)Y_{lm}; \quad l_z Y_{lm} = m Y_{lm}; \quad l_\pm Y_{lm} = \sqrt{(l \pm m + 1)(l \pm (-m))} Y_{lm\pm 1}$$

(6.178)

und

$$\int_0^{2\pi} d\varphi \int_{-1}^{1} d(\cos\vartheta)\, Y_{lm}^* Y_{l'm'} = \delta_{ll'}\delta_{mm'}.$$

(6.179)

6.4.6 Drehimpulsdarstellung

Die Funktionen $Y_{lm}(\vartheta, \varphi)$ bilden ein vollständiges Funktionensystem über der Einheitskugel. Daher kann jede quadrat-integrable Funktion $\psi(\mathbf{r})$ durch eine (im Mittel konvergente) Reihe

$$\psi(\mathbf{r}) = \sum_{l=0}^{\infty} \sum_{m=-l}^{l} g_{lm}(r) Y_{lm}(\vartheta, \varphi) \tag{6.180}$$

dargestellt werden. Für die Entwicklungskoeffizienten $g_{lm}(r)$ folgt wegen der Orthonormierung der Y_{lm} :

$$g_{lm}(r) = \int_0^{2\pi} \int_{-1}^{1} d\varphi \, d(\cos\vartheta) \, Y_{lm}^*(\vartheta, \varphi)\psi(r, \vartheta, \varphi). \tag{6.181}$$

Für eine Gesamtheit im Zustand ψ ergibt sich für die Erwartungswerte von l^2 und l_z

$$(\psi, l^2\psi) = \; <l^2> \; = \sum_{l=0}^{\infty} l(l+1)\hbar^2 \sum_{m=-l}^{l} \int_0^{\infty} r^2 dr \, |g_{lm}(r)|^2 ;$$

$$<l_z> \; = \sum_{l=0}^{\infty} \sum_{m=-l}^{l} m\hbar \int_0^{\infty} r^2 dr \, |g_{lm}(r)|^2 \tag{6.182}$$

bei der Normierung

$$1 = \sum_{l=0}^{\infty} \sum_{m=-l}^{l} \int_0^{\infty} r^2 dr \, |g_{lm}(r)|^2. \tag{6.183}$$

Wir können also das Integral

$$\int_0^{\infty} r^2 dr \, |g_{lm}(r)|^2 \tag{6.184}$$

als Wahrscheinlichkeit interpretieren, bei gleichzeitiger Messung von l^2 und l_z an einem Teilchen der durch ψ beschriebenen Gesamtheit die Meßwerte $l(l+1)$ und m zu finden.

Ist die Gesamtheit so präpariert, daß ψ schon Eigenfunktion von l^2 mit Eigenwert $l(l+1)$ ist, so können bei einer Messung von l_z nur die $(2l+1)$ diskreten Meßwerte $-l \leq m \leq l$

gefunden werden. Die Eigenwerte von l^2 sind also $(2l+1)$-fach entartet. Umgekehrt: Ist ψ Eigenfunktion zu l_z mit Eigenwert m, so können bei einer Messung von l^2 nur die Eigenwerte $l(l+1)$ mit $l \geq |m|$ gefunden werden.

In einem Eigenzustand ψ_{lm} zu l^2 und l_z sind wegen (6.133) die Komponenten l_x, l_y nicht scharf. Für das mittlere Schwankungsquadrat, das aus Symmetriegründen für l_x und l_y gleich ist, findet man sofort:

$$(\psi_{lm},(\Delta l_x)^2\psi_{lm}) = \int d^3r\,\psi_{lm}^*l_x^2\psi_{lm} = \frac{1}{2}(\psi_{lm},(l^2-l_z^2)\psi_{lm}) = \frac{1}{2}\{l(l+1)-m^2\}\hbar^2,$$

$$(6.185)$$

wenn man beachtet, daß

$$\int d^3r\,\psi_{lm}^*l_x\psi_{lm} = 0 \qquad (6.186)$$

ist wegen (6.136), (6.140) und (6.171). Gl. (6.185) zeigt, daß es genau einen Zustand gibt, in dem außer l^2 auch alle 3 Komponenten l_i scharf meßbar sind, nämlich den Fall $l = m = 0$.

6.4.7 Winkel-Drehimpuls-Unschärfe

Entsprechend (6.78) gilt für den Winkel φ und die Komponente l_z die Vertauschungsregel

$$[l_z,\varphi] = \frac{\hbar}{i}. \qquad (6.187)$$

Aufgrund der Analogie von (6.187) und (6.78) ist man versucht, aus (6.187) die zu (6.80) analoge Relation

$$\Delta\varphi\,\Delta l_z \geq \frac{\hbar}{2} \qquad (6.188)$$

zu folgern. Gl. (6.188) kann jedoch nicht allgemein gelten, da für Eigenfunktionen von l_z die Schwankung $\Delta l_z = 0$ ist, während $\Delta\varphi \leq 2\pi$ stets endlich bleibt! Der Fehler in der Schlußfolgerung liegt darin, daß bei der Herleitung von (6.80) aus (6.78) in (6.83) angenommen wurde (ohne explizite Erwähnung), daß mit ψ auch $x\psi$ zum Funktionenraum gehört, in dem p_x hermitesch ist. Genau diese für den Beweis in 6.3 notwendige Voraussetzung ist für den Fall des Drehimpulses l_z und des Winkels φ nicht erfüllt: nach den Analysen in Abschn. 6.4.5 ist l_z hermitesch im Raum der periodischen Funktionen $\psi(r,\vartheta,\varphi)$ mit

$$\psi(r,\vartheta,\varphi) = \psi(r,\vartheta,\varphi+2\pi) \qquad (6.189)$$

dann ist aber $\varphi\psi(r, \vartheta, \varphi)$ sicher nicht periodisch und die Voraussetzungen des Beweises in Abschn. 6.3 sind nicht erfüllt. Damit ist klar, daß (6.188) nicht allgemein gelten kann, wie das obige Beispiel gezeigt hat.

Der Weg, auf dem man zu korrekten Unschärferelationen für Drehimpuls und Winkel kommen kann, ist durch obige Diskussion schon vorgezeichnet. Man muß die Observable φ ersetzen durch eine periodische Funktion, z. B. $\cos\varphi$ oder $\sin\varphi$. Dann gilt

$$[l_z, \cos\varphi] = -\frac{\hbar}{i}\sin\varphi \tag{6.190}$$

$$[l_z, \sin\varphi] = \frac{\hbar}{i}\cos\varphi, \tag{6.191}$$

und in φ ist auch $\sin\varphi\,\psi$ bzw. $\cos\varphi\,\psi$ periodisch.

6.5 Der Spin (Eigendrehimpuls)

6.5.1 Experimentelle Hinweise

Führt man ein **Stern-Gerlach-Experiment** (vgl. Abschn. 2.5) mit Wasserstoff-Atomen durch, die sich alle im Grundzustand befinden, so beobachtet man eine (symmetrische) Aufspaltung des Primärstrahls in zwei Teilstrahlen. Dieser Befund stellt im Gegensatz zu den bisherigen Betrachtungen über die Quantentheorie eines punktförmigen Teilchens, wonach im obigen Experiment keine Aufspaltung zu erwarten wäre, denn

i) im Grundzustand des H-Atoms (vgl. Abschn. 7.6) hat das Elektron den Bahndrehimpuls $l = 0$, so daß aus der Bahnbewegung des Elektrons im Atom kein permanentes magnetisches Moment resultiert;

ii) das induzierte Moment (Diamagnetismus) ist – selbst für starke Magnetfelder – nicht ausreichend, um eine Aufspaltung des Strahls in der gefundenen Größenordnung zu erklären.

Die Ergebnisse des oben geschilderten Stern-Gerlach-Experiments lassen sich zwanglos erklären, wenn man dem Elektron einen Eigendrehimpuls (**Spin**) – und damit ein entsprechendes magnetisches Moment – zuordnet. Dieser Eigendrehimpuls des Teilchens ist als eine **innere Eigenschaft** unabhängig vom Koordinatensystem ohne klassisches Analogon; er kann insbesondere durch Übergang auf ein anderes Koordinatensystem nicht wegtransformiert werden. Da der Primärstrahl in genau 2 Teilstrahlen aufspaltet, sind nach Abschn. 6.4.4 für die z-Komponente des Spins nur die 2 Werte $m_s = +1/2, -1/2$ (in Einheiten von $\hbar$) möglich. Damit ist dem Elektron der Spin $s = 1/2\hbar$ zuzuordnen.

Andere Hinweise auf den Elektronen-Spin liefern die Feinstruktur der Spektrallinien, der **Einstein-de Haas-Effekt** sowie der **anomale Zeemann-Effekt**. Auch andere Elementarteilchen besitzen **Spin** $1/2$: wie Nukleonen, Muonen, Quarks, Neutrinos; dagegen haben **Spin 0**: Pionen, Kaonen, η; **Spin 1**: Photonen, Gluonen, Vektormesonen ρ, ω, ϕ etc.

6.5.2　Die Pauli'schen Spin-Matrizen

Die obigen Ausführungen zeigen, daß eine nur von $(\mathbf{r}, t)$ abhängige skalare Wellenfunktion zur Beschreibung einer Gesamtheit von Elektronen nicht ausreicht; wir müssen dem Elektron einen zusätzlichen (inneren) Freiheitsgrad zuordnen. Dieser zusätzliche Freiheitsgrad ist nur zweier Werte fähig, charakterisiert durch $m_s = +1/2$ bzw. $m_s = -1/2$. Zur mathematischen Beschreibung eines solchen Freiheitsgrades bietet sich ein 2-dimensionaler Vektorraum an, dessen Basisvektoren

$$\begin{pmatrix} 1 \\ 0 \end{pmatrix} \text{ bzw. } \begin{pmatrix} 0 \\ 1 \end{pmatrix} \tag{6.192}$$

(bezeichnet mit: **Spin up** bzw. **Spin down**) den Zuständen mit $m_s = +1/2$ bzw. $m_s = -1/2$ zugeordnet sind.

Operatoren, die in dem durch (6.192) aufgespannten Raum wirken, sind darstellbar durch 2×2 Matrizen. Da der Operator der z-Komponente des Spins S_z die Eigenwerte $\pm 1/2$ (in Einheiten von $\hbar$) haben soll, ist seine Darstellung offensichtlich

$$S_z = \frac{1}{2} \begin{pmatrix} 1 & 0 \\ 0 & -1 \end{pmatrix}. \tag{6.193}$$

Das Umklappen des Elektronen-Spins (Spin-Flip) können wir durch die Operatoren

$$S_+ = \frac{1}{2} \begin{pmatrix} 0 & 2 \\ 0 & 0 \end{pmatrix}; \quad S_- = \frac{1}{2} \begin{pmatrix} 0 & 0 \\ 2 & 0 \end{pmatrix} \tag{6.194}$$

beschreiben; es ist (vgl. die Operatoren $l_{\pm}$ aus Abschn. 6.4)

$$S_+ \begin{pmatrix} 0 \\ 1 \end{pmatrix} = \begin{pmatrix} 1 \\ 0 \end{pmatrix}; \quad S_+ \begin{pmatrix} 1 \\ 0 \end{pmatrix} = 0, \tag{6.195}$$

bzw.

$$S_- \begin{pmatrix} 1 \\ 0 \end{pmatrix} = \begin{pmatrix} 0 \\ 1 \end{pmatrix}; \quad S_- \begin{pmatrix} 0 \\ 1 \end{pmatrix} = 0. \tag{6.196}$$

Jeder in dem durch (6.192) definierten Raum wirkende Operator läßt sich als Linearkombination von S_z, S_+, S_- und der Einheitsmatrix $1_{2\times2}$ darstellen, z. B. die Operatoren

$$S_x = \frac{1}{2}(S_+ + S_-) = \frac{1}{2}\begin{pmatrix} 0 & 1 \\ 1 & 0 \end{pmatrix}; \qquad S_y = \frac{1}{2i}(S_+ - S_-) = \frac{1}{2}\begin{pmatrix} 0 & -i \\ i & 0 \end{pmatrix}, \tag{6.197}$$

welche zusammen mit S_z die kartesischen Komponenten des Spin-Vektors

$$\mathbf{S} = \begin{pmatrix} S_x \\ S_y \\ S_z \end{pmatrix} \tag{6.198}$$

bilden.

Üblicherweise führt man als **Standart-Darstellung** durch

$$\mathbf{S} = \frac{1}{2}\,\vec{\sigma} \tag{6.199}$$

die **Pauli-Spin-Matrizen** ein mit den drei Komponenten:

$$\sigma_x = \begin{pmatrix} 0 & 1 \\ 1 & 0 \end{pmatrix}, \qquad \sigma_y = \begin{pmatrix} 0 & -i \\ i & 0 \end{pmatrix}, \qquad \sigma_z = \begin{pmatrix} 1 & 0 \\ 0 & -1 \end{pmatrix}. \tag{6.200}$$

Dafür gelten folgende Eigenschaften, die direkt aus der Def. (6.200) folgen:

i) **Normierung**

$$\sigma_x^2 = \sigma_y^2 = \sigma_z^2 = 1_{2\times2} = E_2 = \begin{pmatrix} 1 & 0 \\ 0 & 1 \end{pmatrix} \tag{6.201}$$

so daß

$$\vec{\sigma}^2 = 3E_2 \;\Rightarrow\; S^2 = \frac{3}{4}\,E_2 = \frac{1}{2}\left(1 + \frac{1}{2}\right)E_2 \tag{6.202}$$

in Übereinstimmung mit (6.151).

ii) **Kommutatoren**

$$\sigma_x\sigma_y - \sigma_y\sigma_x = 2i\,\sigma_z \tag{6.203}$$

oder

$$[S_x, S_y] = i\,S_z \tag{6.204}$$

wie für Drehimpulse zu erwarten (vgl. (6.133)).

iii) **Anti-Kommutatoren**

$$[\sigma_x, \sigma_y]_+ = \sigma_x\sigma_y + \sigma_y\sigma_x = 0. \tag{6.205}$$

6.5.3 Spinoren

Einen beliebigen Zustand einer Gesamtheit von Teilchen mit Spin $1/2$ können wir nun durch eine zweikomponentige Wellenfunktion (**Spinor**)

$$\Psi(\mathbf{r}; t) = \psi_u(\mathbf{r}; t)\begin{pmatrix} 1 \\ 0 \end{pmatrix} + \psi_d(\mathbf{r}; t)\begin{pmatrix} 0 \\ 1 \end{pmatrix} = \begin{pmatrix} \psi_u(r; t) \\ \psi_d(r; t) \end{pmatrix} \tag{6.206}$$

beschreiben.

Die Wirkungsweise der Spin-Operatoren auf Spinoren folgt direkt aus Abschn. 6.5.2, z. B. ist

$$\sigma_x\Psi = \begin{pmatrix} 0 & 1 \\ 1 & 0 \end{pmatrix}\begin{pmatrix} \psi_u \\ \psi_d \end{pmatrix} = \begin{pmatrix} \psi_d \\ \psi_u \end{pmatrix}; \tag{6.207}$$

die Operatoren des Orts und des Impulses (sowie alle daraus aufgebauten Operatoren wie Drehimpuls) werden nach Multiplikation mit der Einheitsmatrix $E_2 = \begin{pmatrix} 1 & 0 \\ 0 & 1 \end{pmatrix}$ zu Operatoren im Raum der Spinoren (6.206). **Beispiel:**

$$\mathbf{r}\,\Psi = \begin{pmatrix} \mathbf{r} & 0 \\ 0 & \mathbf{r} \end{pmatrix} \cdot \begin{pmatrix} \psi_u \\ \psi_d \end{pmatrix} = \begin{pmatrix} \mathbf{r}\psi_u \\ \mathbf{r}\psi_d \end{pmatrix}. \tag{6.208}$$

Die Norm von Ψ definieren wir naheliegenderweise als

$$(\Psi, \Psi) = \int d^3r\,(\psi_u^*\ \psi_d^*) \begin{pmatrix} \psi_u \\ \psi_d \end{pmatrix} = \int d^3r\,\{|\psi_u|^2 + |\psi_d|^2\}. \tag{6.209}$$

Für Spinoren Ψ, die gemäß (6.209) auf 1 normiert sind, können wir z. B.

$$\int_V d^3r\,|\psi_u|^2 \tag{6.210}$$

interpretieren als die Wahrscheinlichkeit, ein Elektron im Volumen V mit der Spin-Komponente $m_s = +1/2$ anzutreffen. Verzichtet man auf die Information über Spin, so gibt

$$\int_V d^3r\,\{|\psi_u|^2 + |\psi_d|^2\} \tag{6.211}$$

die Wahrscheinlichkeit, ein Elektron im Volumen V zu finden.

Die Definition des Erwartungswertes einer Observablen in einem Zustand Ψ folgt zwanglos aus (6.207) bis (6.209). Sie sei an einigen **Beispielen** erläutert:

i) Ort:

$$< \mathbf{r} > = (\Psi, \mathbf{r}\Psi) = \int d^3r\,\{(\psi_u^*\ \psi_d^*)\} \begin{pmatrix} \mathbf{r}\psi_u \\ \mathbf{r}\psi_d \end{pmatrix} = \int d^3r\,\mathbf{r}\{|\psi_u|^2 + |\psi_d|^2\};$$
$$\tag{6.212}$$

ii) Spin:

$$< S_z > = (\Psi, S_z\Psi) = \frac{1}{2} \int d^3r\,\{(\psi_u^*\psi_d^*)\} \begin{pmatrix} \psi_u \\ -\psi_d \end{pmatrix}\} = \frac{1}{2} \int d^3r\,\{|\psi_u|^2 - |\psi_d|^2\}$$
$$\tag{6.213}$$

oder

$$< S_x > = (\Psi, S_x \Psi) = \frac{1}{2} \int d^3r \{ (\psi_u^* \, \psi_d^*) \begin{pmatrix} \psi_d \\ \psi_u \end{pmatrix} \} = \frac{1}{2} \int d^3r \, \{ \psi_u^* \psi_d + \psi_d^* \psi_u \}. \tag{6.214}$$

Natürlich sind auch Operator Produkte möglich wie z. B. die Spin-Bahn Kopplung $\mathbf{l} \cdot \mathbf{S} = l_x S_x + l_y S_y + l_z S_z$, die aus der relativistischen Theorie folgt und die Feinstruktur der Spektrallinien erklärt.

6.5.4 Drehung von Spinoren

Aus der Analogie zu Abschn. 6.4 schließen wir auf das folgende Verhalten eines Spinors Ψ bei Drehungen:

$$\Psi'(\mathbf{r}; t) = \hat{S}\Psi(\mathbf{r}; t) \tag{6.215}$$

mit

$$\hat{S} = \exp\left\{ -\frac{i}{\hbar} \vec{\varphi} \cdot [\mathbf{l} + \mathbf{S}] \right\} = \sum_{n=0}^{\infty} \frac{1}{n!} \left(-\frac{i}{\hbar} \vec{\varphi} \cdot [\mathbf{l} + \mathbf{S}] \right)^n, \tag{6.216}$$

wobei $\mathbf{S}$ jetzt natürlich aus den in Abschn. 6.5.2 eingeführten 2×2 Matrizen (6.193), (6.197), aufgebaut ist. Entsprechend (6.123)–(6.125) erhält man für das Transformationsverhalten der Spinorkomponenten ψ_u, ψ_d unter Drehungen, z. B. um die x-Achse um den Winkel φ

$$\begin{pmatrix} \psi_u' \\ \psi_d' \end{pmatrix} (\mathbf{r}; t) = \begin{pmatrix} \cos(\frac{\varphi}{2}) & -i\sin(\frac{\varphi}{2}) \\ -i\sin(\frac{\varphi}{2}) & \cos(\frac{\varphi}{2}) \end{pmatrix} \begin{pmatrix} \psi_u \\ \psi_d \end{pmatrix} (\vec{\rho}, t) \tag{6.217}$$

wobei $\vec{\rho}$ aus $\mathbf{r}$ durch die inverse Drehung entsteht, d. h. $\vec{\rho} = s^{-1}\mathbf{r}$.

Zum Beweis beachte man, daß $\hat{S}$ auch geschrieben werden kann als

$$\hat{S}_x = \exp\left(-\frac{i}{\hbar} \varphi l_x \right) \exp\left(-\frac{i}{\hbar} \varphi S_x \right), \tag{6.218}$$

da die Operatoren $\mathbf{l}$, $\mathbf{S}$ in verschiedenen Räumen wirken und folglich $[\mathbf{l},\,\mathbf{S}] = 0$ gilt. Wir können daher separat betrachten:

$$\exp\left(-\frac{i}{\hbar}\varphi S_x\right)\Psi = \exp\left(-i\,\frac{\varphi}{2}\,\sigma_x\right)\Psi = \sum_{n=0}^{\infty}\frac{1}{n!}\left(-i\,\frac{\varphi}{2}\,\sigma_x\right)^n\Psi \qquad (6.219)$$

$$= \left(\cos(\frac{\varphi}{2})\cdot E_2 - i\,\sin(\frac{\varphi}{2})\cdot\sigma_x\right)\Psi,$$

da nach (6.201) gilt:

$$\sigma_x^2 = E_2, \qquad \sigma_x^3 = \sigma_x \text{ etc.} \qquad (6.220)$$

Das Transformationsverhalten der Spinorkomponenten unterscheidet sich charakteristisch von dem der Komponenten eines Vektorfeldes dadurch, daß in (6.219) der Winkel $\varphi/2$ auftritt. Dies hat insbesondere zur Folge, daß bei Drehung um 2π

$$\Psi \to \Psi' = \exp(-i\pi)\Psi = -\Psi, \qquad (6.221)$$

während für ein Vektorfeld $\mathbf{A}$ gilt:

$$\mathbf{A} \to \mathbf{A}' = \mathbf{A}. \qquad (6.222)$$

6.5.5 Pauli-Gleichung

Die zeitliche Entwicklung des Spinors Ψ wird weiterhin durch eine Schrödinger-Gleichung

$$i\hbar\frac{\partial}{\partial t}\,\Psi = H\,\Psi \qquad (6.223)$$

bestimmt, nur ist zu beachten, daß H nun Spin-abhängige Terme enthalten kann. Mit dem Eigendrehimpuls $\mathbf{S}$ ist ein magnetisches Moment verknüpft

$$\vec{\mu}_s = \frac{e}{mc}\mathbf{S} \qquad (6.224)$$

wie das **Einstein – de Haas Experiment** explizit zeigt. In einem Magnetfeld $\mathbf{B}$ hat ein solches magnetisches Moment die Energie

$$-\vec{\mu}_s \cdot \mathbf{B}. \qquad (6.225)$$

Also lautet der Hamiltonoperator (nicht-relativistisch)

$$H = \frac{1}{2m}\left(\mathbf{p} - \frac{e}{c}\,\mathbf{A}\right)^2 + e\Phi - \frac{e}{mc}\mathbf{S}\cdot\mathbf{B}. \tag{6.226}$$

Da aus der Definition der Spin-Matrizen folgt

$$(\Psi, \mathbf{S}\Psi) = (\mathbf{S}\Psi, \Psi), \tag{6.227}$$

ist auch der Hamiltonoperator (6.226) für ein Elektron mit Spin hermitesch, wenn nur die Komponenten des Spinors Ψ im asymptotischen Bereich schnell genug verschwinden. Dann folgt (wie in Abschn. 4.2) aus (6.223)) die Aussage:

$$\frac{d}{dt}(\Psi,\,\Psi) = 0, \tag{6.228}$$

so daß die Norm $(\Psi,\,\Psi)$ zeitlich konstant bleibt.

Wenn $[H, \mathbf{l} + \mathbf{S}] = 0$, so folgt wie in Abschn. 6.4, daß mit Ψ auch $\hat{S}\Psi$ Lösung von (6.223) ist (**Drehinvarianz**).

Ergänzungen:

1.) Man hat versucht, daß innere magnetische Moment des Elektrons klassisch zu erklären, indem man das Elektron als eine homogene Kugel der Ladung $-e$ mit dem ‚klassischen' Elektronenradius $r_0 = e^2/(mc^2)$ auffaßt, die um eine durch ihren Mittelpunkt gehende Achse rotiert. Für eine quantitative Erklärung des Stern-Gerlach Experiments aus Abschn. 6.5.1 wäre dann am Äquator der Kugel eine Umlaufgeschwindigkeit $v \approx 200\,c$ erforderlich; damit scheidet diese klassische Erklärung aus.

2.) Der Elektronen-Spin folgt zwangsläufig aus einer relativistischen Quantentheorie, der **Dirac-Theorie**, aus der sich die Pauli-Gleichung (6.223) mit dem Hamiltonoperator (6.226) im nicht-relativistischen Grenzfall ergibt.

Zusammenfassend haben wir in diesem Kapitel die Verbindung zwischen den möglichen Erwartungswerten einer Observable A und ihren Schwankungen im Zusammenhang mit ihrem Kommutator $[A.H]$ untersucht. Außerdem haben wir den Zusammenhang zwischen Impulserhaltung und Translationsinvarianz sowie zwischen Drehimpulserhaltung und Rotationsinvarianz in der Quantenmechanik hergestellt. Darüber hinaus haben wir den ‚Spin' von Elektronen (oder verwandten Fermionen) eingeführt und seine Eigenschaften im Hinblick auf Rotationen abgeleitet.

Teilchen unter dem Einfluß äußerer Kräfte 7

Inhaltsverzeichnis

W. Cassing, *Theoretische Physik kompakt III*,
https://doi.org/10.1007/978-3-031-96448-0_7

In diesem Kapitel werden wir die Quantenmechanik eines einzelnen Teilchens in einem externen Potential untersuchen und die möglichen Lösungen klassifizieren. Als Beispiele berechnen wir die Wellenfunktionen für einen unendlichen und einen endlichen Potentialtopf sowie für Potentiale, die räumlich periodisch sind. Außerdem wird das Problem des harmonischen Oszillators im Detail berechnet, ebenso wie die Bewegung eines geladenen Teilchens (und dessen Spin) in einem Magnetfeld. Den Abschluß dieses Kapitels bilden die gebundenen Zustände und Energieniveaus des Wasserstoffatoms.

7.1   Allgemeine Eigenschaften der Wellenfunktion eines Teilchens

Die folgende Diskussion bezieht sich auf die Schrödingergleichung

$$i\hbar\frac{\partial}{\partial t}\,\psi = H\,\psi \tag{7.1}$$

mit lokalen Potentialen, d. h.

$$H = T + V; \qquad V = V(\mathbf{r}); \tag{7.2}$$

ψ sei eine skalare Funktion (kein zwei oder mehrkomponentiger Spinor).

7.1.1   Stetigkeit – Differenzierbarkeit

Damit die obige Schrödingergleichung (7.1) überhaupt sinnvoll ist, muß aufgrund der 2. Ableitungen nach $\mathbf{r}$ im Operator der kinetischen Energie die Wellenfunktion ψ nebst ihren 1. Ableitungen stetig sein, solange V endlich bleibt.

7.1.2   Klassifikation der Lösungen

Es ist zweckmäßig, je nach dem Potentialverlauf folgende Fälle zu unterscheiden:

1.) Wenn alle klassischen Bahnen geschlossen sind, so ist das Eigenwertspektrum von H rein diskret und alle Eigenfunktionen normierbar. Ein Beispiel bildet der harmonische Oszillator (Abb. 7.1).

2.) Wenn das klassische System nur offene Bahnen besitzt, so ist das Energiespektrum rein kontinuierlich und die Eigenfunktionen sind nicht normierbar. Beispiel: abstoßendes Coulomb-Potential (Abb. 7.2)

3.) Das Potential V habe folgenden Verlauf (Abb. 7.3)
Dieser Fall entspricht z. B. dem Potential zwischen den Atomen eines zweiatomigen Moleküls. Hier entstehen gebundene Zustände wie auch Kontinuumszustände.

4.) Der α – Zerfall eines Atomkernes wird bestimmt durch ein Potential der Form (Abb. 7.4; x sei der Abstand zwischen dem α – Teilchen und dem Restkern)

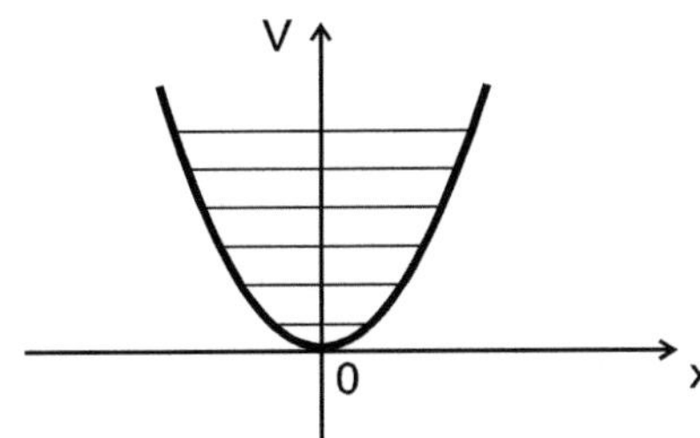

Abb. 7.1 Beispiel für ein Potential, das nur geschlossene Bahnen (normierbare Zustände) erlaubt

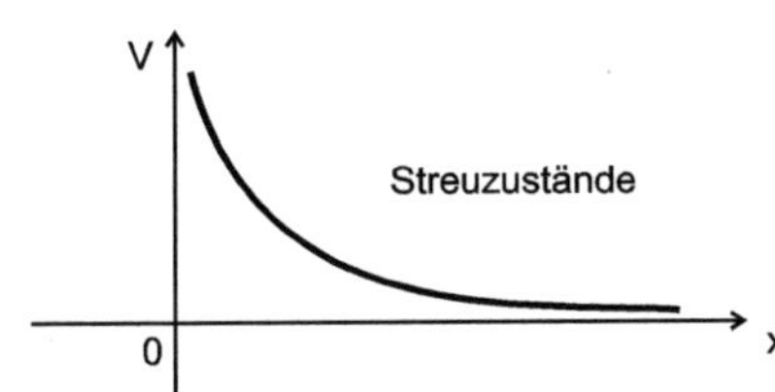

Abb. 7.2 Beispiel für ein Potential, das nur offene Bahnen (Streuzustände) erlaubt

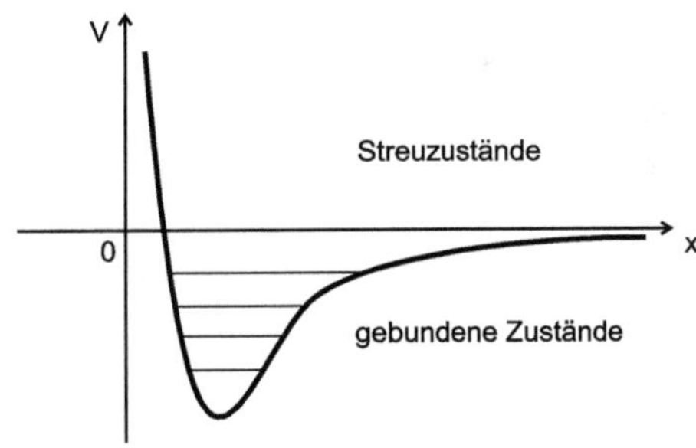

Abb. 7.3 Beispiel für ein Potential, das gebundene Zustände und Streuzustände erlaubt

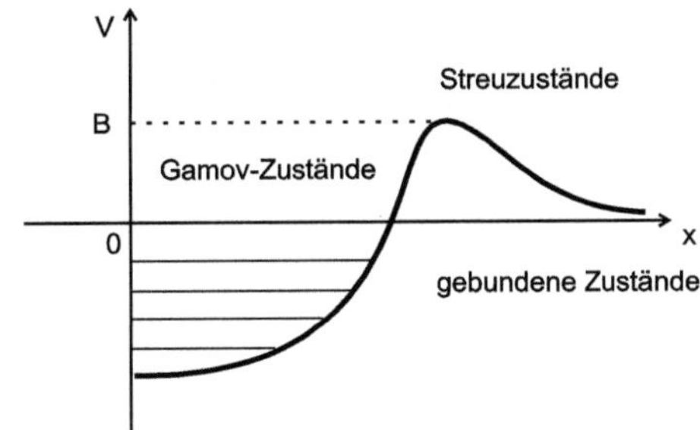

Abb. 7.4 Beispiel für ein Potential, das gebundene Zustände, Streuzustände und resonante Gamov-Zustände erlaubt

Die Barriere rührt her a) von der Coulombabstoßung und b) von dem Zentrifugalterm aus der kinetischen Energie (vgl. Abschn. 7.6). In einem solchen Potential ist außer gebundenen Zuständen ($E < 0$) und Streuzuständen ($E > 0$) noch ein dritter Typ von Zuständen möglich im Bereich $0 < E < B$: Zustände, die innerhalb der Barriere nur eine endliche Zeit τ existieren können, bis sie per Tunneleffekt gemäß $\exp(-t/\tau)$ zerfallen (Gamov-Zustände). Klassisch ist die Situation völlig anders: ein Teilchen mit $0 < E < B$ befindet sich entweder auf einer geschlossenen Bahn innerhalb der Barriere oder auf einer offenen Bahn außerhalb der Barriere. Ein Übergang (bei fester Energie) von dem einen zum anderen Bahntyp ist unmöglich. Klassisch würde es also keinen α – Zerfall geben (oder auch spontane Kernspaltung).

7.1.3 Die Wronski-Determinante

Häufig gelingt es, die stationäre Schrödingergleichung auf ein eindimensionales Problem zu reduzieren, welches durch eine Differentialgleichung der Form

$$\xi'' + (\epsilon - U(x))\xi = 0 \tag{7.3}$$

bestimmt ist mit $\epsilon = 2mE/\hbar^2$, $U(x) = 2mV(x)/\hbar^2$. Betrachten wir 2 Lösungen ξ_1, ξ_2 mit Eigenwerten ϵ_1, ϵ_2, so folgt aus (7.3) die Beziehung

$$\xi_2\xi_1'' - \xi_1\xi_2'' = (\epsilon_2 - \epsilon_1)\xi_1\xi_2. \tag{7.4}$$

Wir zeigen nun aus (7.4), daß quadratintegrable Lösungen nicht entartet sein können. Wir führen den Beweis indirekt: Wäre $\epsilon_1 = \epsilon_2$, so hätten wir aus (7.4):

$$\xi_2\xi_1'' - \xi_1\xi_2'' = 0 = W(\xi_1, \xi_2)', \tag{7.5}$$

also würde die **Wronski-Determinante**

$$W(\xi_1, \xi_2) \equiv \xi_2\xi_1' - \xi_1\xi_2' = \text{const } \forall x. \tag{7.6}$$

Wegen der vorausgesetzten Quadratintegrabilität müssen ξ_1, ξ_2 im Unendlichen verschwinden; also ist die Integrationskonstante selbst null, also

$$W(\xi_1, \xi_2) \equiv \xi_2\xi_1' - \xi_1\xi_2' = 0, \tag{7.7}$$

woraus direkt folgt

$$\xi_1 = \text{const. } \xi_2, \tag{7.8}$$

d. h. die beiden Lösungen stimmen bis auf einen Normierungsfaktor überein, im Widerspruch zur Voraussetzung.

Mit Hilfe von (7.4) können wir auch Aussagen über die Nullstellen der Lösungen von (7.3) gewinnen. Wir betrachten 2 reelle Lösungen von (7.3) ξ_1, ξ_2 – die Lösungen der reellen Differentialgleichung (7.3) sind stets reell wählbar – und es sei $\epsilon_2 > \epsilon_1$; wir integrieren dann (7.4) über ein Intervall, dessen Endpunkte a, b zwei aufeinander folgende Nullstellen von ξ_1 sind, also:

$$\xi_2\xi_1'|_a^b - \xi_1\xi_2'|_a^b = \xi_2\xi_1'|_a^b = (\epsilon_2 - \epsilon_1) \int_a^b \xi_1\xi_2 \, dx. \tag{7.9}$$

In dem Intervall $[a, b]$ hat ξ_1 einheitliches Vorzeichen, z. B. $\xi_1 > 0$. Dann gilt sicher an den Rändern:

$$\xi_1'(a) \geq 0, \qquad \xi_1'(b) \leq 0. \tag{7.10}$$

Daraus folgt nun, daß $\xi_2(x)$ zwischen je 2 aufeinander folgenden Nullstellen von $\xi_1(x)$ mindestens 1 Nullstelle besitzen muß. Wäre nämlich $\xi_2(x) > 0 \, (< 0)$ zwischen den Nullstellen a, b von $\xi_1(x)$, so wäre die rechte Seite von (7.9)$> 0 \, (< 0)$, während die linke Seite bei Betrachtung von (7.10) sich als $\leq 0 \, (\geq 0)$ erweist: Widerspruch! Wenn nun ξ_1, ξ_2 an den Grenzen $x \to \pm\infty$ verschwinden (gebundene Zustände), so teilen die n_1 Nullstellen von $\xi_1(x)$ das Intervall $[-\infty, \infty]$ in $(n_1 + 1)$ Teilintervalle. Da $\xi_2(x)$ in jedem dieser Intervalle mindestens 1 Nullstelle besitzt, hat die Funktion $\xi_2(x)$, welche zum höheren Eigenwert $\epsilon_2 > \epsilon_1$ gehört (nach Voraussetzung), mindestens $(n_1 + 1)$ Nullstellen.

7.2   Einfache Beispiele

7.2.1   Der unendliche Potentialtopf

Das einfachste Modellsystem in der Quantenmechanik ist der eindimensionale unendliche Potentialtopf. Er besteht aus einem potentialfreiem Bereich, der von zwei unendlich hohen Potentialwällen umgeben ist:

$$
\begin{aligned}
V(x) &= \infty && \text{für } x < 0 \\
V(x) &= 0 && \text{für } 0 < x < a \\
V(x) &= \infty && \text{für } x > a.
\end{aligned}
\tag{7.11}
$$

Der klassische Bereich ist auf das Intervall $0 < x < a$ eingeschränkt und das Potential gehört zur 1. Potentialklasse. Wir werden sehen, dass die Energiequantisierung in diesem Beispiel direkt aus der Einschränkung des klassischen Bereichs resultiert.

Außerhalb des klassischen Bereichs ist das Potential zu stark, sodass außer der trivialen Lösung $\psi = 0$ keine anderen Lösungen existieren können. Innerhalb des Topfes haben wir hingegen ein freies System, das die stationäre Schrödingergleichung

$$-\frac{\hbar^2}{2m}\frac{\partial^2}{\partial x^2}\psi(x) = E\psi(x) \tag{7.12}$$

erfüllen muss. Die allgemeine Lösung dieser Gleichung lautet

$$\psi(x) = A\sin(kx) + B\cos(kx), \tag{7.13}$$

mit der Wellenzahl $k = \sqrt{2mE}/\hbar$. Die Koeffizienten A und B müssen aus den Stetigkeitsbedingungen der Wellenfunktion bestimmt werden. Da das Potential nicht mehr endlich ist, ist die Ableitung der Wellenfunktion nicht stetig, die Wellenfunktion ist dagegen weiterhin stetig und muss daher an den Rändern des Topfes verschwinden, d. h. $\psi(0) = 0$ und $\psi(a) = 0$.

Die erste Bedingung führt zu $B = 0$ da $\cos(0) = 1$. Die zweite Bedingung kann nur erfüllt werden, wenn $\sin(ka) = 0$. Daher kann die Wellenzahl nur bestimmte diskrete Werte annehmen:

$$\sin(ka) = 0 \quad \Rightarrow \quad ka = n\pi, \tag{7.14}$$

wobei n eine natürliche Zahl ist. Die Energie kann ebenfalls nur diskrete Werte annehmen. Der letzte freie Koeffizient A folgt aus der Normierung. Die Energien und Wellenfunktionen des unendlichen Potentialtopfes lauten damit (siehe Abb. 7.5):

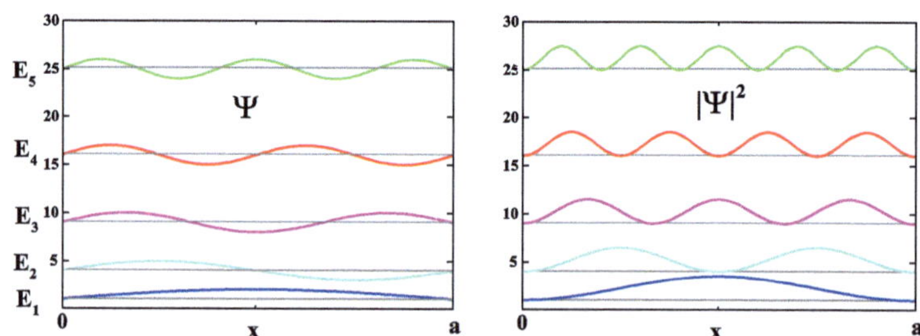

Abb. 7.5 Illustration der Wellenfunktionen und der zugehörigen Energieniveaus des unendlichen Potentialtopfes (links) sowie der Aufenthaltswahrscheinlichkeiten (rechts)

$$E_n = \frac{\hbar^2 \pi^2}{2ma^2} n^2, \qquad \psi_n(x) = \sqrt{\frac{2}{a}} \sin\left(\frac{\pi n}{a} x\right) \ . \qquad (7.15)$$

Im realistischeren Fall des endlichen Potentialtopfes muss die Wellenfunktion an den Rändern nicht verschwinden, sondern kann in den klassisch verbotenen Bereich eindringen und fällt hier exponentiell ab ($\sim \exp(-\kappa x)$ mit reellem $\kappa = \sqrt{2m(V_0 - E)}/\hbar$) für $E < V_0$. In diesem Fall ist auch die Ableitung der Wellenfunktion wieder stetig.

Im Allgemeinen kann man jedes Potential durch viele konstante Potentiale approximieren. Man erhält auf diese Weise pro Abschnitt zwei zu bestimmende Koeffizienten und durch die Stetigkeitsbedingungen zwei Randbedingungen. Da die Wellenfunktion auch normierbar sein muss, erhält man für N Potentialabschnitte $2N$ Koeffizienten und $2N + 1$ Bedinungen. Das System ist überbestimmt und Lösungen existieren nur für bestimmte diskrete Energieeigenwerte.

7.2.2 Die endliche Potentialstufe

Im vorherigen Abschnitt haben wir ein Beispiel mit einem diskreten Spektrum diskutiert und wollen nun ein Beispiel mit einem kontinuierlichen Spektrum vorstellen. Das Potential soll aus einer einzelnen endlichen Potentialstufe bestehen,

$$V_I(x) = 0 \qquad \text{für} |x| > a \qquad (7.16)$$
$$V_{II}(x) = V_0 \qquad \text{für} -a < x < a.$$

Ein Teilchen fliegt, von links kommend, nach rechts auf die Potentialstufe zu. Klassisch sind zwei Möglichkeiten denkbar: Ist die Energie des Teilchens größer als die Stufe ($E > V_0$), kann es die Stufe überwinden; ist die Energie kleiner, wird das Teilchen reflektiert. Quantenmechanisch können jeweils beide Möglichkeiten eintreffen.

Für die Wellenfunktion (I) vor der Stufe wählen wir den Ansatz einer nach rechts laufenden ebenen Welle für das einlaufende Teilchen und einer nach links laufenden ebenen Welle für die Reflektion,

$$\psi^I_{x<-a}(x) = \psi_{in}(x) + \psi_R(x) = e^{ikx} + Re^{-ikx}. \qquad (7.17)$$

Die Amplitude der einlaufenden Welle wurde hier auf 1 gesetzt. Für die Wellenfunktion hinter der Stufe (III) setzen wir nur eine nach rechts laufende ebene Welle an, da das Teilchen im Unendlichen nicht mehr reflektiert werden kann,

$$\psi^{III}_{x>a}(x) = \psi_T(x) = Te^{ikx}. \qquad (7.18)$$

Die Wellenfunktion in der Stufe für $E < V_0$ ist anzusetzen als

$$\psi^{II}_{-a<x<a}(x) = A_{II} \exp(-\kappa x) + B_{II} \exp(+\kappa x) \tag{7.19}$$

mit $\kappa = \sqrt{2m(V_0 - E)}/\hbar$ für $E < V_0$. Für $E > V_0$ sind as Basislösungen $\exp(\pm i\tilde{k}x)$ mit $\tilde{k} = 2m(E - V_0)/\hbar^2$ anzusetzen. Die Gesamtlösung ergibt sich dann aus der Lösung der Schrödingergleichung durch Ausnutzen der Stetigkeitsbedingungen:

$$\psi^{I}(-a) = \psi^{II}(-a), \qquad \psi^{II}(a) = \psi^{III}(a), \tag{7.20}$$

$$\frac{\partial}{\partial x}\psi^{I}(-a) = \frac{\partial}{\partial x}\psi^{II}(-a), \qquad \frac{\partial}{\partial x}\psi^{II}(a) = \frac{\partial}{\partial x}\psi^{III}(a)$$

für die vier komplexen Koeffizienten R, T, A_{II}, B_{II}. Die explizite Berechnung für $E < V_0$ und $E > V_0$ ist etwas länglich, dient jedoch als gute Übung.

Von besonderem Interesse ist der **Reflektionskoeffizient** R und der **Transmissionskoeffizient** T, die angeben mit welcher Amplitude das Teilchen an der Stufe reflektiert oder durch die Stufe transmittiert wird. Die Wahrscheinlichkeitserhaltung hier fordert $|R|^2 + |T|^2 = 1$. Abb. 7.6 zeigt den Verlauf der Wahrscheinlichkeitsdichte $|\psi(x)|^2$ für eine Energie $0 < E < V_0$. Die Dichte oszilliert im klassisch erlaubten Gebiet (I) und fällt im klassisch verbotenen Bereich (II) nahezu exponentiell ab.

Im Widerspruch zur klassischen Mechanik kann das Teilchen mit einer gewissen Wahrscheinlichkeit die Potentialstufe überwinden, obwohl die dazu nötige Energie fehlt. Dieser Effekt wird **Tunneleffekt** genannt. Auch der umgekehrte Fall ist möglich: Ist die Energie des Teilchens höher als die Potentialstufe, müßte es klassisch immer die Stufe überwinden. In der Quantenmechanik kann es aber auch in diesem Fall reflektiert werden! Abb. 7.7 zeigt die Reflexions- ($|R|^2$) und den Transmissionswahrscheinlichkeit ($|T|^2$) als Funktion der Energie des Teilchens. Für kleine Energien dominiert die Reflexion, während die Transmission

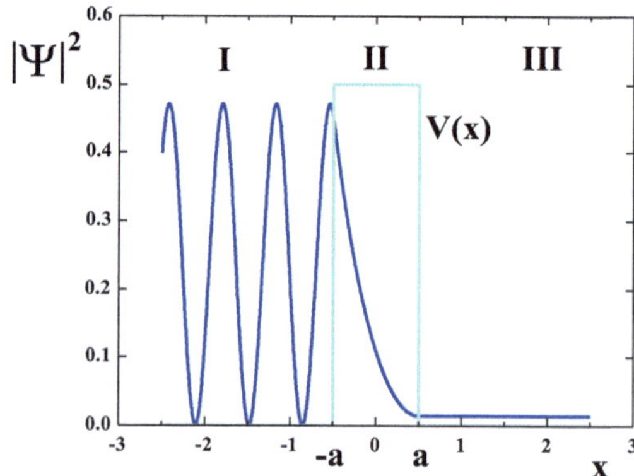

Abb. 7.6 Illustration der Wahrscheinlichkeitsdichte $|\psi(x)|^2$ für die Potentialstufe im Falle $E < V_0$

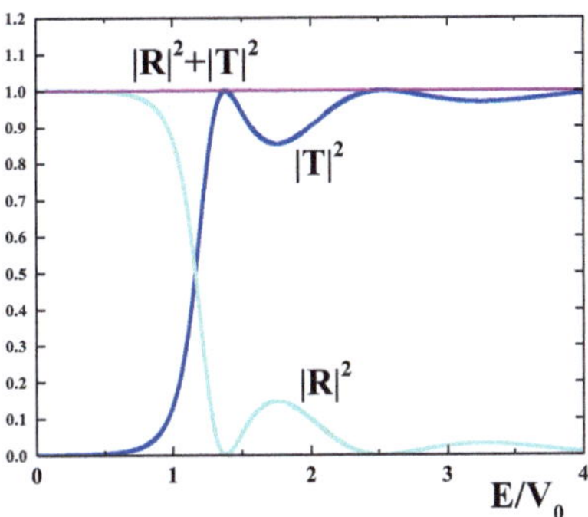

Abb. 7.7 Illustration der Energieabhängigkeit der Reflektions- und Transmissionswahrscheinlichkeiten als Funktion der Energie (in Einheiten von V_0)

für große Energien immer wahrscheinlicher wird. Für bestimmte diskrete Energien wird die Stufe vollkommen durchlässig. Diese Energien entsprechen genau den Energieniveaus des unendlichen Potentialtopfes (7.15).

7.3 Periodisches Potential

7.3.1 Kristallsymmetrie

Für die Untersuchung der Bewegung eines Elektrons in einem Kristall ist es zweckmäßig, die **Periodizität des Gitters** auszunutzen. Dabei wollen wir hier ein ideales Gitter annehmen; Gitterstörungen (lokale Verschiebungen), Randeffekte seien also vernachlässigt. Die Gitterperiodizität läßt sich dann formulieren als

$$V(\mathbf{r}) = V(\mathbf{r} + \mathbf{R}_m), \tag{7.21}$$

wobei $\mathbf{R}_m$ einen Verschiebungsvektor bezeichnet, der das Kristallgitter in sich überführt.

Wir versuchen nun allgemeine Eigenschaften der Lösungen der stationären Schrödinger-Gleichung für das Potential (7.21),

$$\left\{ -\frac{\hbar^2}{2m}\nabla^2 + V(\mathbf{r}) - E \right\} \psi(\mathbf{r}) = 0, \tag{7.22}$$

zu finden, welche direkt aus der Periodizität von V folgen. Der Einfachheit halber beschränken wir uns – wegen der Separation der Wellenfunktion $\psi(\mathbf{r}) \equiv \psi_x(x)\psi_y(y)\psi_z(z)$ – auf ein eindimensionales Modell. Die wesentlichen Aussagen gelten auch im dreidimensionalen Fall.

7.3.2 Eindimensionales periodisches Potential

Wir betrachten die Differentialgleichung

$$\psi'' + (\epsilon - U(x))\psi = 0 \tag{7.23}$$

mit

$$\epsilon = \frac{2m}{\hbar^2}E; \qquad U(x) = \frac{2m}{\hbar^2}V(x) \tag{7.24}$$

und

$$U(x) = U(x + a), \tag{7.25}$$

wobei a die Länge der **Elementarzelle** ist.

Es soll nun gezeigt werden, daß die Lösungen von (7.23) stets so gewählt werden können, daß

$$\psi(x + a) = \lambda\psi(x) \tag{7.26}$$

oder (nach Iteration)

$$\psi(x + na) = \lambda^n\psi(x). \tag{7.27}$$

Seien $\psi_1(x)$, $\psi_2(x)$ zwei linear unabhängige Lösungen von (7.23) zur Energie ϵ. Dann können die Funktionen $\psi_1(x + a)$, $\psi_2(x + a)$, die wegen der Periodizität (7.25) ebenfalls Lösungen von (7.23) zur Energie ϵ sind, dargestellt werden als

$$\psi_1(x + a) = C_{11}\psi_1(x) + C_{12}\psi_2(x);$$
$$\psi_2(x + a) = C_{21}\psi_1(x) + C_{22}\psi_2(x). \tag{7.28}$$

Um (7.26) zu erfüllen, müssen wir die Matrix C_{ik} diagonalisieren; die Eigenwerte λ ergeben sich aus

$$(C_{11} - \lambda)(C_{22} - \lambda) - C_{12}C_{21} = \lambda^2 - (C_{11} + C_{22})\lambda - C_{12}C_{21} + C_{11}C_{22} = 0. \tag{7.29}$$

Dies ist eine quadratische Gleichung für λ, über deren Lösung λ_1, λ_2 wir die allgemeine Aussage machen können:

$$\lambda_1\lambda_2 = 1. \tag{7.30}$$

Gl. (7.30) beweisen wir mit Hilfe der Wronski-Determinante. Da für je zwei Lösungen ψ_1, ψ_2 von (7.23) zur gleichen Energie ϵ gilt:

$$\psi_2\psi_1'' - \psi_1\psi_2'' = 0, \tag{7.31}$$

ist die Wronski-Determinante konstant

$$W(\psi_1, \psi_2) = \psi_2\psi_1' - \psi_1\psi_2' = \text{const.} \tag{7.32}$$

Andererseits ergibt (7.28)

$$W(\psi_1(x + a), \psi_2(x + a)) = W(\psi_1(x), \psi_2(x)) \begin{pmatrix} C_{11} & C_{12} \\ C_{21} & C_{22} \end{pmatrix} \tag{7.33}$$

also muß

$$C_{11}C_{22} - C_{12}C_{21} = 1 = \lambda_1\lambda_2 \tag{7.34}$$

sein. Physikalisch interessant sind nun nur solche Lösungen, für die $|\lambda| = 1$, da andernfalls wegen (7.27) ψ für $x \to \pm\infty$ über alle Grenzen wachsen würde. Daher können wir die Lösungen schreiben als

$$\lambda_1 = \exp(ika); \quad \lambda_2 = \exp(-ika); \quad k \text{ reell.} \tag{7.35}$$

Die Schreibweise der Phase in (7.35) als $\varphi = ka$ erscheint sinnvoll, wenn man beachtet, daß

$$\tau(a)\psi = \exp\left(-\frac{i}{\hbar}ap_x\right)\psi = \lambda\psi. \tag{7.36}$$

Offensichtlich genügt es, Werte k aus dem Intervall

$$-\frac{\pi}{a} \le k \le \frac{\pi}{a} \tag{7.37}$$

zu betrachten.

Wir haben damit gezeigt, daß sich alle (physikalisch sinnvollen) Lösungen von (7.23) so wählen lassen, daß

$$\psi(x + na) = \exp(i\,nka)\psi(x) \tag{7.38}$$

mit $n = 0, \pm1, \pm2, \pm3, \ldots$ Also muß ψ die folgende Struktur haben

$$\psi(x) = \exp(ikx)v_k(x) \tag{7.39}$$

mit

$$v_k(x) = v_k(x + a). \tag{7.40}$$

Die in (7.39) und (7.40) formulierte Aussage heißt **Bloch'sches Theorem.**

7.3.3 Interpretation des Bloch'schen Theorems

Das einfachste Modell für die Bewegung eines Elektrons im Gitter ist die Annahme eines räumlich konstanten Potentials U, welches man sich durch Mittelung über das oben angenommene periodische Potential (Abb. 7.8) erzeugt denkt. Für das konstante Potential hat man die Lösungen

$$\psi_0(x) = \exp(ikx) \tag{7.41}$$

mit k aus (7.37). Vergleicht man mit (7.39)–(7.40), so kann man die Bloch-Funktion als gitterperiodisch modulierte ebene Welle interpretieren.

Für den unendlich ausgedehnten Kristall liegen die möglichen k-Werte kontinuierlich im Intervall (7.37). Tragen wir dem endlichen Kristall Rechnung in Form periodischer Randbedingungen (vgl. Abschn. 6.3.5), so folgt aus (Randpunkte symmetrisch zu $x = 0$ gewählt)

$$\exp\left(ik\left(x - \frac{L}{2}\right)\right) v_k\left(x - \frac{L}{2}\right) = \exp\left(ik\left(x + \frac{L}{2}\right)\right) v_k\left(x + \frac{L}{2}\right) \tag{7.42}$$

für $L = na$ (Länge des Kristalls), nach dem Bloch-Theorem

$$\exp(ikL) = 1 \;\Rightarrow\; k = \frac{2\pi n}{L}\text{für } n \text{ ganz.} \tag{7.43}$$

Wir erhalten dann diskrete k-Werte in dem Intervall (7.37) **(1. Brillouin-Zone).**

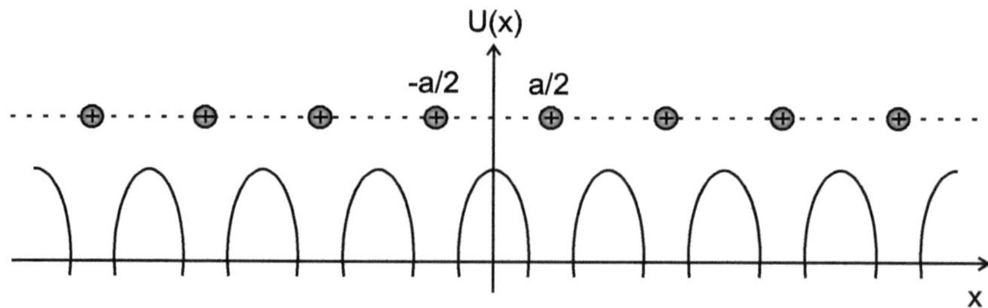

Abb. 7.8 Periodisches Potential für den Fall eines Kristalls in Symmetrierichtung

7.3.4 Energiebänder

Wir denken uns den Koordinatenursprung so gewählt, daß

$$U(x) = U(-x). \tag{7.44}$$

Mit $\psi(x)$ ist dann auch $\psi(-x)$ Lösung von (7.23) zur Energie ϵ, so daß die Funktionen

$$\psi_\pm(x) = \psi(x) \pm \psi(-x) \tag{7.45}$$

ebenfalls Lösungen zur gleichen Energie sind (Lösungen mit **positiver und negativer Parität**). Jede Bloch-Lösung ψ_B mit der Eigenschaft (7.38) können wir dann als Linearkombination von ψ_+, ψ_- schreiben:

$$\psi_B(x) = A\,\psi_+(x) + B\,\psi_-(x). \tag{7.46}$$

Zusammen mit (7.38) fordert die Stetigkeit von ψ_B, ψ_B' an den Randpunkten der Elementarzelle, z.B. $x = \pm\left(\frac{a}{2}\right)$:

$$\psi_B\left(\frac{a}{2}\right) = \exp(ika)\,\psi_B\left(-\frac{a}{2}\right) \tag{7.47}$$

und

$$\psi_B'\left(\frac{a}{2}\right) = \exp(ika)\,\psi_B'\left(-\frac{a}{2}\right). \tag{7.48}$$

Setzt man (7.46) in (7.47), (7.48) ein und beachtet man

$$\psi_+\left(\frac{a}{2}\right) = \psi_+\left(\frac{a}{2}\right); \quad \psi_-\left(\frac{a}{2}\right) = -\psi_-\left(-\frac{a}{2}\right), \tag{7.49}$$

so erhält man

$$A[1 - \exp(ika)]\psi_+\left(\frac{a}{2}\right) + B[1 + \exp(ika)]\psi_-\left(\frac{a}{2}\right) = 0 \tag{7.50}$$

$$[A[1 + \exp(ika)]\psi_+'\left(\frac{a}{2}\right) + B[1 - \exp(ika)]\psi_-'\left(\frac{a}{2}\right) = 0.$$

Dabei wurde benutzt

$$\psi_\pm'(x) = \frac{d}{dx}\{\psi(x) \pm \psi(-x)\} \tag{7.51}$$

sowie die Tatsache, daß d/dx ungerade ist unter der Transformation $x \to -x$. Die Lösbarkeitsbedingung von (7.50) lautet:

$$[1 - \exp(ika)]^2\psi_+\left(\frac{a}{2}\right)\psi_-'\left(\frac{a}{2}\right) = [1 + \exp(ika)]^2\psi_+'\left(\frac{a}{2}\right)\psi_-\left(\frac{a}{2}\right). \tag{7.52}$$

Führt man die Wronski-Determinante an der Stelle $a/2$ ein,

$$W = \psi_+\left(\frac{a}{2}\right)\psi_-'\left(\frac{a}{2}\right) - \psi_+'\left(\frac{a}{2}\right)\psi_-\left(\frac{a}{2}\right), \tag{7.53}$$

so wird

$$[1 - \exp(ika)]^2 = 4 \exp(ika) \psi'_+ \left(\frac{a}{2}\right) \psi_- \left(\frac{a}{2}\right) / W \qquad (7.54)$$

oder

$$\cos(ka) = 2\, \psi'_+ \left(\frac{a}{2}\right)\, \psi_- \left(\frac{a}{2}\right) / W + 1. \qquad (7.55)$$

Der Wert der rechten Seite von (7.55) hängt ab von der Energie ϵ, zu der ψ_+, ψ_- Lösungen der Schrödingergleichung sind. Wir können (7.55) auch schreiben als

$$\cos(ka) = f(\epsilon). \qquad (7.56)$$

Da nun $-1 \leq \cos(ka) \leq +1$, sind nur solche Werte ϵ als Lösungen von (7.23) möglich, für die

$$-1 \leq f(\epsilon) \leq +1. \qquad (7.57)$$

Da die Lösungen von (7.23) stetig von ϵ abhängen, wird auch $f(\epsilon)$ eine stetige Funktion von ϵ. Es kann daher – je nach dem speziellen Verlauf von $f(\epsilon)$ – zusammenhängende Energiebereiche geben, für die (7.57) erfüllt ist **(erlaubte Energiebänder),** sowie solche für die (7.57) nicht erfüllt ist **(verbotene Energiebänder).** Ein typischer Fall ist in Abb. 7.9 dargestellt.

Während für freie Elektronen jede Energie möglich ist, modifiziert das periodische Potential das Spektrum zu einer Folge erlaubter und verbotener Energie-Bänder.

7.3.5 Periodisches Kasten-Potential

Als Beispiel für die obigen allgemeinen Überlegungen sei das folgende (analytisch lösbare) Potential untersucht:

$$U(x) = U_0 \text{ für } -\frac{b}{2} \leq x \leq \frac{b}{2} \qquad (7.58)$$

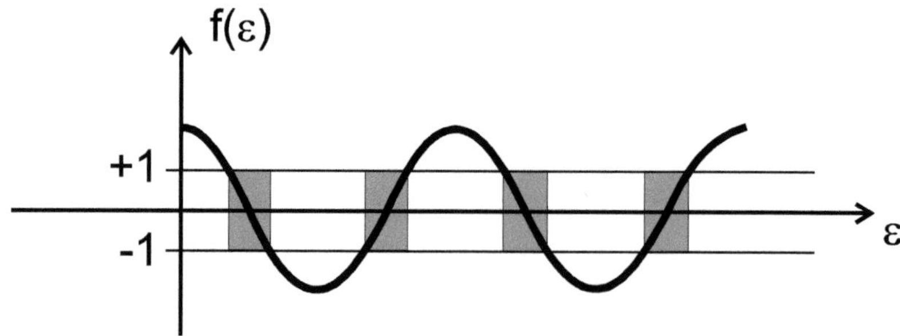

Abb. 7.9 Energiebänder in Kristallen (erlaubte Bereiche schraffiert)

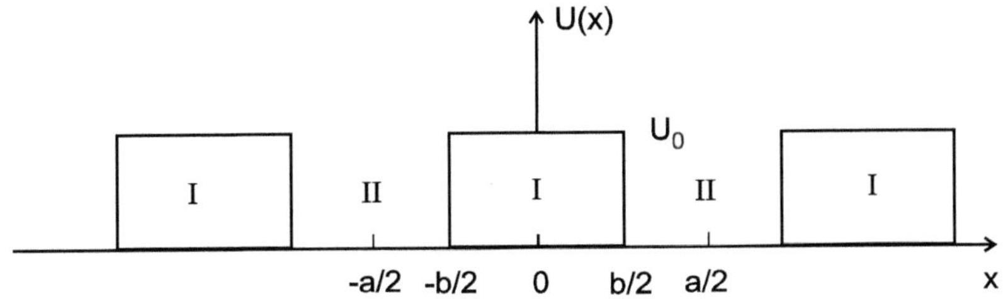

Abb. 7.10 Skizze des periodischen Kastenpotentials (siehe Text)

$$U(x) = 0 \text{ für } -\frac{a}{2} \le x \le -\frac{b}{2} \text{ und } \frac{b}{2} \le x \le \frac{a}{2}$$

mit (vgl. Abb. 7.10)

$$U(x + a) = U(x). \tag{7.59}$$

Die Lösungen von (7.23) sind im Bereich I ($E < V_0$):

$$\psi_\pm^I = \exp(\kappa x) \pm \exp(-\kappa x) \tag{7.60}$$

mit der Abkürzung

$$\kappa^2 = \frac{2m}{\hbar^2}(V_0 - E) = U_0 - \epsilon, \tag{7.61}$$

also lautet entsprechend (7.57) die allgemeine Blochlösung im Bereich I:

$$\psi^I(x) = 2\{A_I \cosh(\kappa x) + B_I \sinh(\kappa x)\}. \tag{7.62}$$

Im Bereich II ist

$$\psi_\pm^{II}(x) = \exp(ikx) \pm \exp(-ikx) \tag{7.63}$$

mit

$$k^2 = \frac{2m}{\hbar^2}E = \epsilon, \tag{7.64}$$

also:

$$\psi^{II}(x) = 2\{A_{II}\cos(kx) + i\,B_{II}\sin(kx)\} = A_{II}\psi_+(kx) + B_{II}\psi_-(kx). \tag{7.65}$$

Die Bedingungen (7.47), (7.48) beziehen sich nur auf $\psi^{II}(x)$ und dessen Ableitung:

$$\psi^{II}\left(\frac{a}{2}\right) = \exp(ika)\,\psi^{II}\left(-\frac{a}{2}\right) \tag{7.66}$$

und

$$\psi^{II\prime}\left(\frac{a}{2}\right) = \exp(ika)\,\psi^{II\prime}\left(-\frac{a}{2}\right). \tag{7.67}$$

Dazu treten die Forderungen der Stetigkeit von ψ, ψ' an der Stelle $x = b/2$ als Anschlußbedingung zwischen Bereich I und II,

$$\psi^{II}\left(\frac{b}{2}\right) = \psi^{I}\left(\frac{b}{2}\right) \tag{7.68}$$

und

$$\psi^{II'}\left(\frac{b}{2}\right) = \psi^{I'}\left(\frac{b}{2}\right). \tag{7.69}$$

Man erhält so 4 homogene Gleichungen für die 4 Unbekannten A_I, B_I, A_{II}, B_{II}. Damit dieses Gleichungssystem nichttriviale Lösungen hat, muß seine Determinante verschwinden. Das Resultat ist:

$$\cos(ka) = \cosh(\kappa b)\cos(k[a-b]) + \frac{\kappa^2 - k^2}{2\kappa k}\sinh(\kappa b)\sin(k[a-b]), \tag{7.70}$$

und die rechte Seite von (7.70) stellt die Funktion $f(\epsilon)$ aus (7.56) dar (vgl. Abb. 7.9).

7.4　Der harmonische Oszillator

7.4.1　Eindimensionaler Fall

Wir suchen die Eigenwerte des Hamiltonoperators

$$H = \frac{1}{2m}p_x^2 + \frac{1}{2}\,m\,\omega^2 x^2 \tag{7.71}$$

und die zugehörigen Eigenfunktionen. Bei der Lösung der Eigenwertgleichung

$$H\,\psi_\lambda = E_\lambda \psi_\lambda \tag{7.72}$$

gehen wir analog zu Abschn. 6.4 vor: anstelle von p_x und x mit

$$[p_x, x] = \frac{\hbar}{i} \tag{7.73}$$

führen wir die Operatoren

$$a = \sqrt{\frac{m\omega}{2\hbar}}x + i\frac{1}{\sqrt{2\hbar m\omega}}p_x; \tag{7.74}$$

$$a^{\dagger} = \sqrt{\frac{m\omega}{2\hbar}}x - i\frac{1}{\sqrt{2\hbar m\omega}}p_x$$

ein, für die aus (7.73) sofort folgt

$$[a, a^{\dagger}] = 1. \tag{7.75}$$

Die Umkehrung von (7.74) ergibt

$$\frac{1}{2}(a + a^{\dagger})\sqrt{\frac{2\hbar}{m\omega}} = x, \qquad -\frac{i}{2}(a - a^{\dagger})\sqrt{2\hbar m\omega} = p_x. \tag{7.76}$$

Der Hamiltonoperator H hat in den Operatoren a, $a^{\dagger}$ die einfache Form:

$$H = \frac{p_x^2}{2m} + \frac{m}{2}\omega^2 x^2 = \hbar\omega\left(a^{\dagger}a + \frac{1}{2}\right). \tag{7.77}$$

Das Spektrum des Operators

$$N = a^{\dagger}a \tag{7.78}$$

bestimmen wir nun gemäß Abschn. 6.4 indem wir die Vertauschungsrelationen

$$[N, a] = -a \tag{7.79}$$

$$[N, a^{\dagger}] = a^{\dagger} \tag{7.80}$$

ausnutzen, die direkt aus (7.75) und der Definition (7.78) folgen.

Wir nehmen nun an, daß wir eine normierte Eigenfunktion ψ_λ mit Eigenwert λ des Operators N kennen (beachte $[H, N] = 0$) :

$$N\,\psi_\lambda = \lambda\,\psi_\lambda \text{ mit } (\psi_\lambda, \psi_\lambda) = 1. \tag{7.81}$$

Dann können wir durch Anwendung von a $(a^{\dagger})$ auf ψ_λ den Eigenwert um eins erniedrigen (erhöhen):

$$N(a\psi_\lambda) = a(N - 1)\psi_\lambda = (\lambda - 1)(a\psi_\lambda). \tag{7.82}$$

Für die Norm von $(a\psi_\lambda)$ folgt:

$$(a\psi_\lambda, a\psi_\lambda) = (\psi_\lambda, a^{\dagger}a\psi_\lambda) = \lambda, \tag{7.83}$$

wenn man die Hermitezität von x und p_x ausnutzt und die Definition (7.74) beachtet. Analog gilt:

$$N(a^\dagger \psi_\lambda) = (\lambda + 1)(a^\dagger \psi_\lambda) \tag{7.84}$$

mit

$$(a^\dagger \psi_\lambda, a^\dagger \psi_\lambda) = \lambda + 1. \tag{7.85}$$

Da die Norm von $a\psi_\lambda$ nicht negativ sein kann, muß wegen (7.83) $\lambda \geq 0$ sein. Durch wiederholte Anwendung von $a^\dagger$ auf ψ_λ erhalten wir also normierbare Eigenfunktionen von N mit den Eigenwerten $\lambda + 1$, $\lambda + 2$, $\lambda + 3$, ...; das Spektrum ist nach oben unbegrenzt. Nach unten gibt es jedoch eine Grenze: μ-fache Anwendung von a auf ψ_λ führt auf

$$(a^\mu \psi_\lambda, a^\mu \psi_\lambda) = \lambda(\lambda - 1)(\lambda - 2)...(\lambda - \mu + 1). \tag{7.86}$$

Da die linke Seite in (7.86) nicht negativ werden darf, muß λ eine ganze (nicht-negative) Zahl sein, so daß die Folge

$$\psi_\lambda, a\psi_\lambda, a^2\psi_\lambda, ... \tag{7.87}$$

nach $\mu = \lambda$ abbricht,

$$a^{\lambda+1}\psi_\lambda = 0; \quad \lambda = 0, 1, 2, 3, .. \tag{7.88}$$

Der Operator N hat also die Eigenwerte

$$n = 0, 1, 2, 3, .., \tag{7.89}$$

so daß wir für H ein äquidistantes, nach oben unbegrenztes Spektrum erhalten:

$$E_n = \hbar\omega \left(n + \frac{1}{2} \right); \quad n = 0, 1, 2, 3, ... \tag{7.90}$$

Der Operator N hat also die Eigenschaft, abzuzählen wieviele Anregungen der Energie $\hbar\omega$ ein bestimmter Oszillator-Zustand ψ_n enthält. Der Zustand tiefster Energie – der **Grundzustand** – hat die Energie

$$E_0 = \frac{1}{2}\hbar\omega \tag{7.91}$$

(Nullpunktsenergie) und ist charakterisierbar durch

$$a\psi_0 = 0. \tag{7.92}$$

Das Auftreten der Nullpunktsenergie (7.91) ist typisch für die Quantentheorie und eine direkte Folge der Nichtvertauschbarkeit von x und p_x und damit der Orts-Impuls Unschärfe: klassisch kann der Oszillator sich bei $x_{kl.} = 0$ (Ruhelage) mit dem Impuls $(p_x)_{kl.} = 0$ aufhalten.

Ausgehend vom Grundzustand ψ_0, dessen Existenz wir unter Abschn. 7.4.2 in Form der Ortsdarstellung explizit nachweisen werden, können die angeregten Zustände aufgebaut werden als

$$a^\dagger \psi_0, \ a^{\dagger 2}\psi_0, \ ..., \ a^{\dagger n}\psi_0, \ ... \tag{7.93}$$

Der Operator $a^\dagger$ erzeugt also Anregungen des Oszillators der Energie $\hbar\omega$ – er wird daher als **Erzeugungsoperator** bezeichnet –. Umgekehrt führt der **Vernichtungsoperator** a von einem Zustand mit der Anregungsenergie $n\hbar\omega$ zu einem um $\hbar\omega$ energetisch niedrigeren Zustand.

Wenn ψ_0 normiert ist,

$$(\psi_0, \psi_0) = 1, \tag{7.94}$$

so folgt durch Iteration von (7.85)

$$(a^{\dagger n}\psi_0, a^{\dagger n}\psi_0) = 1 \cdot 2 \cdot 3 ... = n!; \tag{7.95}$$

also lauten die auf 1 normierten Eigenfunktionen

$$\psi_n = \frac{1}{\sqrt{n!}}(a^\dagger)^n \psi_0. \tag{7.96}$$

In dieser Normierung gilt dann (bis auf einen unwesentlichen Phasenfaktor):

$$a^\dagger \psi_n = \sqrt{n+1}\,\psi_{n+1}; \qquad a\psi_n = \sqrt{n}\,\psi_{n-1}. \tag{7.97}$$

7.4.2   Ortsdarstellung

Wir bestimmen zunächst die Grundzustandswellenfunktion $\psi_0(x)$, welche definiert ist durch (7.92), also

$$a\psi_0 = \left\{\sqrt{\frac{m\omega}{2\hbar}}x + \sqrt{\frac{\hbar}{2m\omega}}\frac{d}{dx}\right\}\psi_0 = 0. \tag{7.98}$$

Mit der dimensionslosen Koordinate

$$\xi = \sqrt{\frac{m\omega}{\hbar}}\,x \tag{7.99}$$

wird aus (7.98)

$$\left\{\frac{d}{d\xi} + \xi\right\}\psi_0(\xi) = 0 \tag{7.100}$$

mit der Lösung

$$\psi_0(\xi) = c_0 \exp\left(-\frac{1}{2}\,\xi^2\right). \tag{7.101}$$

Damit

$$\int_{-\infty}^{\infty} |\psi_0|^2 dx = 1, \tag{7.102}$$

muß für die Normierungskonstante c_0 gelten (mit $\int \exp(-\xi^2)d\xi = \sqrt{\pi}$) :

$$c_0^2 = \sqrt{\frac{m\omega}{\pi\hbar}}. \tag{7.103}$$

Um die Eigenfunktionen der angeregten Zustände zu erhalten, drücken wir $a^\dagger$ durch ξ und $d/d\xi$ aus:

$$a^\dagger = \frac{1}{\sqrt{2}}\left(\xi - \frac{d}{d\xi}\right) \tag{7.104}$$

und erhalten bei Beachtung von (7.96)

$$\psi_n = \frac{c_0}{\sqrt{n!2^n}}\left(\left(\xi - \frac{d}{d\xi}\right)^n \exp\left(-\frac{\xi^2}{2}\right)\right). \tag{7.105}$$

Es ist also

$$\psi_n \sim \psi_0 \cdot (\text{Polynom vom Grade } n), \tag{7.106}$$

wobei sich gerade und ungerade Polynome abwechseln. Also hat ψ_n gerade Parität für n gerade und ungerade Parität für n ungerade (Abb. 7.11).

Aus der Hermitezität von H folgt die Orthogonalität

$$(\psi_n, \psi_m) = \delta_{nm}; \tag{7.107}$$

zum Beweis sei auf Abschn. 4.3 verwiesen.

Ergänzung Die Funktionen (7.105) bilden überdies eine vollständige Basis im Raum der quadrat-integrablen Funktion (was wir hier nicht explizit beweisen wollen). Eine Illustration der ersten 7 Eigenzustände und ihrer Energieniveaus ist in Abb. 7.11 dargestellt.

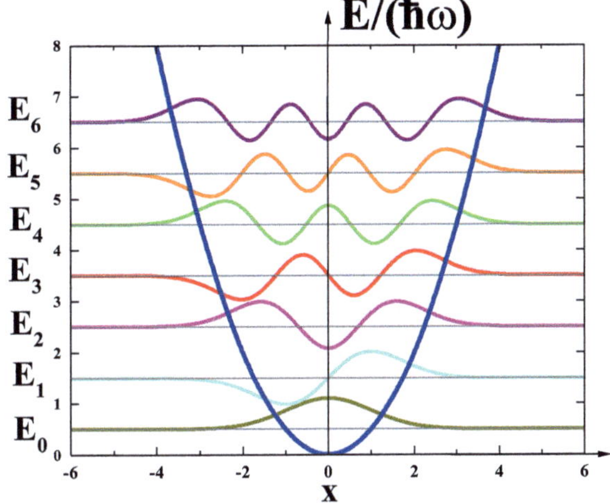

Abb. 7.11 Illustration der Oszillator-Wellenfunktionen und der zugehörigen Energieniveaus

7.4.3 Dreidimensionaler Fall

Wir betrachten den Hamiltonoperator

$$H = \frac{1}{2m}(p_x^2 + p_y^2 + p_z^2) + \frac{m}{2}(\omega_x^2 x^2 + \omega_y^2 y^2 + \omega_z^2 z^2), \tag{7.108}$$

wobei im allgemeinen $\omega_x \neq \omega_y \neq \omega_z$ ist. Da H in den Koordinaten x, y, z offensichtlich entkoppelt ist,

$$H = H_x + H_y + H_z, \tag{7.109}$$

können wir das Eigenwertproblem von H durch den **Separationsansatz**

$$\psi(\mathbf{r}) = \psi_1(x)\psi_2(y)\psi_3(z) \tag{7.110}$$

auf Fall a) zurückführen. Für die Energie-Eigenwerte von H erhalten wir dann:

$$E_{n_1 n_2 n_3} = \hbar\left\{\omega_x\left(n_1 + \frac{1}{2}\right) + \omega_y\left(n_2 + \frac{1}{2}\right) + \omega_z\left(n_3 + \frac{1}{2}\right)\right\} \tag{7.111}$$

mit $n_i = 0, 1, 2, \ldots$

Das obige Verfahren der Separation ist auch in dem Fall durchführbar, daß die potentielle Energie eine positiv-definite, quadratische Form in x, y, z ist, also auch gemischte Terme in xy enthält. Durch eine Hauptachsentransformation läßt sich dann in den neuen Koordinaten wieder die Form (7.108) erreichen. **Beispiel:** Wenn man ein Gitter-Atom (Ion) in einem Kristall aus seiner Gleichgewichtslage z. B. in x-Richtung auslenkt, treten im allgemeinen auch Kräfte in y- und z-Richtung auf.

Solange $\omega_x \neq \omega_y \neq \omega_z$ und das betrachtete Teilchen keinen inneren Freiheitsgrad besitzt (wie z. B. Spin), ist das Spektrum von H aus (7.108) nicht entartet, wenn man von sogenannten ‚zufälligen' Entartungen absieht, die sich für bestimmte Zustände (d. h. bestimmten Werten n_1, n_2, n_3) je nach dem Verhältnis $\omega_x : \omega_y : \omega_z$ ergeben können. Dagegen zeigt z. B. der dreidimensionale

7.4.4   Isotroper Oszillator

ein entartetes Spektrum. Mit

$$\omega_x = \omega_y = \omega_z \equiv \omega \tag{7.112}$$

wird aus (7.111)

$$E_{n_1 n_2 n_3} = \hbar\omega \left(n + \frac{3}{2} \right) = E_n \tag{7.113}$$

mit

$$n = n_1 + n_2 + n_3. \tag{7.114}$$

Die gleiche Energie E_n kann offensichtlich auf verschiedene Weise erreicht werden. Man findet für den Entartungsgrad

$$g_n = \frac{1}{2}(n+1)(n+2), \tag{7.115}$$

denn wenn wir für n_1 eine der Zahlen von 0 bis n wählen, so kann n_2 zwischen 0 und $(n - n_1)$ laufen. Dies ergibt $(n - n_1 + 1)$ Möglichkeiten zur Realisierung von (7.114). Also wird

$$g_n = \sum_{n_1=0}^{n} (n - n_1 + 1) = \frac{1}{2}(n+1)(n+2). \tag{7.116}$$

Statt den isotropen Oszillator nach den Quantenzahlen n_1, n_2, n_3 bzgl. kartesischer Koordinaten zu klassifizieren, können wir auch die Drehimpuls-Quantenzahlen l, m zu Hilfe nehmen: Da für

$$H = \frac{1}{2m} p^2 + \frac{m}{2} \omega^2 r^2 \qquad (7.117)$$

die Vertauschungsregeln

$$[H, l_i] = 0; \quad i = x, y, z \qquad (7.118)$$

gelten, können wir die Eigenfunktion zu H so wählen, daß sie zugleich Eigenfunktionen zu l^2 und l_z sind. Dazu müssen wir nur aus den zu festem E_n entarteten Funktionen in der kartesischen Basis (7.110) geeignete Linearkombinationen bilden. Man erhält dann anstelle von $\psi_{n_1 n_2 n_3}(x, y, z)$ Eigenfunktionen $\psi_{vlm}(r, \vartheta, \varphi)$, welche durch die Drehimpulsquantenzahlen l, m sowie die vom Freiheitsgrad r herrührende Radialquantenzahl v gekennzeichnet sind.

7.4.5   Gute Quantenzahlen

Für spinlose Teilchen charakterisieren die Quantenzahlen n_1, n_2, n_3 bzw. v, l, m die Eigenzustände des isotropen, harmonischen Oszillators in der jeweiligen Darstellung vollständig. Solche Quantenzahlen, welche zu vertauschbaren Erhaltungsgrößen des Sytems gehören, nennt man **gute Quantenzahlen.** Wenn das Teilchen, welches sich im Oszillator-Potential bewegt, den Spin 1/2 besitzt, so ist z. B. die z-Komponente des Spins ebenfalls eine gute Quantenzahl, da trivialerweise sowohl

$$[H, S_z] = 0 \qquad (7.119)$$

als auch

$$[l_i, S_z] = 0. \qquad (7.120)$$

Der Entartungsgrad g_n aus (7.115) ist dann entsprechend den beiden Möglichkeiten der Spinstellung mit dem Faktor 2 zu multiplizieren.

Im Folgenden werden wir weitgehend vom Konzept der **guten Quantenzahl** Gebrauch machen, indem wir für jedes Problem zunächst die vertauschbaren Erhaltungsgrößen aufsuchen und damit schon zu einer teilweisen Klassifikation der Eigenzustände des betrachteten Systems gelangen.

7.5   Räumlich konstantes Magnetfeld

7.5.1   Problemstellung

Für ein räumlich konstantes Magnetfeld kann die Pauli-Gleichung (mit $\Phi \equiv 0$)

$$i\hbar\frac{\partial}{\partial t}\,\Psi = \frac{1}{2m}\left(\mathbf{p} - \frac{e}{c}\mathbf{A}\right)^2\Psi - \frac{e}{mc}\,\mathbf{S}\cdot\mathbf{B}\,\Psi \tag{7.121}$$

durch den Separationsansatz

$$\Psi(\mathbf{r};t) = \psi(\mathbf{r};t)\chi(t) \tag{7.122}$$

mit

$$\chi(t) = a(t)\begin{pmatrix}1\\0\end{pmatrix} + b(t)\begin{pmatrix}0\\1\end{pmatrix} \tag{7.123}$$

überführt werden in

$$i\hbar\frac{\partial}{\partial t}\,\psi = \frac{1}{2m}\left(\mathbf{p} - \frac{e}{c}\mathbf{A}\right)^2\psi + \gamma\psi \tag{7.124}$$

und

$$i\hbar\frac{\partial}{\partial t}\,\chi(t) = -\frac{e\hbar}{2mc}\boldsymbol{\sigma}\cdot\mathbf{B}\,\chi(t) - \gamma\chi(t) \tag{7.125}$$

mit einer beliebigen Konstanten γ. Zum Beweis multipliziert man (7.124) mit χ und (7.125) mit ψ und addiert die so entstandenen Gleichungen. Der Term mit $\gamma\chi\psi$ fällt dann bei der Addition weg und man erhält (7.121).

Die Konstante γ ist physikalisch ohne Bedeutung und kann ohne Beschränkung der Allgemeinheit $\gamma = 0$ gesetzt werden, denn mit dem Ansatz

$$\psi = \exp\left(\frac{i}{\hbar}\gamma t\right)\tilde{\psi}, \tag{7.126}$$

$$\chi = \exp\left(-\frac{i}{\hbar}\gamma t\right)\tilde{\chi} \tag{7.127}$$

ändert sich die Gesamt-Wellenfunktion

$$\Psi(\mathbf{r};t) = \psi\,\chi = \tilde{\psi}\tilde{\chi} \tag{7.128}$$

nicht und in den Differentialgleichungen für $\tilde{\psi}$, $\tilde{\chi}$ erscheint γ nicht mehr. Im Folgenden werden wir daher stets $\gamma = 0$ wählen.

Für das Vektorpotential $\mathbf{A}$ können wir ansetzen

$$\mathbf{A} = \frac{1}{2}(\mathbf{B} \times \mathbf{r}), \tag{7.129}$$

wobei $\mathbf{B}$ noch zeitabhängig sein kann:

$$\mathbf{B} = \mathbf{B}(t). \tag{7.130}$$

Der Ansatz (7.129) führt auf die (Coulomb) Eichung:

$$\vec{\nabla} \cdot \mathbf{A} = 0. \tag{7.131}$$

Im Folgenden sollen zwei für die Praxis wichtige Fälle untersucht werden:

i) das (zeitlich und räumlich) konstante Magnetfeld $\mathbf{B}$,
ii) das zeitlich periodische $\mathbf{B}$-Feld.

Dabei können wir gemäß (7.124) und (7.125) die räumliche Bewegung (also $\psi(\mathbf{r}; t)$) und die Zeitentwicklung des Spins (über $\chi(\mathbf{r}; t)$) separat behandeln.

7.5.2 Stationäre Zustände im konstanten Magnetfeld

Wir legen den Koordinatenursprung so, daß

$$\mathbf{A} = \begin{pmatrix} -By \\ 0 \\ 0 \end{pmatrix}. \tag{7.132}$$

Diese Wahl ist aus rechentechnischen Gründen zweckmäßig, obwohl sie der durch die Form von $\mathbf{B}$,

$$\mathbf{B} = \vec{\nabla} \times \mathbf{A} = \begin{pmatrix} 0 \\ 0 \\ B \end{pmatrix}, \tag{7.133}$$

gegebenen Axialsymmetrie des Problems nicht Rechnung trägt.

Mit (7.132) bzw. (7.133) erhält (7.125) die Form:

$$i\hbar \frac{\partial}{\partial t} \chi = -\frac{e\hbar}{2mc} \sigma_z B \chi. \tag{7.134}$$

Durch den Ansatz für stationäre Lösungen

$$\chi = \exp\left(-\frac{i}{\hbar}\epsilon_s t\right)\chi_0 \tag{7.135}$$

mit

$$\chi_0 = a_0 \begin{pmatrix} 1 \\ 0 \end{pmatrix} + b_0 \begin{pmatrix} 0 \\ 1 \end{pmatrix} \tag{7.136}$$

und der Normierung

$$|a_0|^2 + |b_0|^2 = 1 \tag{7.137}$$

wird (7.134) in das Eigenwertproblem

$$\epsilon_s \chi_0 = -\frac{e\hbar}{2mc} B\sigma_z \chi_0 \tag{7.138}$$

überführt. Die Lösungen sind aus Abschn. 6.5 bekannt:

i) $a_0 = 1; b_0 = 0 \Rightarrow$

$$\chi_0 = \begin{pmatrix} 1 \\ 0 \end{pmatrix} \text{ mit } \epsilon_s = -\frac{eB\hbar}{2mc} \tag{7.139}$$

ii) $a_0 = 0; b_0 = 1 \Rightarrow$

$$\chi_0 = \begin{pmatrix} 0 \\ 1 \end{pmatrix} \text{ mit } \epsilon_s = +\frac{eB\hbar}{2mc}. \tag{7.140}$$

Die stationären Lösungen von (7.124) folgen aus

$$\epsilon\varphi = \frac{1}{2m}\left\{\left(p_x + \frac{e}{c}By\right)^2 + p_y^2 + p_z^2\right\}\varphi, \tag{7.141}$$

wenn man ansetzt

$$\psi(\mathbf{r}; t) = \exp\left(-\frac{i}{\hbar}\epsilon t\right)\varphi(\mathbf{r}). \tag{7.142}$$

Der Hamiltonoperator der Bahnbewegung (rechte Seite von (7.141)) vertauscht mit p_x und p_z, da er nur die Koordinate y explizit enthält. Die Eigenwerte von p_x und p_z sind daher gute Quantenzahlen, nach denen wir die Lösungen von (7.141) klassifizieren können; sie sind ebenso wie die Eigenfunktionen aus Abschn. 6.3.3 bekannt. Für $\varphi(\mathbf{r})$ können wir also den Ansatz machen:

$$\varphi(\mathbf{r}) = \exp(i(k_x x + k_z z))\tilde{\varphi}(y); \tag{7.143}$$

wir erhalten dann aus (7.141) eine Gleichung in nur noch einer Variablen (y) :

$$\left[\frac{p_y^2}{2m} + \frac{m}{2}\,\omega^2(y + y_0)^2\right]\tilde{\varphi} = \left[\epsilon - \hbar^2\frac{k_z^2}{2m}\right]\tilde{\varphi} \tag{7.144}$$

mit den Abkürzungen

$$\omega = \frac{eB}{mc}; \qquad y_0 = \frac{\hbar k_x c}{eB}. \tag{7.145}$$

Abgesehen von der (für die Bestimmung der Eigenwerte unwesentlichen) Verschiebung y_0 stellt (7.144) gerade das Eigenwertproblem eines linearen harmonischen Oszillators mit der Frequenz $\omega = \frac{eB}{mc}$ (**Larmor-Frequenz**) dar. Die gesuchten Eigenwerte können wir sofort angeben (**Landau Niveaus**)

$$\epsilon_{n,k_z} = \frac{\hbar^2 k_z^2}{2m} + \frac{e\hbar}{mc}B\left(n + \frac{1}{2}\right), \quad n = 0, 1, 2, \ldots; \tag{7.146}$$

sie sind ∞ – fach entartet, da die Eigenfunktion $\tilde{\varphi}$ unabhängig vom Wert y_0 zum gleichen Eigenwert (7.146) gehören.

Zur Interpretation der Lösungen von (7.141) erinnern wir an die Lösung des klassischen Problems: ein geladenes Teilchen im konstanten **B**-Feld bewegt sich auf Spiralen, deren Achse für die Wahl (7.133) in z-Richtung weist und deren Projektionen auf die xy-Ebene Kreise sind. In z-Richtung bewegt sich das klassische Teilchen geradlinig, gleichförmig; dem entspricht quantenmechanisch die ebene Welle $\exp(ik_z z)$. Die Kreisbahnen in der xy-Ebene können wir zerlegen in 2 harmonische Schwingungen in $x-$ bzw. y-Richtung mit gleicher Frequenz $\omega = \frac{eB}{mc}$ und einer Phasenverschiebung von $\pi/2$.

Die quantenmechanische Lösung (7.143) entspricht bzgl. der y-Koordinate der klassischen Bewegung: wir haben gebundene Zustände in Form harmonischer Schwingungen. Bezüglich der x-Koordinate schließt die Lösung (7.143) eine räumliche Lokalisierung (entgegen dem klassischen Fall) aus, da in (7.143) der Impuls p_x scharf und damit die Koordinate x wegen der Unschärferelation völlig unbestimmt ist. Die Lösung von (7.141) entspricht also, bei festem Wert von n (fester Energie) und fester Verschiebung y_0, der Schar klassischer Bahnen mit festem Radius, für deren Mittelpunkte $y = y_0$ ist (siehe Abb. 7.12).

Abb. 7.12 Illustration der Lösung von Gl. (7.143)

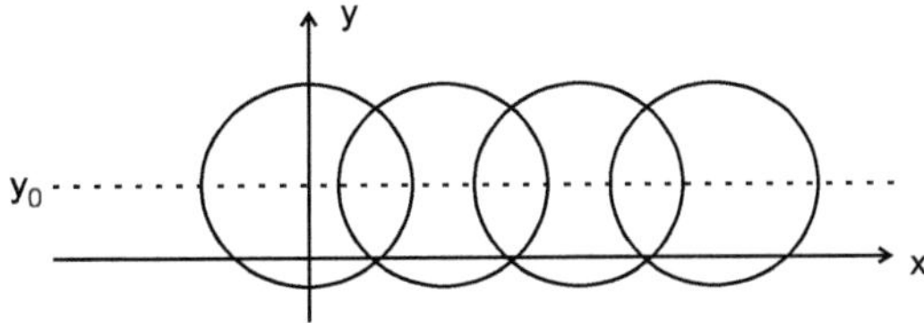

Will man eine bzgl. x, y symmetrische Behandlung des Problems erreichen, so muß man statt (7.132) benutzen

$$\mathbf{A} = \frac{1}{2} \begin{pmatrix} -By \\ Bx \\ 0 \end{pmatrix}, \qquad (7.147)$$

was ebenfalls für $\mathbf{B}$ auf (7.133) führt. Der Hamiltonoperator für die Bahnbewegung lautet dann:

$$H = \frac{1}{2m}(p_x^2 + p_y^2) + \frac{1}{2}\, m \left(\frac{eB}{2mc}\right)^2 (x^2 + y^2) + \frac{p_z^2}{2m} + \frac{eB}{2mc} l_z. \qquad (7.148)$$

Der Hamiltonoperator besteht also aus einem 2-dim. isotropen Oszillator in der xy-Ebene, der kinetischen Energie in z-Richtung und der Energie des von der Bahnbewegung herrührenden magnetischen Moments im B-Feld.

Statt die stationären Lösungen (7.124) und (7.125) aufzusuchen, kann man auch direkt (7.121) mit dem Ansatz

$$\Psi(\mathbf{r}; t) = \exp\left(-\frac{i}{\hbar} Et\right) \Phi(\mathbf{r}) \qquad (7.149)$$

in die zeitunabhängige Pauli-Gleichung

$$\left\{\frac{1}{2m}\left(\mathbf{p} - \frac{e}{c}\mathbf{A}\right)^2 - \frac{e}{mc}\, \mathbf{S} \cdot \mathbf{B}\right\} \Phi = E\Phi \qquad (7.150)$$

überführen. Ihre Lösungen kennen wir nach den obigen Untersuchungen schon:

$$\Phi(\mathbf{r}) = \varphi(\mathbf{r})\chi_0 \qquad (7.151)$$

mit den Eigenwerten:

$$E = \epsilon + \epsilon_s, \qquad (7.152)$$

mit ϵ aus (7.146) und ϵ_s aus (7.139) bzw. (7.140).

7.5.3 Spin-Präzession

Nachdem wir in Abschn. 7.5.2 die stationären Lösungen von (7.121) bestimmt haben, wenden wir uns nun der zeitlichen Entwicklung des Spins zu. $\mathbf{B}$ sei dabei konstant und gemäß (7.133) gewählt. Wir benutzen nun das Theorem von Ehrenfest, welches für Teilchen mit Spin 1/2 genauso bewiesen werden kann wie in Abschn. 5.3 für spinlose Teilchen. Wenn $\Psi(\mathbf{r}; t)$ eine Lösung der Pauli-Gleichung ist, so gilt für die zeitliche Änderung des Erwartungswertes von $\mathbf{S}$ im Zustand Ψ :

$$\frac{d}{dt} < \mathbf{S} > = \frac{i}{\hbar} < [H, \mathbf{S}] > + < \frac{\partial}{\partial t} \mathbf{S} > = \frac{i}{\hbar} < [H, \mathbf{S}] > . \qquad (7.153)$$

Für den Kommutator $[H, \mathbf{S}]$ gilt (bei beliebigem Magnetfeld $\mathbf{B}$)

$$[H, \mathbf{S}] = -\frac{e}{mc}[\mathbf{S} \cdot \mathbf{B}, \mathbf{S}]; \qquad (7.154)$$

dieser Ausdruck vereinfacht sich mit der Festlegung von $\mathbf{B}$ gemäß (7.133) zu

$$[H, \mathbf{S}] = -\frac{eB}{mc}[S_z, \mathbf{S}]. \qquad (7.155)$$

Mit (7.155) wird sofort

$$\frac{d}{dt} < S_z > = 0, \qquad (7.156)$$

also

$$< S_z > = \text{const.} \qquad (7.157)$$

Für die x-, y-Komponente folgt mit (6.204) und $[S_i, S_j] = i\hbar\epsilon_{ijk}S_k$:

$$\frac{d}{dt} < S_x > = \frac{eB}{mc} < S_y > \qquad (7.158)$$

$$\frac{d}{dt} < S_y > = -\frac{eB}{mc} < S_x > . \qquad (7.159)$$

Differentiation nach t ergibt die entkoppelten Gleichungen:

$$\frac{d^2}{dt^2} < S_x > = -\omega^2 < S_x > \tag{7.160}$$

$$\frac{d^2}{dt^2} < S_y > = -\omega^2 < S_y > \tag{7.161}$$

mit ω aus (7.145). Mit der Anfangsbedingung

$$< S_x >_{t=0} = \frac{1}{2}; \quad < S_y >_{t=0} = < S_z >_{t=0} = 0 \tag{7.162}$$

lautet die Lösung von (7.160), (7.161):

$$< S_x > = \frac{1}{2} \cos(\omega t); \quad < S_y > = -\frac{1}{2} \sin(\omega t); \quad < S_z > = 0 \tag{7.163}$$

in Einklang mit (7.158) und (7.159). Der Erwartungswert des Spins führt also eine **Präzession** um die Richtung von **B** mit der Frequenz ω aus; im allgemeinen Fall ist dabei $< S_z >$ = const $\neq 0$.

Die Spin-Präzession findet eine wichtige Anwendung bei der Messung des magnetischen Momentes von Elementarteilchen, *z.B.* Elektronen, Protonen, etc.

7.5.4 Spin-Resonanz

Als zweites Beispiel für die Zeitentwicklung des Spins betrachten wir ein räumlich konstantes, zeitlich oszillierendes Magnetfeld der Form:

$$\mathbf{B}(\mathbf{r}; t) = \begin{pmatrix} B_1 \cos(\omega_a t) \\ -B_1 \sin(\omega_a t) \\ B_0 \end{pmatrix}. \tag{7.164}$$

Zur Lösung der Gl. (7.134) bemerken wir, daß das Magnetfeld (7.164) einem Beobachter in einem bewegten Koordinatensystem, welches mit der Frequenz ω_a um die z-Achse rotiert, als zeitlich konstant erscheint. Nach Abschn. 6.4.3 ist der Übergang in ein (um den Winkel $\varphi = \omega_a t$ um die z-Achse) gedrehtes Koordinatensystem äquivalent einer Transformation der Wellenfunktion; sie wurde für den Fall eines Spinors in Abschn. 6.5.4 angegeben. Für den Spin-Anteil der Wellenfunktion $\Psi(\mathbf{r}; t)$ gilt danach für eine Drehung um die z-Achse um den Winkel $\varphi = \omega_a t$:

$$\chi'(t) = \exp\left(-\frac{i}{\hbar}\omega_a t \, S_z\right) \chi(t) = \sum_{n=0}^{\infty} \frac{1}{n!}\left(-\frac{i}{\hbar}\omega_a t \, S_z\right)^n \chi(t); \qquad (7.165)$$

für die Zeitentwicklung von $\chi'(t)$ erwarten wir nach obigen Überlegungen eine Differentialgleichung, welche durch ein zeitlich konstantes **B**-Feld bestimmt ist.

In der Tat wird die ursprüngliche Differentialgleichung

$$i\hbar\frac{\partial}{\partial t}\,\chi = -\frac{e\hbar}{2mc}\vec{\sigma}\cdot\mathbf{B}\,\chi \qquad (7.166)$$

durch den Ansatz

$$\chi(t) = \exp\left(+\frac{i}{2}\,\omega_a t \, \sigma_z\right)\chi'(t) \qquad (7.167)$$

überführt in

$$i\hbar\frac{\partial}{\partial t}\,\chi' = \frac{\hbar}{2}\{\sigma_z[\omega_a - \omega_0] + \sigma_x\omega_1\}\chi'. \qquad (7.168)$$

Beweis Mit der Abkürzung (für die 2×2 Matrix)

$$U(t) = \exp\left(\frac{i}{2}\,\omega_a t \, \sigma_z\right) = \sum_{n=0}^{\infty}\frac{1}{n!}\left(\frac{i}{2}\,\omega_a t \, \sigma_z\right)^n \qquad (7.169)$$

ergibt die linke Seite von (7.166)

$$i\hbar\frac{\partial}{\partial t}\{U(t)\chi'(t)\} = U(t)\left\{i\hbar\frac{\partial}{\partial t}\,\chi' - \frac{\hbar}{2}\,\omega_a\sigma_z\chi'\right\}. \qquad (7.170)$$

Zur Umformung der rechten Seite von (7.166) schreibt man

$$\vec{\sigma}\cdot\mathbf{B}\,U(t) = U(t)U^{-1}(t)\vec{\sigma}\cdot\mathbf{B}\,U(t), \qquad (7.171)$$

wobei der zu $U(t)$ inverse Operator $U^{-1}(t)$ die explizite Form hat

$$U^{-1}(t) = \exp\left(-\frac{i}{2}\,\omega_a t \, \sigma_z\right). \qquad (7.172)$$

Zum Beweis von (7.171) schreiben wir

$$U(t) = \cos\left(\frac{1}{2}\,\omega_a t\right) + i\,\sin\left(\frac{1}{2}\,\omega_a t\right)\sigma_z, \tag{7.173}$$

(vgl. (6.217)) und beachten, daß

$$\left\{\cos\left(\frac{\omega_a t}{2}\right) + i\,\sin\left(\frac{\omega_a t}{2}\right)\sigma_z\right\}\left\{\cos\left(\frac{\omega_a t}{2}\right) - i\,\sin\left(\frac{\omega_a t}{2}\right)\sigma_z\right\} \tag{7.174}$$

$$= \cos^2\left(\frac{\omega_a t}{2}\right) + \sin^2\left(\frac{\omega_a t}{2}\right) = 1.$$

Wir berechnen nun

$$(\sigma_x B_x + \sigma_y B_y)U(t) = U^{-1}(t)(\sigma_x B_x + \sigma_y B_y) \tag{7.175}$$

unter Ausnutzung von (vgl. (6.205))

$$\sigma_x\sigma_z = -\sigma_z\sigma_x; \tag{7.176}$$

mit

$$\sigma_x\sigma_y = i\sigma_z \text{ (zyklisch)} \tag{7.177}$$

(vgl. (6.203), (6.205)) erhalten wir:

$$U^{-1}(t)\{\sigma_x B_x + \sigma_y B_y\}U(t) = \left(\cos\frac{\varphi}{2} - i\,\sigma_z\sin\frac{\varphi}{2}\right)^2 (\sigma_x B_x + \sigma_y B_y) \tag{7.178}$$

$$= (\cos\varphi - i\,\sigma_z\sin\varphi)(\sigma_x\cos\varphi - \sigma_y\sin\varphi)B_1$$

$$= B_1\{\sigma_x(\cos^2\varphi + \sin^2\varphi) - \sigma_y(\cos\varphi\,\sin\varphi - \sin\varphi\,\cos\varphi)\} = B_1\sigma_x.$$

Mit den Abkürzungen

$$\omega_0 = \frac{eB_0}{mc}; \qquad \omega_1 = \frac{eB_1}{mc} \tag{7.179}$$

entsteht dann Gl. (7.168).

Zur Lösung von (7.168), die wie erwartet dem Fall eines zeitlich konstanten **B**-Feldes wie in (7.134) entspricht, führen wir die 2×2 Matrix

$$\tilde{\sigma} = \sigma_z\frac{(\omega_a - \omega_0)}{\Omega} + \sigma_x\frac{\omega_1}{\Omega} \tag{7.180}$$

ein mit der Abkürzung

$$\Omega = \sqrt{(\omega_a - \omega_0)^2 + \omega_1^2}. \tag{7.181}$$

Der Faktor Ω in (7.180) sorgt dafür, daß wie für σ_x, σ_z auch gilt

$$\tilde{\sigma}^2 = 1_{2\times 2} = E_2. \tag{7.182}$$

Gl. (7.168) erhält dann die Form

$$i\hbar\frac{\partial}{\partial t}\,\chi' = \frac{\hbar}{2}\,\Omega\tilde{\sigma}\chi' \tag{7.183}$$

und hat die Lösung

$$\chi'(t) = \exp\left\{-\frac{i}{2}\,\Omega t\tilde{\sigma}\right\}\chi_0' \tag{7.184}$$

mit

$$\chi_0' = \chi'(t=0). \tag{7.185}$$

Also lautet die Gesamtlösung

$$\chi(t) = \exp\left\{\frac{i}{2}\,\omega_a t\,\sigma_z\right\}\exp\left\{-\frac{i}{2}\,\Omega t\tilde{\sigma}\right\}\chi_0 \tag{7.186}$$

mit

$$\chi_0 = \chi(t=0). \tag{7.187}$$

Wir wollen nun – als physikalisch relevante Größe – den Erwartungswert von σ_z im Zustand $\chi(t)$ als Funktion der Zeit t berechnen. Als Anfangsbedingung sei gewählt

$$\chi_0 = \chi^u, \text{ mit } \sigma_z\chi^u = +\chi^u \text{ (Spin-up).} \tag{7.188}$$

Zur Auswertung von

$$< \sigma_z > = (\chi(t), \sigma_z\chi(t)) \tag{7.189}$$

entwickeln wir $\chi(t)$ nach den Eigenzuständen von σ_z

$$\chi(t) = c_u(t)\chi^u + c_d(t)\chi^d \tag{7.190}$$

und erhalten nach den allgemeinen Überlegungen über Erwartungswerte von Observablen (vgl. Kap. 6) (χ_0 sei auf 1 normiert)

$$< \sigma_z > = E_2|c_u(t)|^2 - E_2|c_d(t)|^2 \tag{7.191}$$

mit

$$c_u(t) = (\chi^u, \chi(t)); \qquad c_d(t) = (\chi^d, \chi(t)). \tag{7.192}$$

Mit (7.186) und (7.188) folgt aus (7.192):

$$|c_u(t)|^2 = \left|\left(\chi^u, \exp\left(-\frac{i}{2}\,\Omega t\tilde{\sigma}\right)\chi_0\right)\right|^2 = \left|\left(\chi^u, \left\{\cos\left(\frac{\Omega t}{2}\right) - i\tilde{\sigma}\sin\left(\frac{\Omega t}{2}\right)\right\}\chi^u\right)\right|^2 \tag{7.193}$$

$$= \left|\cos\left(\frac{\Omega t}{2}\right) - i\frac{(\omega_a - \omega_0)}{\Omega}\sin\left(\frac{\Omega t}{2}\right)\right|^2 = \cos^2\left(\frac{\Omega t}{2}\right) + \left[\frac{(\omega_a - \omega_0)}{\Omega}\right]^2\sin^2\left(\frac{\Omega t}{2}\right);$$

dabei wurde benutzt, daß

$$(\chi^u, \sigma_x\chi^u) = 0. \tag{7.194}$$

Analog wird

$$|c_d(t)|^2 = \left|\left(\chi^d, \exp\left\{-\frac{i}{2}\,\Omega t\tilde{\sigma}\right\}\chi_0\right)\right|^2 \tag{7.195}$$

$$= \left|\left(\chi^d, \left[\cos\left(\frac{\Omega t}{2}\right) - i\tilde{\sigma}\sin\left(\frac{\Omega t}{2}\right)\right]\chi^u\right)\right|^2 = \left(\frac{\omega_1}{\Omega}\right)^2\sin^2\left(\frac{\Omega t}{2}\right),$$

da

$$(\chi^d, \sigma_z\chi^u) = 0 \tag{7.196}$$

und

$$(\chi^d, \sigma_x\chi^u) = 1. \tag{7.197}$$

Zusammenfassend erhalten wir:

$$<\sigma_z> = \cos^2\left(\frac{\Omega t}{2}\right) + \frac{\left[(\omega_a - \omega_0)^2 - \omega_1^2\right]}{\Omega^2}\sin^2\left(\frac{\Omega t}{2}\right). \tag{7.198}$$

Der Mittelwert $<\sigma_z>$ oszilliert also zwischen seinem Maximalwert 1 (infolge (7.188)) und seinem Minimalwert

$$<\sigma_z>_{\min} = \frac{\left[(\omega_a - \omega_0)^2 - \omega_1^2\right]}{\left[(\omega_a - \omega_0)^2 + \omega_1^2\right]}; \tag{7.199}$$

insbesondere wird für $\omega_a = \omega_0$:

$$<\sigma_z>_{\min} = -1. \tag{7.200}$$

Als Funktion von ω_0 (d. h. von B_0) zeigt der Minimalwert (7.199) ein Resonanzverhalten für $\omega_a = \omega_0$, wo der Spin periodisch vollständig umklappt. Beim Umklappen absorbiert der Spin aus dem Magnetfeld die Energie (vgl. (7.139) und (7.140))

$$\Delta\epsilon_s = \frac{e\hbar B_0}{mc} = \hbar\omega_0; \tag{7.201}$$

durch Messung der Energieabsorption in Abhängigkeit von B_0 läßt sich also eine Spin-Resonanz experimentell nachweisen.

7.6 Zentralkräfte

7.6.1 Die allgemeine Radial-Gleichung

Wir wollen in diesem Abschnitt die stationären Zustände eines Teilchens in einem Potential

$$V = V(r) \tag{7.202}$$

untersuchen. Der Hamiltonoperator

$$H = T + V \tag{7.203}$$

enthalte keine Spin-abhängigen Terme. Wir können den Spin des Teilchens daher bei der Lösung des Eigenwertproblems

$$H\psi = E\psi \tag{7.204}$$

zunächst vergessen. Nur ist am Schluß zu berücksichtigen, daß jeder Eigenwert E wegen des Spins mindestens 2-fach entartet ist.

Da sowohl

$$[T, l_i] = 0, \qquad i = x, y, z \tag{7.205}$$

als auch

$$[V(r), l_i] = 0, \tag{7.206}$$

gilt

$$[H, l_i] = 0. \tag{7.207}$$

H, l^2 und l_z besitzen also ein gemeinsames System von Eigenfunktionen; die Quantenzahlen l, m des Drehimpulses sind gute Quantenzahlen. Der Hamiltonoperator H ist weiterhin invariant unter der **Paritätsoperation**

$$\mathbf{r} \to \mathbf{r}' = -\mathbf{r}, \tag{7.208}$$

so daß auch die Parität eine gute Quantenzahl ist. Sie ist jedoch für Zustände mit gutem Bahndrehimpuls l automatisch festgelegt, da die Eigenfunktionen $Y_{lm}(\vartheta, \varphi)$ von l^2, l_z (vgl. (6.177)) unter der Paritätsoperation

$$r \to r; \quad \vartheta \to \pi - \vartheta; \quad \varphi \to \varphi + \pi \tag{7.209}$$

sich verhalten wie

$$Y_{lm}(\vartheta, \varphi) \to Y_{lm}(\pi - \vartheta, \varphi + \pi) = (-1)^l Y_{lm}(\vartheta, \varphi). \tag{7.210}$$

Es ist

$$\exp(im\varphi) \to \exp(im(\varphi + \pi)) = (-1)^m \exp(im\varphi), \tag{7.211}$$

$$\sin \vartheta \to \sin(\pi - \vartheta) = \sin \vartheta \tag{7.212}$$

und

$$\cos \vartheta \to \cos(\pi - \vartheta) = -\cos \vartheta, \tag{7.213}$$

so daß

$$\frac{d^{l-m}}{d(\cos \vartheta)^{l-m}} \to (-1)^{l-m} \frac{d^{l-m}}{d(\cos \vartheta)^{l-m}}. \tag{7.214}$$

Wir verwerten die obigen Symmetrieüberlegungen nun, indem wir für die Lösungen von (7.204) ansetzen:

$$\psi(\mathbf{r}) = \varphi_{lm}(r) Y_{lm}(\vartheta, \varphi). \tag{7.215}$$

Dadurch reduziert sich die Schrödinger-Gleichung (7.204) auf eine gewöhnliche Differentialgleichung in der Variablen r zur Bestimmung von $\varphi_{lm}(r)$. Um die explizite Form dieser Radialgleichung angeben zu können, müssen wir den Operator der kinetischen Energie in sphärischen Polarkoordinaten (r, ϑ, φ)

$$x = r \sin \vartheta \cos \varphi; \quad y = r \sin \vartheta \sin \varphi; \quad z = r \cos \vartheta \tag{7.216}$$

kennen. Dazu kann man entweder den Operator

$$T = -\frac{\hbar^2}{2m} \Delta = -\frac{\hbar^2}{2m} \left(\frac{\partial^2}{\partial x^2} + \frac{\partial^2}{\partial y^2} + \frac{\partial^2}{\partial z^2} \right) \tag{7.217}$$

nach (7.216) umrechnen oder aber auf den klassischen Ausdruck für T in sphärischen Polarkoordinaten zurückgreifen und nach dem in Abschn. 5.2 besprochenen Verfahren den Übergang zur Quantentheorie durchführen. Wir benutzen die letztere Methode und gehen aus von

$$T_{kl.} = \frac{1}{2m} p_{r\,kl.}^2 + \frac{l_{kl.}^2}{2mr_{kl.}^2}.$$

(7.218)

Wir können sofort in die Quantentheorie übersetzen

$$\mathbf{r}_{kl.} \to \mathbf{r}; \quad \mathbf{l}_{kl.} \to \hat{\mathbf{l}};$$

(7.219)

um die Radialkomponente

$$p_{r\,kl.} = \frac{1}{r_{kl.}}(\mathbf{r}_{kl.} \cdot \mathbf{p}_{kl.})$$

(7.220)

zu übersetzen, beachten wir Gl. (5.27) und erhalten für den Operator p_r der Quantentheorie

$$p_r = \frac{1}{2}\left\{\frac{\mathbf{r}}{r} \cdot \mathbf{p} + \mathbf{p} \cdot \frac{\mathbf{r}}{r}\right\},$$

(7.221)

der sich ausreduzieren läßt zu

$$p_r = \frac{\hbar}{i}\left(\frac{\mathbf{r}}{r} \cdot \nabla + \frac{1}{r}\right) = \frac{\hbar}{i}\left(\frac{\partial}{\partial r} + \frac{1}{r}\right)$$

(7.222)

unter Beachtung von

$$\frac{\partial}{\partial r} = \frac{\partial x}{\partial r}\frac{\partial}{\partial x} + \frac{\partial y}{\partial r}\frac{\partial}{\partial y} + \frac{\partial z}{\partial r}\frac{\partial}{\partial z}$$

$$= \frac{x}{r}\frac{\partial}{\partial x} + \frac{y}{r}\frac{\partial}{\partial y} + \frac{z}{r}\frac{\partial}{\partial z} = \frac{\mathbf{r}}{r} \cdot \nabla.$$

(7.223)

Zusammen erhalten wir dann für den Operator der kinetischen Energie

$$T = -\frac{\hbar^2}{2m}\left\{\frac{\partial^2}{\partial r^2} + \frac{2}{r}\frac{\partial}{\partial r} - \frac{\hat{l}^2}{r^2}\right\},$$

(7.224)

da

$$p_r^2 = -\hbar^2 \left(\frac{\partial^2}{\partial r^2} + \frac{2}{r} \frac{\partial}{\partial r} \right). \tag{7.225}$$

Damit erhalten wir als **Radialgleichung** zur Bestimmung von $\varphi_{lm}(r)$:

$$\left\{ \frac{\partial^2}{\partial r^2} + \frac{2}{r} \frac{\partial}{\partial r} - \frac{l(l+1)}{r^2} + \epsilon - U(r) \right\} \varphi_l(r) = 0 \tag{7.226}$$

mit

$$\epsilon = \frac{2m}{\hbar^2} E; \qquad U(r) = \frac{2m}{\hbar^2} V(r). \tag{7.227}$$

Die Quantenzahl m taucht in der Radialgleichung nicht mehr auf; sie wurde daher für die Radialfunktion $\varphi_{lm}(r)$ konsequenterweise weggelassen. Die Unabhängigkeit der Radialgleichung von m beruht darauf, daß der Hamiltonoperator nicht richtungsabhängig ist bzw. keine besondere Raumrichtung auszeichnet.

Ohne auf die spezielle Form von $V(r)$ eingehen zu müssen, können wir bzgl. des Verhaltens von $\varphi_l(r)$ bei $r = 0$ und für $r \to \infty$ die folgenden Aussagen (im Sinne notwendiger Bedingungen) machen:

i) Die **Normierbarkeit** erfordert, daß

$$\int_0^\infty r^2 dr \, |\varphi_l(r)|^2 < \infty. \tag{7.228}$$

Also muß $\varphi_l(r)$ schneller als $1/r$ für $r \to \infty$ abfallen, d. h.

$$r \, \varphi_l(r) \to 0 \text{ für } r \to \infty. \tag{7.229}$$

Für $r \to 0$ muß $r\varphi_l(r)$ endlich bleiben.

ii) Die **Hermitezität** von p_r erfordert (vgl. Abschn. 6.3.1), daß

$$r^2 |\varphi_l(r)|^2 |_0^\infty = 0. \tag{7.230}$$

Da nach (7.229) $r\,\varphi_l(r)$ für $r \to \infty$ verschwindet, verlangt (7.230)

$$r\,\varphi_l(r) \to 0 \text{ für } r \to 0. \tag{7.231}$$

Oft arbeitet man anstelle von $\varphi_l(r)$ lieber mit

$$\chi_l(r) = r\,\varphi_l(r), \tag{7.232}$$

da sich (7.226) dann wegen

$$\left(\frac{\partial^2}{\partial r^2} + \frac{2}{r}\frac{\partial}{\partial r}\right)\frac{1}{r}\chi_l = \frac{\partial}{\partial r}\left(-\frac{1}{r^2}\chi_l + \frac{1}{r}\frac{\partial}{\partial r}\chi_l\right) + \frac{2}{r}\left(-\frac{1}{r^2}\chi_l + \frac{1}{r}\frac{\partial}{\partial r}\chi_l\right) \tag{7.233}$$

$$= \frac{2}{r^3}\chi_l - \frac{1}{r^2}\frac{\partial}{\partial r}\chi_l + \frac{1}{r}\frac{\partial^2}{\partial r^2}\chi_l - \frac{2}{r^3}\chi_l - \frac{1}{r^2}\frac{\partial}{\partial r}\chi_l + \frac{2}{r^2}\frac{\partial}{\partial r}\chi_l = \frac{1}{r}\frac{\partial^2}{\partial r^2}\chi_l$$

die Radialgleichung vereinfacht zu

$$\left\{\frac{\partial^2}{\partial r^2} - \frac{l(l+1)}{r^2} + \epsilon - U(r)\right\}\chi_l(r) = 0, \tag{7.234}$$

und (7.228) übergeht in

$$\int_0^\infty dr\,|\chi_l(r)|^2 < \infty. \tag{7.235}$$

Aus (7.231) folgt dann

$$\chi_l(r) \to 0 \text{ für } r \to 0 \tag{7.236}$$

und aus (7.229)

$$\chi_l(r) \to 0 \text{ für } r \to \infty. \tag{7.237}$$

Weitere Aussagen über die Lösungen der Radialgleichung (7.226) bzw. (7.234) erfordern Kenntnis über die Struktur von $V(r)$. Einige allgemeine Aussagen, die auf dem Verhalten von V für $r \to 0$ und $r \to \infty$ basieren, seien im Folgenden zusammengestellt.

i) Wenn

$$\lim_{r \to 0} r^2 U(r) = 0, \tag{7.238}$$

so ist das Verhalten von $\chi_l(r)$ am Ursprung bestimmt durch die Differentialgleichung

$$\left\{ r^2 \frac{\partial^2}{\partial r^2} - l(l+1) \right\} \tilde{\chi}_l(r) = 0. \tag{7.239}$$

Sie hat die Lösungen

$$\tilde{\chi}_l(r) \sim r^s \tag{7.240}$$

mit

$$s(s-1) = l(l+1), \tag{7.241}$$

also

$$s = -l \text{ oder } s = l + 1. \tag{7.242}$$

Wegen (7.236) kommt für $\chi_l(r)$ nur der Fall $s = l + 1$ in Frage, also:

$$\chi_l(r) \sim r^{l+1} \text{ für } r \to 0. \tag{7.243}$$

ii) Wenn $U(r)$ nach unten begrenzt ist,

$$U(r) \geq U_0 \text{ für alle } r, \tag{7.244}$$

oder wenn $U(r)$ für $r \to 0$ schwächer als $-1/r^2$ singulär wird, so ist das Energiespektrum nach unten begrenzt. Anschaulich heißt dies, daß das Teilchen nicht ins Zentrum $r = 0$ ‚stürzt‘, wenn die obigen Bedingungen erfüllt sind. Für den Fall (7.244) ist die Behauptung sofort klar, da der Erwartungswert der kinetischen Energie nicht-negativ ist; der 2. Fall sei hier nur ohne Beweis aufgeführt.

iii) Wenn

$$\lim_{r \to \infty} r\, U(r) \to 0, \tag{7.245}$$

so gibt es für $\epsilon > 0$ ein kontinuierliches Spektrum und die Lösungen χ_l verhalten sich wie die Lösungen des freien Teilchens (siehe Abschn. 7.6.4); für $\epsilon < 0$ gibt es ein diskretes Spektrum und die zugehörigen Eigenfunktionen verhalten sich asymptotisch wie

$$\chi_l(r)_{r\to\infty} \sim \exp(-\kappa r); \quad \kappa > 0. \tag{7.246}$$

Auch diese Aussagen seien ohne Beweis angeführt. Der physikalisch wichtige Grenzfall

$$U(r) \sim \frac{1}{r} \tag{7.247}$$

wird in Abschn. 7.6.4 für positive Energien kurz skizziert.

7.6.2 Der isotrope Oszillator

Den Fall

$$V(r) = \text{const.}\, r^2 \tag{7.248}$$

hatten wir in Abschn. 7.4 schon behandelt, allerdings in der kartesischen Darstellung. Den Übergang zur sphärischen Darstellung (Drehimpuls-Darstellung) hatten wir nur angedeutet. Daher seien hier einige Details ergänzt.

Zu fester Energie

$$E_n = \hbar\omega\left(n + \frac{3}{2}\right); \quad n = n_1 + n_2 + n_3 \tag{7.249}$$

kann l maximal den Wert n annehmen, da die kartesische Lösung $\psi_{n_1 n_2 n_3}$ ein Polynom in x, y, z vom Grad n ist (multipliziert mit einer 'sphärischen' Gaußfunktion) und die Drehimpulseigenfunktionen Polynome in $\cos\vartheta$, $\sin\vartheta$ (abgesehen von der φ -Abhängigkeit) vom Grad l sind, und da x, y, z durch (7.216) mit $\cos\vartheta$, $\sin\vartheta$ verknüpft sind.

Da die Eigenfunktionen $\psi_{n_1 n_2 n_3}$ für gerade (ungerade) Werte von n positive (negative) Parität besitzen, können nach (7.210) zu geradem (ungeradem) n nur gerade (ungerade) l-Werte auftreten. Der Zusammenhang von n und l muß also sein

$$n = 2\nu + l; \quad \nu = 0, 1, 2, ..., \tag{7.250}$$

wobei $2\nu \le n$ sein muß. Einige Beispiele sind in der Tabelle zusammengestellt, wobei der Entartungsgrad g_n durch (7.115) gegeben ist:

n	l	m	ν	g_n
0	0	0	0	1
1	1	$0, \pm 1$	0	3
2	0	0	1	6
	2	$0, \pm 1, \pm 2$	0	

Damit können wir die Energieeigenwerte im Rahmen der sphärischen Darstellung auch schreiben als

$$E_n = \hbar\omega\left(2v + l + \frac{3}{2}\right); \quad n = 2v + l.\tag{7.251}$$

7.6.3　Das freie Teilchen

Für ein freies Teilchen,

$$V = 0 \;\Rightarrow\; H = T,\tag{7.252}$$

gilt sowohl

$$[H, \mathbf{p}] = 0\tag{7.253}$$

als auch

$$[H, \mathbf{l}] = 0.\tag{7.254}$$

Wir können also – je nach Problemstellung – eine Gesamtheit freier Teilchen entweder nach Energie und Impuls klassifizieren, – die Eigenfunktionen sind dann ebene Wellen (vgl. Abschn. 6.3.3) – oder nach Energie und Drehimpuls. Die letztere Darstellung wollen wir im Hinblick auf Streuprobleme in diesem Abschnitt untersuchen.

Wir suchen also Lösungen der Radialgleichung

$$\left\{\frac{\partial^2}{\partial r^2} - \frac{l(l+1)}{r^2} + \epsilon\right\}\chi_l(r) = 0.\tag{7.255}$$

Da für freie Teilchen $\epsilon \geq 0$, können wir ansetzen

$$\epsilon = k^2, \quad k \text{ reell.}\tag{7.256}$$

Wir schreiben dann (7.255) zweckmäßigerweise auf die Variable

$$\rho = kr\tag{7.257}$$

um; das Ergebnis ist:

$$\left\{\frac{d^2}{d\rho^2} - \frac{l(l+1)}{\rho^2} + 1\right\}\chi_l(\rho) = 0.\tag{7.258}$$

Für $l = 0$ können wir die Basislösungen sofort angeben

$$\chi_0(\rho) = \exp(\pm i\rho) \tag{7.259}$$

oder reell:

$$\chi_0(\rho) = \sin(\rho); \ \cos(\rho). \tag{7.260}$$

Für $l > 0$ lassen sich die Lösungen rekursiv aus (7.260) oder (7.259) gewinnen, indem man folgende Operatoren einführt:

$$d_l^+ = \frac{d}{d\rho} - \frac{l}{\rho}; \qquad d_l^- = \frac{d}{d\rho} + \frac{l}{\rho}. \tag{7.261}$$

Dann kann (7.258) geschrieben werden als

$$\{d_l^+ d_l^- + 1\}\chi_l(\rho) = \left[\left(\frac{\partial}{\partial\rho} - \frac{l}{\rho}\right)\left(\frac{\partial}{\partial\rho} + \frac{l}{\rho}\right) + 1\right]\chi_l(\rho) = \tag{7.262}$$

$$\left[\left(\frac{\partial^2}{\partial\rho^2} - \frac{l}{\rho}\frac{\partial}{\partial\rho} - \frac{l}{\rho^2} + \frac{l}{\rho}\frac{\partial}{\partial\rho} - \frac{l^2}{\rho^2}\right) + 1\right]\chi_l(\rho) = \left[\frac{\partial^2}{\partial\rho^2} - \frac{l(l+1)}{\rho^2} + 1\right]\chi_l(\rho) = 0$$

oder äquivalent

$$\{d_{l+1}^- d_{l+1}^+ + 1\}\chi_l(\rho) = 0, \tag{7.263}$$

wie man leicht nachrechnet. Wendet man auf (7.263) von links den Operator d_{l+1}^+ an, so entsteht

$$\{d_{l+1}^+ d_{l+1}^- + 1\}(d_{l+1}^+ \chi_l(\rho)) = 0. \tag{7.264}$$

Die Funktion $(d_{l+1}^+ \chi_l)$ ist also Lösung von Gl. (7.258) bzw. (7.262) zum Drehimpuls $l + 1$, d. h.

$$\chi_{l+1} \sim d_{l+1}^+ \chi_l. \tag{7.265}$$

Da wir χ_0 schon kennen, können wir mit (7.265) die Lösungen χ_l für $l > 0$ rekursiv aufbauen.

Eine kompakte Beziehung zwischen χ_l und χ_0 erhalten wir, wenn wir beachten, daß

$$d_l^+ \equiv \rho^l \frac{d}{d\rho} \rho^{-l} = \rho^l \left(\rho^{-l} \frac{d}{d\rho} - \frac{l}{\rho^{l+1}} \right) = \frac{d}{d\rho} - \frac{l}{\rho}. \tag{7.266}$$

Dann wird nach der Rekursion (7.265)

$$\chi_l \sim \rho^l \frac{d}{d\rho} \rho^{-l} \cdots\cdots \rho \frac{d}{d\rho} \rho^{-1} \chi_0 \tag{7.267}$$

oder

$$\frac{1}{\rho} \chi_l(\rho) \sim \rho^l \left(\frac{1}{\rho} \frac{d}{d\rho} \right)^l \left(\frac{1}{\rho} \chi_0(\rho) \right). \tag{7.268}$$

Je nach Wahl von χ_0 erhält man die folgenden Lösungen:

$\chi_0(\rho)$	$(-1)^l/\rho\, \chi_l(\rho)$	Bezeichnung
$\sin \rho$	sphärische Bessel-Fktn.	$j_l(\rho)$
$\cos \rho$	sphärische Neumann-Fktn.	$n_l(\rho)$
$\exp(\pm i\rho)$	sphärische Hankel-Fktn.	$h_l^{\pm}(\rho)$

Abgesehen von den oszillierenden Anteilen enthalten die Lösungen zum Drehimpuls l Potenzen in $1/\rho$ bis maximal $1/\rho^{l+1}$. Wegen der Bedingung (7.231) kommen daher als Lösungen für das freie Teilchen nur die sphärischen Besselfunktionen $j_l(\rho)$ in Frage, da nur diese am Ursprung $r = 0$ regulär sind, wo sie sich (vgl. (7.243)) wie ρ^l verhalten. Die Eigenfunktionen des freien Teilchens in der **Drehimpulsdarstellung** lauten also (bis auf evtl. Normierungsfaktoren)

$$\psi_{klm}(r) = j_l(kr) Y_{lm}(\vartheta, \varphi); \tag{7.269}$$

sie sind bzgl. der Quantenzahlen k, l, m orthogonal, jedoch – wie die ebenen Wellen – nicht normierbar, da

$$\int_0^\infty j_l^2(kr) r^2 dr \to \infty. \tag{7.270}$$

Im Hinblick auf die im nächsten Kapitel folgenden Streuprobleme sei noch das asymptotische Verhalten der Lösungen von (7.255) untersucht. Für $\rho \to \infty$ brauchen wir nur den am langsamsten abfallenden Term zu berücksichtigen, d. h. die Potenzen ρ^0 in $\chi_l(\rho)$. Gehen wir z.B. von $h_0^{\pm}(\rho)$ aus, so interessiert in $h_1^{\pm}(\rho)$ nur der (aus der Differenziation von (7.268) sich ergebende) Term $\sim \mp i \, \exp(\pm i \rho) = \exp(\pm i[\rho - \pi/2])$; allgemein gilt:

$$h_l^{\pm}(\rho)_{\rho \to \infty} \sim \frac{1}{\rho}(\mp i)^l \exp(\pm i \rho) = \frac{1}{\rho} \exp\left(\pm i \left[\rho - \frac{l\pi}{2}\right]\right). \qquad (7.271)$$

Entsprechend findet man:

$$j_l(\rho)_{\rho \to \infty} \sim \frac{1}{\rho} \sin\left(\rho - \frac{l\pi}{2}\right) \qquad (7.272)$$

und

$$n_l(\rho)_{\rho \to \infty} \sim \frac{1}{\rho} \cos\left(\rho - \frac{l\pi}{2}\right). \qquad (7.273)$$

7.6.4 Coulomb-Potential bei positiven Energien

Anstelle von (7.255) betrachten wir nun die Differentialgleichung

$$\left\{ \frac{\partial^2}{\partial r^2} - \frac{l(l+1)}{r^2} + k^2 - \frac{2\gamma k}{r} \right\} \chi_l = 0 \qquad (7.274)$$

mit dem Coulomb-Parameter

$$\gamma = \pm Z_1 Z_2 e^2 \frac{m}{\hbar^2 k} \qquad (7.275)$$

für den Fall des Coulomb-Potentials $V(r) = \pm Z_1 Z_2 e^2 / r$. Wir wollen uns hier nur für die bei Streuproblemen wichtige Asymptotik der Coulomb-Lösungen $\chi_l(r)$ interessieren. Dabei werden wir die Überlegungen aus Abschn. 7.6.3 zu Hilfe nehmen.

Für große Werte von r vernachlässigen wir in (7.274) den Zentrifugalterm ($\sim 1/r^2$) gegenüber dem Coulomb-Term ($\sim 1/r$) und finden als asymptotische Lösung

$$\chi_l(\rho)_{r\to\infty} \sim \frac{1}{\rho} \exp(\pm i[kr - \gamma\,\ln(2kr)]), \qquad (7.276)$$

wie man durch Einsetzen in (7.274) bestätigt; dabei sind konsequenterweise alle Terme $\sim 1/r^2$ zu vernachlässigen. In (7.276) haben wir – wie in (7.271) – noch eine l-abhängige Phase frei. Da uns natürlich die Abweichung gegenüber dem Fall des freien Teilchens interessiert, führen wir die Phase σ_l wie folgt ein:

$$\chi_l(\rho)_{r\to\infty} \sim \frac{1}{\rho} \exp\left(\pm i\left[kr - l\frac{\pi}{2} - \gamma\,\ln(2kr) + \sigma_l\right]\right). \qquad (7.277)$$

Der bemerkenswerte Punkt an diesem asymptotischen Verhalten (welches durch die exakte Lösung von (7.274) bestätigt wird) ist das Auftreten der Phase $\sim \gamma\ln(2kr)$, welche zeigt, daß selbst für $r \to \infty$ das Coulomb-Potential noch ‚wirksam' ist. Wir werden auf diesen Punkt bei der Behandlung von Streuproblemen (in Abschn. 8.3) noch zurückkommen; insbesondere wird dort auch die Bedeutung der Phasen σ_l genauer zu erläutern sein.

7.6.5 Bindungszustände des Wasserstoffatoms

Im H-Atom bewegt sich ein Elektron im elektrostatischen Coulombfeld (potentielle Energie)

$$V(r) = -\frac{e^2}{r} \qquad (7.278)$$

mit Energie E (bzw. ϵ) < 0. Im Gegensatz zu (7.256) ist $\epsilon = k^2$ hier nicht für reelle k zu erfüllen, sondern allein für rein imaginäre Werte. Wir setzen also an

$$\kappa = \frac{2}{\hbar}\sqrt{2m(-E)}, \qquad (7.279)$$

bzw. $\epsilon = -\kappa^2/4$ mit einem zusätzlichen Faktor 2 in Hinsicht auf die spätere Normierung der Wellenfunktionen. Analog zu (7.257) definieren wir eine dimensionslose Variable über

$$\xi = \kappa\, r, \tag{7.280}$$

so daß die Radialgleichung (7.234)

$$\left\{ \frac{d^2}{dr^2} + \left[\frac{2me^2}{\hbar^2 r} - \frac{l(l+1)}{r^2} \right] - \frac{\kappa^2}{4} \right\} \chi_l(r) = 0 \tag{7.281}$$

übergeht (nach Division durch κ^2) in die dimensionslose Form

$$\left\{ \frac{d^2}{d\xi^2} + \left[\frac{\eta}{\xi} - \frac{l(l+1)}{\xi^2} \right] - \frac{1}{4} \right\} \chi_l(\xi) = 0 \tag{7.282}$$

mit dem **Sommerfeld-Parameter**

$$\eta = \frac{e^2}{\hbar} \sqrt{\frac{m}{2|E|}} = \eta(E). \tag{7.283}$$

Alternativ zu (7.283) kann der Sommerfeld-Parameter $\eta(E)$, der die Information über die Energie des Elektrons beinhaltet, auch geschrieben werden als

$$\eta(E) = \frac{e^2}{\hbar c} \sqrt{\frac{mc^2}{2|E|}} = \alpha \sqrt{\frac{mc^2}{2|E|}} \tag{7.284}$$

mit der für alle elektromagnetischen Kräfte charakteristischen **Feinstrukturkonstanten**

$$\alpha = \frac{e^2}{\hbar c} \approx \frac{1}{137}. \tag{7.285}$$

Zur Lösung von (7.282) betrachten wir zunächst das asymptotische Verhalten für $\xi \to \infty$ ($r \to \infty$), welches bestimmt ist durch die Differentialgleichung

$$\left\{ \frac{\partial^2}{\partial \xi^2} - \frac{1}{4} \right\} \chi_l(\xi) = 0 \text{ (für } \xi \to \infty) \tag{7.286}$$

mit den Fundamentallösungen $\exp(-\xi/2)$ und $\exp(\xi/2)$. Wegen der Forderung nach Normierbarkeit der Wellenfunktion entfällt die Lösung $\sim \exp(\xi/2)$. Die Asymptotik für $\xi \to 0$ $(r \to 0)$ andererseits ist bestimmt durch die Differentialgleichung

$$\left\{ \frac{\partial^2}{\partial \xi^2} - \frac{l(l+1)}{\xi^2} \right\} \chi_l(\xi) = 0 \tag{7.287}$$

welche analog zu (7.239) mit dem Ansatz ξ^s mit

$$s(s-1) = l(l+1) \tag{7.288}$$

gelöst wird (vgl. (7.241)). Die Lösung mit $s = -l$ ist nach den Vorbetrachtungen in Abschn. 7.6.1 wegen der Asymptotik (7.236) auszuschließen, so daß nur der Fall $s = l+1$ in Frage kommt. Wir schreiben daher

$$\chi_l(\xi) = \xi^{l+1} \exp\left(-\frac{\xi}{2}\right) g_l(\xi), \tag{7.289}$$

womit (7.282) übergeht in

$$\left\{ \xi \frac{d^2}{d\xi^2} + (2l + 2 - \xi)\frac{d}{d\xi} + (\eta(E) - l - 1) \right\} g_l(\xi) = 0. \tag{7.290}$$

Die Lösung der Differentialgleichung (7.290) beschreiben wir nun mit dem Potenzreihenansatz

$$g_l(\xi) = \sum_{n=0}^{\infty} a_n^l \xi^n. \tag{7.291}$$

Durch Einsetzen in (7.290) und geeignete Umbenennung der Summationsindizes in den Reihen für $dg/d\xi$, $\xi \, d^2 g/d\xi^2$ erhält man

$$\sum_{m=0}^{\infty} \left\{ m(m-1)a_m^l \xi^{m-1} + \left[(2l+2)m a_m^l \xi^{m-1} - m a_m^l \xi^m \right] + (\eta - l - 1)a_m^l \xi^m \right\}$$

$$= \sum_{n=0}^{\infty} \left\{ n(n+1)a_{n+1}^l + \left[(2l+2)(n+1)a_{n+1}^l - n a_n^l \right] + (\eta - l - 1)a_n^l \right\} \xi^n = 0$$

$$\tag{7.292}$$

$$= \sum_{n=0}^{\infty} \left\{ [n + (2l+2)(n+1)]a_{n+1}^l - [n + l + 1 - \eta]a_n^l \right\} \xi^n,$$

woraus die **Rekursionsformel** für die Entwicklungskoeffizienten a_n^l folgt:

$$a_{n+1}^l = \frac{n+l+1-\eta(E)}{(n+2l+2)(n+1)} a_n^l. \tag{7.293}$$

Der unbestimmte Rekursionsanfang a_0^l wird später durch die Normierung der Wellenfunktion festgelegt werden. Für große n wird (7.293) zu

$$\frac{a_{n+1}^l}{a_n^l} \to \frac{1}{n+1} \ \text{(für } n \to \infty), \tag{7.294}$$

d. h. die Potenzreihe (7.291) enthält eine Teilreihe

$$a_0^l \sum_{n=0}^{\infty} \frac{\xi^n}{n!} = a_0^l \exp(\xi), \tag{7.295}$$

falls sie nicht in endlicher Ordnung abbricht. Setzen wir diese Teilreihe in (7.289) ein, so divergiert die Lösung $\chi_l(\xi)$ wie $\exp(\xi/2)$, d. h. $\chi_l(\xi)$ wäre nicht normierbar. Also muß (wie beim Oszillator) die Potenzreihe in endlicher Ordnung abbrechen: bei einem endlichen n ist dann nach (7.293) der Zähler

$$n+l+1-\eta(E) = 0 \leftrightarrow \eta(E) = n+l+1. \tag{7.296}$$

Da $l \geq 0$ eine ganze Zahl ist, ist auch

$$N = n+l+1 \tag{7.297}$$

eine ganze Zahl ≥ 1. Gl. (7.296) bedeutet dann:

$$\eta(E) = N; \ N = 1, 2, 3, \ldots \tag{7.298}$$

oder

$$\frac{\alpha^2 m c^2}{2|E|} = \frac{e^4 m c^2}{2|E|\hbar^2 c^2} = N^2. \tag{7.299}$$

Damit lauten die Energieeigenwerte des H-Atoms

$$E = E_N = -\frac{1}{2N^2}\,\alpha^2 mc^2 = -\frac{1}{2N^2}\,\frac{e^4 mc^2}{\hbar^2 c^2} = -\frac{1}{2N^2}\,\frac{e^2}{a} \approx \frac{-13{,}6\,\text{eV}}{N^2}, \quad (7.300)$$

wobei eine Länge a, der sogenannte **Bohr'sche Radius**

$$a = \frac{\hbar^2}{me^2} \approx 0{,}529 \cdot 10^{-10}\,\text{m}, \quad (7.301)$$

eingeführt wurde. Die Quantenmechanik erklärt damit zwanglos die aus den Spektrallinien des H-Atoms empirisch geschlossenen Energieniveus (Serienformeln: Lyman, Balmer, Paschen, Bracket, Pfund …), die sehr genau das $1/N^2$ - Gesetz (7.300) befolgen.

N heißt die **Hauptquantenzahl**. Nach (7.297) sind zu gegebenem N die N verschiedenen l-Werte

$$l = 0, 1, 2, …, N - 1 \quad (7.302)$$

möglich, d.h. für gegebenen Energieeigenwert ist der Drehimpulsbetrag nach oben beschränkt. Andererseits ergeben sich zu diesen l-Werten, da die Radialgleichung (7.290) von l auch explizit von N abhängt, zu diesen N Drehimpulswerten N verschiedene Radialwellenfunktionen - außer für $N = 1$, wo nur $l = 0$ möglich ist. Zu einem bestimmten Eigenwert $E = E_N$ gehören hier also nicht nur $2l + 1$ verschiedene Winkelfunktionen $Y_{lm}(\vartheta, \varphi)$, sondern auch N unabhängige Radialanteile. Der **Entartungsgrad** ist also für den Eigenwert E_N nicht nur $2l + 1$, sondern

$$\sum_{l=0}^{N-1}(2l + 1) = 1 + (2 \cdot 1 + 1) + … + (2[N - 1] + 1) = N^2. \quad (7.303)$$

Diese zusätzliche Entartung ist für das $1/r$ - Potential charakteristisch und für andere kugelsymmetrische Potentiale nicht vorhanden; dort liegt i.a. nur die $(2l + 1)$ - fache **Richtungsentartung** vor.

Wir wenden uns nun der Berechnung der Wasserstoff-Eigenfunktionen zu. Zu jedem Eigenwert E_N gehört wegen (7.279) und (7.300) ein bestimmtes

$$\kappa = \kappa_N = \frac{2}{\hbar}\sqrt{2m|E_N|} = \frac{2}{\hbar N}\sqrt{\frac{me^2}{a}} = \frac{2}{N}\sqrt{\frac{me^2}{a\hbar^2}} = \frac{2}{aN} \tag{7.304}$$

mit (7.301). Die wegen der Abbruchbedingung (7.296) aus der Reihe (7.292) entstehenden Polynome n-ten Grades mit

$$n = N - l - 1 = N - 1, N - 2, ..., 0 \tag{7.305}$$

heißen – mit konventionsbedingter Normierung –

zugeordnete Laguerresche Polynome

$$L_n^{2l+1}(\xi) = g_{N,l}(\xi) = L_{N-l-1}^{2l+1}(\xi) \tag{7.306}$$

mit $\xi = \kappa_N r$. Die Normierung läßt sich über die **erzeugende Funktion**

$$U_p(\xi, s) \equiv \frac{1}{(1-s)^{p+1}} \exp\left[-\xi \frac{s}{1-s}\right] = \sum_{n=0}^{\infty} L_n^p(\xi) \frac{s^n}{(n+p)!} \tag{7.307}$$

definieren. So ergibt sich z. B. für

$$l = 0,\ n = 0 : L_0^1(\xi) = 1 \tag{7.308}$$

$$l = 0,\ n = 1 : L_1^1(\xi) = 2(2 - \xi)$$

$$l = 1,\ n = 0 : L_0^3(\xi) = 6$$

$$L_n^p(\xi) = \frac{\exp(\xi)\xi^{-p}}{n!} \frac{d^n}{d\xi^n}\left(\exp(-\xi)\xi^{n+p}\right).$$

Die vollständige Radialfunktion ist dann

$$\chi_{N,l}(r) = C_{N,l}\left[\frac{2r}{aN}\right]^{l+1} \exp\left(-\frac{r}{aN}\right) L_{N-l-1}^{2l+1}\left(\frac{2r}{aN}\right), \tag{7.309}$$

wobei die Normierungskonstante $C_{N,l}$ zu bestimmen ist aus

$$\int_0^\infty |\chi_{N,l}(r)|^2 \, dr = 1. \tag{7.310}$$

Die Gesamtwellenfunktion

$$\psi_{N,l,m}(r, \vartheta, \varphi) = \frac{1}{r} \, \chi_{N,l}(r) Y_{lm}(\vartheta, \varphi) \tag{7.311}$$

ist dann durch die 3 diskreten Quantenzahlen N, l, m eindeutig charakterisiert.

Für den Grundzustand des H-Atoms mit $N = 1$ (nur $l = m = 0$ möglich) ergibt sich aus (7.310) $C_{1,0} = 1/\sqrt{a}$ und mit $Y_{00} = 1/\sqrt{4\pi}$ die **Grundzustands-Eigenfunktion**

$$\psi_{1,0,0}(r, \vartheta, \varphi) = \sqrt{\frac{1}{a^3\pi}} \exp\left(-\frac{r}{a}\right). \tag{7.312}$$

Für den Erwartungswert $< r >$ im Grundzustand erhalten wir

$$< r >_{1,0,0} = \int |\psi_{1,0,0}|^2 r \, d^3r = \frac{4}{a^3} \int_0^\infty \exp\left(-\frac{2r}{a}\right) r^3 \, dr = \frac{3}{2}a. \tag{7.313}$$

Bis auf den Faktor 3/2 ist also a der mittlere Abstand des Elektrons vom Kern im Grundzustand. Diese statistische Aussage tritt an die Stelle der klassischen Vorstellung von der tiefsten **Bohr'schen Bahn** vom Radius a.

In Zusammenfassung dieses Kapitels haben wir die Quantenmechanik eines einzelnen Teilchens in einem externen Potential behandelt und die möglichen Lösungen klassifiziert. Als Beispiele haben wir die Wellenfunktionen für einen unendlichen und einen endlichen Potentialtopf sowie für Potentiale berechnet, die im Raum periodisch sind. Außerdem wurde das Problem des harmonischen Oszillators ausführlich untersucht sowie die Bewegung eines geladenen Teilchens (und dessen Spin) in einem Magnetfeld. Darüber hinaus wurden die gebundenen Zustände und Energieniveaus des Wasserstoffatoms berechnet.

Grundbegriffe der Streutheorie 8

Inhaltsverzeichnis

In diesem Kapitel werden wir die Streutheorie eines einzelnen Teilchens mit einem Wechselwirkungspotential $V(\mathbf{r})$ einführen und die Kontinuumszustände des effektiven Einteilchenproblems im Fall der Zweikörperstreuung untersuchen.

In einem Streuexperiment fällt ein Teilchenstrom mit vorgegebenen Eigenschaften (Energie, Impuls, Polarisation) auf ein Target, dessen Einfluß auf den einfallenden Teilchenstrom gemessen wird in Form der Winkelverteilung, Anregungsfunktion etc. der Streustrahlung (Abb. 8.1).

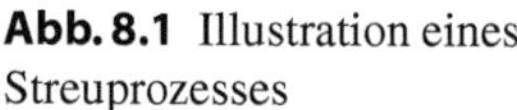

Abb. 8.1 Illustration eines Streuprozesses

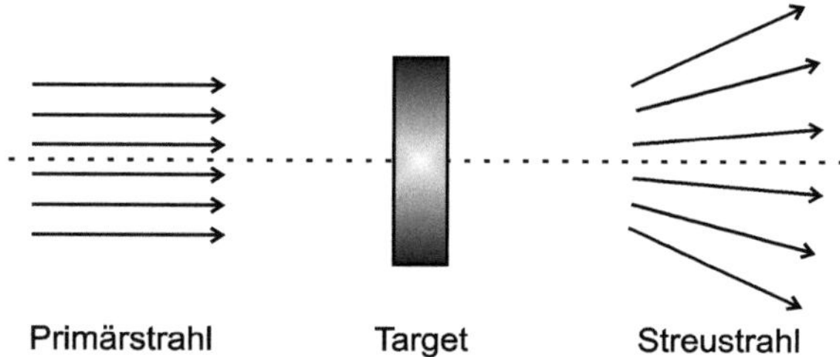

Mit solchen Streuexperimenten verfolgt man im Wesentlichen zwei Ziele:

i) Bei Streuexperimenten mit Elementarteilchen erhält man Information über die Kräfte zwischen den beteiligten Teilchen. So weiß man z. B., daß die Wechselwirkung zwischen zwei Nukleonen bei kleinen Abständen ($\sim 0.25 \, fm$) stark repulsiv ist.

ii) Streut man z. B. Elektronen an Atomen (oder Molekülen), so kann man Information über mögliche Anregungszustände des Atoms (Moleküls) gewinnen, da die Wechselwirkung Elektron – Atom (Molekül) bekannt ist (elektromagnetische Wechselwirkung). Ein Beispiel für ein solches (inelastisches) Streuexperiment ist der Franck-Hertz Versuch (vgl. Abschn. 2.4).

Für die praktische Auswertung von Streuexperimenten wollen wir die folgenden **Voraussetzungen** machen:

1.) Die Intensität des Primärstrahls sei so gering, daß man die Wechselwirkung zwischen den Teilchen des einfallenden Strahls vernachlässigen kann.

2.) Die Abstände zwischen den Streuzentren des Targets seien groß gegenüber der Wellenlänge der einfallenden Teilchen, so daß Interferenz-Effekte zwischen den von verschiedenen Streuzentren ausgehenden Streuwellen vernachlässigbar sind; jedes Streuzentrum wirkt so als sei es allein vorhanden. – Diese Voraussetzung ist bei Beugungsversuchen an Kristallen gerade nicht erfüllt.

3.) Das Target sei so dünn, daß Mehrfachstreuung nicht auftritt.

Wenn der Primärstrahl hinsichtlich Energie, Richtung, Polarisation etc. wohldefiniert ist, so ist unter den Voraussetzungen 1.) bis 3.) ein Streuexperiment äquivalent einer **Gesamtheit** von Streusystemen, in denen jedes aus **einem** einfallenden Teilchen und **einem** (ruhenden) Target-Teilchen besteht.

Wir wollen uns im Folgenden – wenn nicht ausdrücklich anders vermerkt – auf elastische Streuprozesse beschränken.

8.1 Grundlegende Definitionen

8.1.1 Streuquerschnitt

Wenn j_0 die in z-Richtung einfallende Stromdichte ist und ΔN die Zahl der gestreuten Teilchen, die pro Zeiteinheit im Raumwinkel $\Delta\Omega$ gemessen werden, so definieren wir (unter den Voraussetzungen 1.)–3.)) als den Streuprozeß charakterisierende Größe den **differentiellen Streuquerschnitt** $\sigma = \sigma(\Omega)$ durch:

$$\lim_{\Delta\Omega\to 0} \frac{\Delta N}{\Delta\Omega} = n\, j_0\sigma(\Omega); \tag{8.1}$$

dabei gibt $\Omega = (\vartheta, \varphi)$ die Richtung an unter der relativ zum Primärstrahl beobachtet wird, und n ist die Zahl der im Target enthaltenen Streuzentren. Die Größe $\sigma(\Omega)$ hat die Dimension einer Fläche. Um die in (8.1) eingehende Größe ΔN zu messen, muß der Detektor außerhalb des Bereichs der einfallende Welle aufgestellt werden; man kann daher $\sigma(\Omega)$ in Vorwärtsrichtung ($\Omega = 0$) nicht messen. Da man durch Vergrößern des Abstandes Detektor – Target bei vorgegebenem Querschnitt des Primärstrahls zu immer kleineren Winkeln Ω gelangen kann, ist diese Einschränkung praktisch ohne Bedeutung.

Der **totale Streuquerschnitt** σ ist dann definiert als

$$\sigma = \int d\Omega\, \sigma(\Omega) = \int d\Omega\, \frac{d\sigma}{d\Omega}; \tag{8.2}$$

er gibt die Gesamtzahl der pro Zeiteinheit (aus dem Primärstrahl heraus-) gestreuten Teilchen an, bezogen auf die einfallende Stromdichte j_0 und die Zahl der Streuzentren n im Target.

8.1.2 Streuamplitude

Wie oben ausgeführt, kann ein Streuexperiment angesehen werden als eine Gesamtheit von Zweiteilchen-Streusystemen. Ein solches Zweiteilchenproblem kann in der klassischen Physik reduziert werden auf ein Einteilchenproblem durch Einführung von Schwerpunkts- und Relativkoordinaten; der Schwerpunkt der zwei Teilchen bewegt sich dann bei Abwesenheit äußerer Kräfte wie ein freier Massenpunkt der Masse $M = m_1 + m_2$, und die Relativbewegung der Teilchen ist charakterisiert durch die reduzierte Masse $\mu = m_1 m_2/(m_1 + m_2)$ und das Potential $V(r)$, wobei r die Relativkoordinate ist. Wir werden später zeigen, daß die Separation in Schwerpunkts- und Relativkoordinaten auch in der Quantentheorie möglich ist; damit reduziert sich unsere Aufgabe auf die Streuung eines Teilchens der Masse μ am Potential $V(r)$.

Für die quantenmechanische Behandlung der Potential-Streuung gibt es zwei verschiedene Wege: In der

1.) **Methode der stationären Zustände** denken wir uns den Primärstrahl lange vor der Messung eingeschaltet und erst lange nach der Messung wieder abgeschaltet, so daß wir während der Messung den Zustand des Systems als **stationär** beschreiben können.

2.) Die **zeitabhängige Theorie der Streuprozesse** betrachtet die Streuung der einfallenden Teilchen am Target als eine (zeitabhängige) Störung, welche die einfallenden Teilchen aus einem Anfangszustand vor dem Stoß in einen Endzustand nach dem Stoß überführt. Man berechnet dann die Wahrscheinlichkeit für diesen Übergang und daraus direkt den Streuquerschnitt.

Im Folgenden werden wir die 1.) Methode verwenden und erst später Ansatz 2.) genauer untersuchen.

Für spinlose Teilchen besteht die Methode der stationären Zustände darin, daß man Lösungen der Schrödinger-Gleichung

$$(T + V)\psi = E\psi; \qquad E = \frac{\hbar^2 k^2}{2\mu} \qquad (8.3)$$

bei vorgegebener Energie E im Schwerpunktsystem (festgelegt durch die Energie der Teilchen im Primärstrahl im Laborsystem) sucht, welche asymptotisch die Form haben:

$$\psi(r)_{r\to\infty} \sim \exp(ikz) + f(\Omega)\frac{\exp(ikr)}{r}, \qquad (8.4)$$

wenn das Potential $V(r)$ asymptotisch schneller als $1/r$ abfällt. Im Fall des Coulomb-Potentials muß (8.4) wegen der logarithmischen Phase $\sim \ln(2kr)$ (7.277) modifiziert werden (vgl. Abschn. 8.3). Die Asymptotik von $\psi(r)$ enthält also gemäß (8.4) sowohl die Möglichkeit, daß das Teilchen in Ω-Richtung abgelenkt wird (richtungsmodulierte Kugelwelle) als auch den Fall, daß keine Streuung stattfindet (ebene Welle).

Wir wollen nun zeigen, wie man die **Streuamplitude** $f(\Omega)$ mit dem differentiellen Streuquerschnitt $\sigma(\Omega)$ in Verbindung bringen kann. Dazu greifen wir auf Gl. (8.1) zurück; die Stromdichte j_0 ergibt sich aus (3.23) für die ebene Welle $\exp(ikz)$ zu

$$j_0 = \frac{\hbar k}{\mu}. \qquad (8.5)$$

Auf der linken Seite von (8.1) erscheint gerade die Radialkomponente der Stromdichte der gestreuten Teilchen. Dafür ergibt sich unter Beachtung von (7.223)

$$
\begin{aligned}
j_{streu} &= \frac{\hbar}{2i\mu}|f(\Omega)|^2 \left\{ \frac{\exp(-ikr)}{r}\frac{1}{r}\frac{\partial}{\partial r}\exp(ikr) - \frac{\exp(ikr)}{r}\frac{1}{r}\frac{\partial}{\partial r}\exp(-ikr) \right\} \\
&= \frac{\hbar k}{\mu}\frac{|f(\Omega)|^2}{r^2}.
\end{aligned}
\tag{8.6}
$$

Damit folgt

$$
\sigma(\Omega) = |f(\Omega)|^2,
\tag{8.7}
$$

wenn man beachtet, daß j_{streu} auf die Fläche $\Delta f = r^2 \Delta\Omega$ bezogen ist. Ziel der folgenden Überlegungen wird daher die praktische Berechnung der Streuamplitude $f(\Omega)$ aus der Schrödinger-Gleichung (8.3) mit der Randbedingung (8.4) sein.

Bevor wir Methoden zur Berechnung von $f(\Omega)$ entwickeln, wollen wir noch kurz die Voraussetzungen zusammenstellen, für die die Methode der stationären Zustände, wie oben entwickelt, anwendbar ist. So treten zu den oben genannten Voraussetzungen 1.) bis 3.) hinzu:

4.) Die einfallende Welle wurde als stationärer Zustand in Form einer ebenen Welle idealisiert, welche scharfen Impuls $\hbar k$ und scharfe Energie E besitzt. In der Praxis haben wir es stattdessen mit Wellenpaketen von endlicher räumlicher und zeitlicher Ausdehnung zu tun, welche notwendigerweise (vgl. Abschn. 6.3) eine Unschärfe bzgl. E und k aufweisen. Damit unsere Idealisierung eine brauchbare Approximation darstellt, muß also gelten

$$
kd \gg 1; \qquad kl \gg 1,
\tag{8.8}
$$

wenn k die Wellenzahl, l und d die longitudinale bzw. transversale Dimension des Wellenpaketes bezeichnen. Um ein Zerfließen der ein- und auslaufenden Wellenpakete zu verhindern, muß weiterhin gelten

$$
d \gg \sqrt{\frac{R}{k}}; \qquad l \gg \sqrt{\frac{R}{k}},
\tag{8.9}
$$

wenn R den Abstand Target – Detektor bezeichnet.

5.) Der Bereich, in dem die Wechselwirkung zwischen einem einfallenden Teilchen und einem Target-Teilchen stattfindet, muß auf Abstände $r \le r_0$ vom Streuzentrum begrenzt sein, für die gelten muß

$$
d \gg r_0; \qquad l \gg r_0.
\tag{8.10}
$$

6.) Damit bei der Berechnung von j_{streu} Interferenzen zwischen der ebenen Welle und der Kugelwelle vernachlässigt werden können – wie in (8.6) –, muß gelten

$$d \ll R \, \sin \vartheta. \qquad (8.11)$$

Unter den obigen Voraussetzungen kann man zeigen, daß auch für Wellenpakete Gl. (8.7) gültig bleibt.

8.1.3 Reaktionen, inelastische Streuung

Die bisherigen Betrachtungen beziehen sich auf elastische Streuprozesse,

$$A_1 + A_2 \rightarrow A_1 + A_2. \qquad (8.12)$$

Daneben sind natürlich auch inelastische Prozesse von Interesse wie

$$A_1 + A_2 \rightarrow A_1 + A_2^*, \qquad (8.13)$$

wo A_2^* einen angeregten Zustand der Target-Teilchen bezeichnet, oder Reaktionen

$$A_1 + A_2 \rightarrow B_1 + B_2, \qquad (8.14)$$

z. B. Transfer eines Teilchens C :

$$B_1 = A_1 + C; \; B_2 = A_2 - C. \qquad (8.15)$$

Für die Behandlung solcher Probleme können wir die am Prozeß beteiligten Teilchen A_1 und A_2 nicht mehr als strukturlose Massenpunkte ansehen; außer der Wellenfunktion der Relativbewegung muß auch der innere Zustand der Streupartner durch eine Wellenfunktion beschrieben werden. Damit liegt ein Mehrteilchenproblem vor, dessen Grundlagen erst in Kap. 15 behandelt werden sollen.
Für eine allgemeine Reaktion (8.12)–(8.14) müssen wir unterscheiden

i) den **Eingangskanal** $A_1 + A_2$, spezifiziert durch Art und Zustand der reagierenden Partner und ihre Relativbewegung vor Beginn der Reaktion, und

ii) die möglichen **Ausgangskanäle** $A_1 + A_2$, $A_1 + A_2^*$, $B_1 + B_2$, mit der i) entsprechenden Spezifikation.

Generell ist ein Reaktionskanal charakterisiert durch eine bestimmte Fragmentierung, Angabe des inneren Zustandes der Fragmente sowie kinematische Daten (z. B. Energie oder

Drehimpuls der Relativbewegung). Man unterscheidet **offene** und **geschlossene** Kanäle je nach dem, ob die betreffende Reaktion unter den experimentellen Bedingungen energetisch möglich ist oder nicht.

8.2 Die Integralgleichungsmethode

8.2.1 Die Lippmann-Schwinger-Gleichung

Konzeptionell ist die folgende Methode zur Behandlung von Streuproblemen auch bei der aktuellen Berechnung von Bedeutung: Die Schrödinger-Gleichung (8.3) wird in eine Integral-Gleichung umgeformt, deren Lösungen automatisch die Randbedingungen (8.4) erfüllen. Zu diesem Zweck schreiben wir (8.3) als formal inhomogene Differentialgleichung

$$(\Delta + k^2)\psi(\mathbf{r}) = U(\mathbf{r})\psi(\mathbf{r}), \tag{8.16}$$

wobei wie in Abschn. 7.3 und 7.6

$$U(\mathbf{r}) = \frac{2\mu}{\hbar^2} V(\mathbf{r}); \quad k^2 = \frac{2\mu}{\hbar^2} E. \tag{8.17}$$

Die allgemeine Lösuung von (8.16) lautet dann:

$$\psi_k(\mathbf{r}) = \varphi_k(\mathbf{r}) + \int G_k(\mathbf{r}, \mathbf{r}')U(\mathbf{r}')\psi_k(\mathbf{r}')\, d^3r', \tag{8.18}$$

wobei φ_k eine beliebige Lösung der homogenen Gleichung

$$(\Delta + k^2)\varphi_k(\mathbf{r}) = 0 \tag{8.19}$$

ist und $G_k(\mathbf{r}, \mathbf{r}')$ die zugehörige **Green'sche Funktion,**

$$(\Delta + k^2)G_k(\mathbf{r}, \mathbf{r}') = \delta^3(\mathbf{r} - \mathbf{r}'). \tag{8.20}$$

Zum Beweis wende man den Operator $(\Delta + k^2)$ auf (8.18) an und beachte (8.19) sowie (8.20).

Zur Erläuterung der Definition (8.20) der Green'schen Funktion denken wir uns (8.20) von rechts mit einer beliebigen Funktion $\chi(\mathbf{r}')$ multipliziert und die so entstandene Gleichung über $\mathbf{r}'$ integriert. Man erhält dann

$$\int d^3r' (\Delta + k^2) G_k(\mathbf{r}, \mathbf{r}') \chi(\mathbf{r}') = \chi(\mathbf{r}) \tag{8.21}$$

oder

$$(\Delta_r + k^2) G_r \, \chi(\mathbf{r}) = \chi(\mathbf{r}) \tag{8.22}$$

mit der Abkürzung

$$G_r \chi(\mathbf{r}) = \int d^3r' \, G_k(\mathbf{r}, \mathbf{r}') \chi(\mathbf{r}'). \tag{8.23}$$

Nach (8.22) kann G_r als der zu $(\Delta_r + k^2)$ inverse Operator interpretiert werden; er ist, wie wir noch sehen werden, nicht eindeutig bestimmt.

In die Integralgleichung (8.18), welche der Schrödinger-Gleichung äquivalent ist, können wir nun wie folgt die Randbedingung (8.4) einbauen. Anstelle der allgemeinen Lösung $\varphi_k(\mathbf{r})$ der homogenen Gl. (8.19) wählen wir die spezielle Lösung

$$\varphi_k(\mathbf{r}) = \exp(ikz). \tag{8.24}$$

Danach muß der 2. Term in (8.18) für $r \to \infty$ in eine richtungsmodulierte auslaufende Kugelwelle übergehen. Um diese Frage untersuchen zu können, benötigen wir die explizite Form der Lösungen von (8.20).

Da (8.20) invariant ist gegen Translationen,

$$\mathbf{r} \to \mathbf{r} + \mathbf{a}; \quad \mathbf{r}' \to \mathbf{r}' + \mathbf{a}, \tag{8.25}$$

hängt $G_k(\mathbf{r}, \mathbf{r}')$ nur von $(\mathbf{r} - \mathbf{r}')$ ab. Wir setzen daher $G_k(\mathbf{r}, \mathbf{r}') = G_k(\mathbf{r} - \mathbf{r}')$ an als Fourier-Integral der Form

$$G_k(\mathbf{r} - \mathbf{r}') = \frac{1}{(2\pi)^3} \int d^3q \, g_k(\mathbf{q}) \exp(i\mathbf{q} \cdot (\mathbf{r} - \mathbf{r}')). \tag{8.26}$$

Setzt man (8.26) in (8.20) ein und benutzt

$$\frac{1}{(2\pi)^3} \int d^3q \, \exp(i\mathbf{q} \cdot (\mathbf{r} - \mathbf{r}')) = \delta^3(\mathbf{r} - \mathbf{r}'), \tag{8.27}$$

so erhält man zur Bestimmung der Entwicklungskoeffizienten $g_k(\mathbf{q})$ die Gleichung

$$(k^2 - q^2) g_k(\mathbf{q}) = 1 \tag{8.28}$$

und damit

$$g_k(\mathbf{q}) = (k^2 - q^2)^{-1}. \tag{8.29}$$

Der Integrand in (8.26) besitzt also für $\mathbf{q} = \pm\mathbf{k}$ Pole 1. Ordnung. Wir müssen daher durch eine Zusatzvorschrift klären, in welchem Sinne das Integral (8.26) zu verstehen ist; je nach der Wahl dieser Vorschrift erhalten wir verschiedene Green'sche Funktionen, die einem unterschiedlichen asymptotischen Verhalten der gesuchten Lösung (8.18) entsprechen.

Im Hinblick auf die Lage der Pole bei $\mathbf{q} = \pm\mathbf{k}$ ist es zweckmäßig, im $\mathbf{q}$-Raum Polarkoordinaten einzuführen, d. h.

$$G_k(\rho) = \frac{1}{(2\pi)^3} \int q^2 dq \, d\Omega_q \, \frac{\exp(iq\rho \, \cos\vartheta_q)}{k^2 - q^2} \tag{8.30}$$

mit

$$\rho \equiv |\mathbf{r} - \mathbf{r}'|. \tag{8.31}$$

Da die Singularitäten des Integranden nur die q-Integration betreffen, können wir die Integration über die möglichen Richtungen von $\mathbf{q}$ ausführen und erhalten

$$G_k(\rho) = \frac{1}{4i\pi^2\rho} \int_0^\infty q \, dq \, \frac{\exp(iq\rho) - \exp(-iq\rho)}{(k-q)(k+q)}. \tag{8.32}$$

Da der Integrand in (8.32) eine gerade Funktion in q ist, können wir statt (8.32) auch schreiben

$$G_k(\rho) = \frac{1}{4i\pi^2\rho} \int_{-\infty}^\infty q \, dq \, \frac{\exp(iq\rho)}{(k+q)(k-q)}. \tag{8.33}$$

Die q-Integration in (8.33) führen wir nun in folgender Weise aus: Wir ersetzen

$$k \to k + i\epsilon; \quad \epsilon \text{ reell} > 0, \tag{8.34}$$

so daß der Pol bei $q = k$ $(-k)$ von der reellen Achse in die obere (untere) Halbebene der komplexen q-Ebene verschoben wird (Abb. 8.2).

Wir definieren dann als Green'sche Funktion

$$G_k^{(+)}(\rho) = \lim_{\epsilon \to 0} \frac{1}{4i\pi^2\rho} \int_{-\infty}^\infty dq \, q \, \frac{\exp(iq\rho)}{\{(k+i\epsilon - q)(k+i\epsilon + q)\}}, \tag{8.35}$$

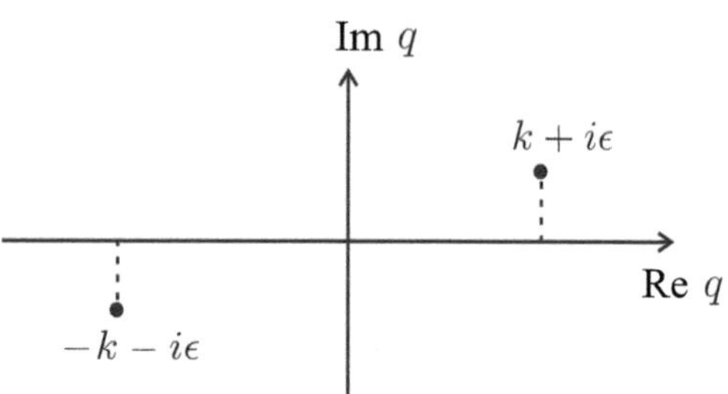

Abb. 8.2 Lage der Pole in der komplexen q-Ebene

wobei der $\lim_{\epsilon \to 0}$ erst nach Ausführen der q-Integration zu nehmen ist.

Für positives $\epsilon > 0$ kann das Integral in (8.35) wie folgt berechnet werden. Da $\rho > 0$, ist für $\Im q > 0$ das Argument von $\exp(..)$ negativ und $\exp(-\Im q \rho)$ verschwindet für $|q| \to \infty$. Also kann der Integrationsweg in der oberen Halbebene der komplexen q-Ebene geschlossen werden durch einen ins Unendliche geschobenen Halbkreis.

Das Integral in (8.35) über die Contour C hat dann die Gestalt:

$$\frac{1}{2} \int_C dq \; \exp(iq\rho) \left[\frac{1}{k + i\epsilon - q} - \frac{1}{k + i\epsilon + q} \right], \tag{8.36}$$

wenn man benutzt, daß

$$\frac{q}{(k - q)(k + q)} = \frac{1}{2} \left[\frac{1}{k - q} - \frac{1}{k + q} \right]. \tag{8.37}$$

Nach dem **Residuen-Satz** ist der Wert des Integrals (8.36) gleich dem $2\pi i$ – fachen der Summe der Residuen der vom Integrationsweg umschlossenen Pole. In dem betrachteten Fall liegt nur der Pol bei $k + i\epsilon$ innerhalb des Integrationsweges; sein Residuum ist

$$-\frac{1}{2} \exp(i(k + i\epsilon)\rho). \tag{8.38}$$

Also wird für $\epsilon \to 0$

$$G_k^{(+)}(\rho) = -\frac{1}{4\pi} \frac{\exp(+ik\rho)}{\rho} \tag{8.39}$$

die gesuchte Lösung, für die der 2. Term in (8.18) asymptotisch eine richtungsmodulierte auslaufende Kugelwelle beschreibt.

Es gibt alternative Vorschriften zur Erklärung des uneigentlichen Integrals (8.32): wählt man in (8.34) $\epsilon < 0$, so führt eine analoge Überlegung wie oben auf

$$G_k^{(-)}(\rho) = -\frac{1}{4\pi} \frac{\exp(-ik\rho)}{\rho}, \tag{8.40}$$

also in der Asymptotik von (8.18) auf eine einlaufende Kugelwelle. Schließlich kann die q-Integration in (8.32) im Sinne eines Hauptwert-Integrals erklärt werden; man gelangt dann zu einer stehenden Kugelwelle

$$G_k^{(0)}(\rho) = -\frac{1}{4\pi}\frac{\cos(k\rho)}{\rho}. \tag{8.41}$$

Die der Schrödinger-Gleichung (8.16) mit der Randbedingung (8.4) äquivalente Integralgleichung (**Lippmann-Schwinger-Gleichung**) lautet nun:

$$\psi_k^{(+)}(\mathbf{r}) = \exp(ikz) + \int G_k^{(+)}(\mathbf{r}, \mathbf{r}')U(\mathbf{r}')\psi_k^{(+)}(\mathbf{r}')\, d^3 r' \tag{8.42}$$

$$= \exp(ikz) - \frac{1}{4\pi}\int \frac{\exp(ik|\mathbf{r} - \mathbf{r}'|)}{|\mathbf{r} - \mathbf{r}'|}U(\mathbf{r}')\psi_k^{(+)}(\mathbf{r}')\, d^3 r'.$$

Gl. (8.42) stellt eine **formale Lösung** des Streuproblems dar, deren Form ein Iterationsverfahren zur praktischen Berechnung der Streulösung $\psi_k^+(\mathbf{r})$ nahe legt. Bevor wir darauf näher eingehen, soll mit Hilfe von (8.42) eine Formel für die Streuamplitude $f(\Omega)$ angegeben werden.

8.2.2   Streuamplitude

Für Abstände r vom Streuzentrum, welche groß gegenüber der Reichweite r_0 des Potentials V sind,

$$r = |r| \gg r_0, \tag{8.43}$$

können wir die Green'sche Funktion in (8.42) approximieren durch

$$\frac{\exp(ik|\mathbf{r} - \mathbf{r}'|)}{|\mathbf{r} - \mathbf{r}'|} \approx \frac{\exp(ikr)}{r}\exp(-i\mathbf{k}\cdot\mathbf{r}') \tag{8.44}$$

mit

$$\mathbf{k} \equiv k\frac{\mathbf{r}}{r}. \tag{8.45}$$

Dabei wurde benutzt

$$|\mathbf{r} - \mathbf{r}'| \approx r - \frac{\mathbf{r}}{r}\cdot\mathbf{r}'\ldots\text{für } r \gg r'. \tag{8.46}$$

Der Faktor $\exp(ikr)/r$ kann aus dem Integral in (8.42) herausgezogen werden und man findet durch Vergleich mit (8.4)

$$f(\Omega) = -\frac{1}{4\pi} \int \exp(-i\mathbf{k} \cdot \mathbf{r}')U(\mathbf{r}')\psi_k^{(+)}(\mathbf{r}')\, d^3r' = -\frac{1}{4\pi}(\varphi_k, U\psi_k^{(+)}) \qquad (8.47)$$

mit $\varphi_k(\mathbf{r}') = \exp(i\mathbf{k} \cdot \mathbf{r}')$. Der Ausdruck (8.47) für $f(\Omega)$ ist exakt für $\psi_k^{(+)}$ aus (8.42); falls $V = V(r)$ ein Zentralpotential ist, vereinfacht sich $f(\Omega)$ zu $f(\vartheta)$, da die Streuamplitude nicht von ϕ abhängt.

Für die praktische Auswertung von (8.47) benötigt man die exakte Lösung der Lippmann-Schwinger-Gleichung (8.42). Wir wollen im Folgenden zeigen, wie man zu einer approximativen Lösung des Streuproblems mit Hilfe eines **Iterationsverfahrens** gelangen kann.

8.2.3 Die Born'sche Reihe

Als Startlösung für ein Iterationsverfahren setzt man in (8.42) auf der rechten Seite (Index k im Folgenden unterdrückt)

$$\psi_0^{(+)}(\mathbf{r}) = \exp(ikz) \qquad (8.48)$$

und erhält

$$\psi_1^{(+)}(\mathbf{r}) = \exp(ikz) + \int d^3r'\, G^{(+)}(\mathbf{r}, \mathbf{r}')U(\mathbf{r}')\exp(ikz'). \qquad (8.49)$$

Dieses Verfahren liefert schließlich (Konvergenz vorausgesetzt) die exakte Lösung in Form der **Born'schen Reihe**

$$\psi^{(+)} = \exp(ikz) + \sum_{n=1}^{\infty} \int K_n(\mathbf{r}, \mathbf{r}')\psi_0^{(+)}(\mathbf{r}')\, d^3r' \qquad (8.50)$$

mit

$$K_n(\mathbf{r}, \mathbf{r}') = \int K_1(\mathbf{r}, \mathbf{r}'')K_{n-1}(\mathbf{r}'', \mathbf{r}')\, d^3r''; \quad n > 1 \qquad (8.51)$$

$$K_1(\mathbf{r}, \mathbf{r}') = G^{(+)}(\mathbf{r}, \mathbf{r}')U(\mathbf{r}').$$

Auf die Frage der Konvergenz der Reihe (8.50) kann hier nicht im Detail eingegangen werden; für lokale Potentiale, die für $r \to 0$ nicht stärker als $1/r^2$ singulär werden und für $r \to \infty$ stärker als $1/r$ abfallen, ist die Konvergenz jedenfalls gegeben (ohne Beweis).

8.2.4   Die 1. Born'sche Näherung

Im günstigsten Fall kann man hoffen, schon durch den ersten Term der Reihe (8.50) eine sinnvolle Lösung von (8.42) zu erhalten:

$$\psi^{(+)}(\mathbf{r}) \approx \exp(ikz) + \int d^3r' \, G^{(+)}(\mathbf{r}, \mathbf{r}')U(\mathbf{r}')\exp(ikz'). \tag{8.52}$$

Daraus folgt für die Streuamplitude (siehe (8.47))

$$f(\Omega) \approx -\frac{1}{4\pi} \int d^3r' \, \exp(-i\mathbf{k} \cdot \mathbf{r}')U(\mathbf{r}')\exp(ikz'), \tag{8.53}$$

und speziell für Zentralkräfte

$$f(\vartheta) \approx -\frac{1}{4\pi} \int d^3r' \, \exp(-i\mathbf{k} \cdot \mathbf{r}')U(r')\exp(ikz'), \tag{8.54}$$

wo die Winkelintegration explizit ausgeführt werden kann. Mit

$$\mathbf{k}_0 = (0, 0, k) \tag{8.55}$$

wird (8.54) zu

$$f(\vartheta) \approx -\frac{1}{4\pi} \int d^3r' \, \exp(i(\mathbf{k}_0 - \mathbf{k}) \cdot \mathbf{r}')U(r'). \tag{8.56}$$

Gl. (8.56) legt nahe, die beim Stoß erfolgende Impuls-Änderung

$$\mathbf{K} = \mathbf{k}_0 - \mathbf{k} \tag{8.57}$$

einzuführen, womit

$$f(\vartheta) \approx -\frac{1}{4\pi} \int d^3r' \exp(i\mathbf{K} \cdot \mathbf{r}')U(\mathbf{r}'). \tag{8.58}$$

Man legt nun für die $\mathbf{r}'$-Integration die Achse z' so, daß

$$\exp(i\mathbf{K} \cdot \mathbf{r}') = \exp(iKr' \cos \vartheta') \tag{8.59}$$

und

$$\int d^3r' \ldots = \int_0^{2\pi} \int_0^{\pi} \int_0^{\infty} d\varphi' \, \sin \vartheta' d\vartheta' \, r'^2 dr' \ldots \tag{8.60}$$

Nach Integration über die Winkel ϑ', φ' erhält man dann als **1. Born'sche Näherung**

$$f(\vartheta) \approx -\frac{1}{K} \int_0^{\infty} r'U(r') \sin(Kr') \, dr', \tag{8.61}$$

wobei die ϑ-Abhängigkeit in K enthalten ist (Abb. 8.3):

$$K = 2k \, \sin \frac{\vartheta}{2}. \tag{8.62}$$

Für ein kurzreichweitiges Potential U können wir ein Kriterium für die Güte der 1. Born'schen Näherung angeben. Der Hauptbeitrag zu $f(\vartheta)$ rührt dann her von kleinen r-Werten. Für $r \approx 0$ erhalten wir aus (8.52):

$$\psi^{(+)}(\mathbf{r}) \approx \exp(ikz) - \int_0^{\infty} \frac{\exp(ikr')}{r'} U(r') \frac{\sin(kr')}{kr'} r'^2 \, dr'. \tag{8.63}$$

Da die 1. Born'sche Näherung nur dann brauchbar sein kann, wenn die Modifikation der ebenen Welle durch das Potential U gering ist, erhalten wir die notwendige Bedingung:

$$\frac{1}{k} \left| \int_0^{\infty} \exp(ikr')U(r') \sin(kr') \, dr' \right|^2 \ll 1; \tag{8.64}$$

sie ist für hohe Energien (große k-Werte) erfüllbar.

Als ein Anwendungsbeispiel, in dem (8.61) exakt ausgewertet werden kann, betrachten wir ein **Yukawa Potential** (oder Meson-Austausch Potential der Form

Abb. 8.3 Illustration des Impulsübertrags $\mathbf{K}$

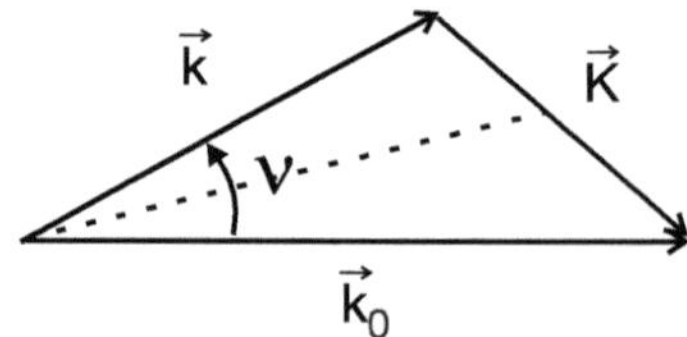

$$U = U_0 \frac{\exp(-\gamma r)}{r}, \quad \gamma > 0. \tag{8.65}$$

Die elementare Integration ergibt:

$$f(\vartheta) = -U_0 \frac{1}{4\,k^2 \sin^2 \frac{\vartheta}{2} + \gamma^2} = -\frac{U_0}{K^2 + \gamma^2}, \tag{8.66}$$

also

$$\sigma(\vartheta) = \frac{U_0^2}{\left(4\,k^2 \sin^2 \frac{\vartheta}{2} + \gamma^2\right)^2} = \frac{U_0^2}{\left(K^2 + \gamma^2\right)^2} \tag{8.67}$$

als Ergebnis der 1. Born'schen Näherung. Für $\gamma \to 0$ erhält man (im Hinblick auf die Ausführungen zur Gültigkeit der 1. Born'schen Näherung) überraschenderweise die klassisch wie quantenmechanisch exakte **Rutherford-Formel**

$$\sigma(\vartheta) = \left\{ \frac{Z_1 Z_2 e^2}{4E} \right\}^2 \frac{1}{\sin^4 \frac{\vartheta}{2}} \tag{8.68}$$

mit

$$U_0 = \pm Z_1 Z_2 e^2 2 \frac{\mu}{\hbar^2}. \tag{8.69}$$

8.2.5   Der elektrische Formfaktor

Für die elastische Streuung von Elektronen an Atomen kann man in einfachster Näherung annehmen, daß das Atom durch ein elektrostatisches Potential $V(r)$ beschrieben werden kann, welches mit der Kernladung Z und der Ladungsverteilung $\rho(\mathbf{r})$ der Elektronen zusammenhängt wie

$$\Delta V(\mathbf{r}) = 4\pi\, e^2 [Z\delta^3(\mathbf{r}) - \rho(\mathbf{r})] \tag{8.70}$$

mit

$$Z = \int d^3 r\, \rho(\mathbf{r}) \tag{8.71}$$

wegen der Ladungs-Neutralität des Atoms. Wenn $v(\mathbf{q})$ und $F(\mathbf{q})$ die Fourier- Transformierten von $V(\mathbf{r})$ und $\rho(\mathbf{r})$ sind,

$$v(\mathbf{q}) = \int d^3r \, \exp(-i\mathbf{q} \cdot \mathbf{r}) V(\mathbf{r}); \quad F(\mathbf{q}) = \int d^3r \, \exp(-i\mathbf{q} \cdot \mathbf{r}) \rho(\mathbf{r}), \tag{8.72}$$

so folgt aus (8.70) nach Fourier-Transformation

$$q^2 v(\mathbf{q}) = -4\pi \, e^2 (Z - F(\mathbf{q})). \tag{8.73}$$

Nun gilt nach (8.58) für $\sigma(\Omega)$ in 1. Born'scher Näherung

$$\sigma(\Omega) = |f(\Omega)|^2 = \frac{4\mu^2}{16\pi^2\hbar^4} |v(\mathbf{K})|^2, \tag{8.74}$$

woraus mit (8.73) folgt:

$$\sigma(\Omega) = \frac{4\mu^2 e^4}{\hbar^4 K^4} \, (Z - F(\mathbf{K}))^2. \tag{8.75}$$

Für eine sphärische Ladungsverteilung

$$\rho = \rho(r) \tag{8.76}$$

wird

$$F = F(q) = \frac{4\pi}{q} \int_0^\infty \sin(qr)\rho(r)r \, dr. \tag{8.77}$$

Daraus folgt für den **Formfaktor** $F(q)$:

i)

$$F(0) = Z \tag{8.78}$$

und für kleine Werte von K

ii)

$$F(K) \approx Z - \frac{1}{6} K^2 R_0^2 \ldots \tag{8.79}$$

mit der Abkürzung

$$R_0^2 = 4\pi \int_0^\infty r^2 \rho(r) r^2 \, dr. \tag{8.80}$$

R_0^2 ist der mittlere quadratische Radius der Ladungsverteilung der Elektronen des Atoms; er kann aus der Streuung von Elektronen an Atomen bestimmt werden.

Analog kann man durch Elektronenstreuung bei genügend hoher Energie die Ladungsverteilung in Atomkernen oder innerhalb der Hadronen (Nukleonen, Mesonen etc.) ,ausmessen'.

8.3 Die Partialwellenmethode

8.3.1 Streuung im Zentralfeld

Für ein Zentralpotential

$$V = V(r) \tag{8.81}$$

kann die Schrödinger-Gleichung durch den Ansatz (vgl. Abschn. 7.6.1)

$$\psi_{lm}(\mathbf{r}) = \frac{1}{r} \chi_l(r) Y_{lm}(\vartheta, \varphi) \tag{8.82}$$

überführt werden in

$$\left\{ \frac{\partial^2}{\partial r^2} - \frac{l(l+1)}{r^2} + k^2 - U(r) \right\} \chi_l(r) = 0, \tag{8.83}$$

mit

$$U(r) = \frac{2\mu}{\hbar^2} V(r) \tag{8.84}$$

und

$$k^2 = \frac{2\mu}{\hbar^2} E > 0 \tag{8.85}$$

im Falle eines Streuproblems. Aufgrund der experimentell vorgegebenen Randbedingungen (einfallende ebene Welle in z-Richtung, richtungsmodulierte auslaufende Kugelwelle) kann die gesuchte Streulösung nicht Eigenfunktion zu l^2 sein. Sie besitzt jedoch Axialsymmetrie um die z-Achse wegen (8.81) und der Axialsymmetrie des einfallenden Teilchenstrahls; die Streulösung hat also die allgemeine Form

$$\psi(\mathbf{r}) = \sum_{l=0}^\infty \frac{1}{r} \chi_l(r) Y_{l0}(\vartheta, \varphi), \tag{8.86}$$

wobei die φ-Abhängigkeit wegen der speziellen Geometrie weggelassen werden kann. Es bleiben die Legendre-Polynome $Y_{l0}(\vartheta) = \sqrt{(2l+1)/(4\pi)}\, P_l(\cos\vartheta)$. Wenn

$$\lim_{r\to\infty} r\,V(r) \to 0, \tag{8.87}$$

so gehen die Lösungen (8.86) asymptotisch in die Lösungen des freien Teilchens über (vgl. Abschn. 7.6). Wir können daher (durch Kombination von (7.272) und (7.273)) für die Asymptotik von $\chi_l(r)$ schreiben

$$\chi_l(r)_{r\to\infty} = A_l \sin\left(kr - \frac{l\pi}{2} + \delta_l\right). \tag{8.88}$$

Die Aufteilung der Phase in (8.88) in zwei Anteile ($l\pi/2$ und δ_l) ist zweckmäßig, da für $V = 0$ nach (7.269) ($\rho = kr$)

$$\chi_l(kr) = kr\, j_l(kr), \tag{8.89}$$

so daß asymptotisch (vgl. (7.272))

$$\chi_l(r)_{r\to\infty} \sim \sin\left(kr - \frac{l\pi}{2}\right). \tag{8.90}$$

Somit sind die Phasen δ_l die vom Potential bewirkten Phasenverschiebungen der einzelnen Partialwellen zum jeweiligen Drehimpuls l. Die **Streuphasen** δ_l sind natürlich nicht nur von $V(r)$, sondern auch von E bzw. k abhängig, d. h.

$$\delta_l = \delta_l(k). \tag{8.91}$$

8.3.2 Konvergenz der Partialwellenentwicklung

Die Entwicklung (8.86) ist nur dann von praktischem Wert, wenn man sich auf einige wenige l-Werte beschränken kann. Dies ist der Fall, wenn V kurzreichweitig bzw. die Energie niedrig ist.

Statt einer mathematischen Konvergenzuntersuchung beschränken wir uns auf die folgende physikalische Argumentation: Bei der Streuung eines klassischen Teilchens an einem Zentralpotential sind die möglichen Bahnkurven charakterisiert durch den Stoßparameter b. Er hängt mit der Drehimpuls und dem Impuls des Teilchens zusammen über

$$l_{kl.} = b\, p_{kl.}. \tag{8.92}$$

Für ein Potential endlicher Reichweite r_0,

$$V(r) = 0 \qquad \text{für } r > r_0, \tag{8.93}$$

wird ein klassisches Teilchen nur abgelenkt falls

$$b \leq r_0 \tag{8.94}$$

oder wegen (8.92)

$$l_{kl.} \leq r_0 \, p_{kl.}. \tag{8.95}$$

Dementsprechend erwarten wir, daß in (8.86) nur solche l-Werte zu berücksichtigen sind, für die

$$l \leq r_0 \, k, \tag{8.96}$$

wenn k die zu $p_{kl.}$ gehörende Wellenzahl ist. Für niedrige Energie $E = \hbar^2 k^2 / (2\mu)$ sollten also einige wenige l-Werte in (8.86) ausreichen.

Zur gleichen Abschätzung führt die folgende Überlegung: bei fester Energie E ist der Mindestabstand $r_{\min}$ des Teilchens vom Streuzentrum bestimmt durch die Bedingung

$$E \geq V(r)_{kl.} + \frac{l_{kl.}^2}{2\mu r_{kl.}^2}. \tag{8.97}$$

Mit wachsendem Drehimpuls wird also $r_{\min}$ größer, da die Zentrifugalbarriere immer stärker repulsiv wird, bis schließlich für $r_{\min} > r_0$ keine Ablenkung mehr durch das Potential V erfolgen kann.

Die obigen klassischen Abschätzungen werden durch die Quantentheorie qualitativ bestätigt (vgl. Abschn. 8.3.5).

8.3.3 Streuphasen und Streuamplitude

Wir versuchen nun die Streuphasen δ_l in Zusammenhang zu bringen mit der Streuamplitude $f(\vartheta)$, die wiederum mit dem differentiellen Wirkungsquerschnitt $\sigma(\vartheta)$ über das Betragsquadrat zusammenhängt.

Dazu entwickeln wir die asymptotische Form

$$\psi(\mathbf{r})_{r \to \infty} = \exp(ikz) + f(\vartheta) \frac{\exp(ikr)}{r} \tag{8.98}$$

nach Partialwellen. Nach Abschn. 7.6.3 muß die ebene Welle als Lösung der Schrödinger-Gleichung für das freie Teilchen sich darstellen lassen gemäß (7.269) als

$$\exp(ikz) = \sum_l a_l \, j_l(kr) Y_{l0}(\vartheta). \tag{8.99}$$

Die Entwicklungskoeffizienten a_l ergeben sich gemäß Abschn. 6.4.6 zu

$$a_l = i^l (2l+1)\sqrt{\frac{4\pi}{2l+1}}. \tag{8.100}$$

Im 2. Term von (8.98) entwickeln wir

$$f(\vartheta) = \sum_l f_l \, Y_{l0}(\vartheta) \tag{8.101}$$

und erhalten

$$\exp(ikz) + f(\vartheta)\frac{\exp(ikr)}{r} = \sum_l \left\{ a_l \, j_l(kr) + f_l \frac{\exp(ikr)}{r} \right\} Y_{l0}(\vartheta). \tag{8.102}$$

Mit der Asymptotik von j_l aus (7.272) wird schließlich

$$\psi(\mathbf{r})_{r\to\infty} = \sum_l \frac{1}{r} Y_{l0}(\vartheta) \left\{ \left[f_l + \frac{(-i)^l}{2ik} a_l \right] \exp(ikr) - \frac{(+i)^l}{2ik} a_l \exp(-ikr) \right\}. \tag{8.103}$$

Andererseits ist nach (8.86) und (8.88)

$$\psi(\mathbf{r})_{r\to\infty} = \sum_l \frac{1}{r} Y_{l0}(\vartheta) A_l \sin\left(kr - \frac{l\pi}{2} + \delta_l \right) \tag{8.104}$$

$$= \sum_l \frac{1}{r} Y_{l0}(\vartheta) A_l \frac{1}{2i} \left[\exp\left(i(kr - \frac{l\pi}{2} + \delta_l) \right) - \exp\left(-i(kr - \frac{l\pi}{2} + \delta_l) \right) \right].$$

Es folgt durch Koeffizientenvergleich (mit $i^l = \exp(il\pi/2)$)

$$A_l = i^l \frac{\sqrt{4\pi(2l+1)}}{k} \exp(i\delta_l) \tag{8.105}$$

und

$$f_l = \frac{\sqrt{4\pi(2l+1)}}{k} \exp(i\delta_l) \sin(\delta_l). \tag{8.106}$$

Daraus folgt für $f(\vartheta)$

$$f(\vartheta) = \frac{1}{k} \sum_l \sqrt{4\pi(2l+1)} \exp(i\delta_l) \sin(\delta_l) Y_{l0}(\vartheta) \tag{8.107}$$

$$= \frac{1}{k} \sum_l (2l+1) \exp(i\delta_l) \sin(\delta_l) P_l(\cos\vartheta),$$

und für den differentiellen Streuquerschnitt

$$\sigma(\vartheta) = \frac{1}{k^2} \sum_{l,l'} (2l+1)(2l'+1) \exp(i(\delta_l - \delta_{l'})) \sin(\delta_l) \sin(\delta_{l'}) P_l(\cos\vartheta) P_{l'}(\cos\vartheta).$$

$$(8.108)$$

Nach Integration über die Winkel erhalten wir schließlich für den totalen Streuquerschnitt

$$\sigma = \frac{4\pi}{k^2} \sum_l (2l+1) \sin^2 \delta_l, \qquad (8.109)$$

wenn man die Orthogonalität der $P_l(\cos\vartheta)$ beachtet.

Vergleicht man (8.107) und (8.109), so findet man die als

8.3.4 Optisches Theorem

bekannte Relation

$$\sigma = \frac{4\pi}{k} \, \Im(f(0)), \qquad (8.110)$$

da $P_l(\cos\vartheta = 1) = 1$. Gl. (8.110) ist der quantitative Ausdruck dafür, daß die Streuung von Teilchen notwendig mit einer Schwächung des Teilchenstrahls in Vorwärtsrichtung $\vartheta = 0$ verknüpft ist.

Wegen der Bedeutung von (8.110) für das Verständnis des Streuprozesses sei (8.110) noch auf einem anderen Weg bewiesen, der der physikalischen Interpretation leichter zugänglich ist: Da $V(r)$ reell angenommen wurde, gilt die Kontinuitätsgleichung (3.21). Da wir mit **stationären Zuständen** arbeiten, vereinfacht sich (3.21) zu

$$\operatorname{div} \mathbf{j} = 0. \qquad (8.111)$$

Wir integrieren (8.111) über eine um den Ursprung $r = 0$ zentrierte Kugel mit dem Radius R, der so groß gewählt sei, daß die asymptotische Form (8.4) gilt:

$$\int_V d^3r \,\operatorname{div} \mathbf{j} = R^2 \int_{\partial V} d\Omega \, j_R = 0. \qquad (8.112)$$

Dabei ist $j_R = j_R(\Omega)$ die Radialkomponente von $\mathbf{j}$ auf der Kugeloberfläche mit Abstand R zum Streuzentrum. Die Radialkomponente im Abstand r (genügend groß)

$$j_r = \frac{\hbar}{2i\mu} \left\{ \psi^* \frac{\partial}{\partial r} \psi - \psi \frac{\partial}{\partial r} \psi^* \right\} \tag{8.113}$$

zerfällt in drei Anteile, wenn man ψ gemäß (8.4) einsetzt:

$$j_{r,0} = \frac{\hbar k}{\mu} \cos\vartheta, \tag{8.114}$$

der von der ebenen Welle $\exp(ikz) = \exp(ikr\,\cos\vartheta)$ stammt;

$$j_{r,\text{streu}} = \frac{\hbar k}{\mu} \frac{|f(\Omega)|^2}{r^2} \tag{8.115}$$

von der Kugelwelle und dem Interferenz-Term

$$j_{r,int} = \frac{\hbar k}{\mu} \frac{1 + \cos\vartheta}{2r} \{ f(\vartheta) \exp(ik(r-z)) + f^*(\vartheta) \exp(-ik(r-z)) \}, \tag{8.116}$$

wenn man nur den führenden Term in $1/r$ berücksichtigt.

Zu (8.112) liefert (8.114) keinen Beitrag, da

$$\int d\Omega\,\cos\vartheta = 2\pi \int_{-1}^{1} d\cos\vartheta\,\cos\vartheta = 0; \tag{8.117}$$

von (8.115) erhalten wir den Beitrag

$$\frac{\hbar k}{\mu}\,\sigma \tag{8.118}$$

nach (8.2) und (8.7). Damit (8.112) gilt, muß (8.118) durch den Beitrag von (8.116) gerade kompensiert werden. Da wir das exakte Resultat, Gl. (8.110), schon kennen, soll die folgende heuristische Betrachtung genügen: Wegen der für $kr \gg 1$ schnell oszillierenden Terme in (8.116) kommen Beiträge zum Integral (8.112) nur von Werten $\vartheta \approx 0$. Wir erhalten daher:

$$R^2 \int j_{R,int}\,d\Omega$$
$$\approx \frac{\hbar k}{\mu} R\,2\pi \left\{ f(0) \int dx\,\exp(ikR(1-x)) + f^*(0) \int dx\,\exp(-ikR(1-x)) \right\}, \tag{8.119}$$

vorausgesetzt, daß $f(\vartheta)$ langsam veränderlich ist. Nach Ausführung der x-Integration bleibt ein Beitrag proportional zu $\Im(f(0))$ in Übereinstimmung mit dem exakten Resultat (8.110).

8.3.5 Berechnung der Sreuphasen $\delta_l(k)$

Wir betrachten wieder die Radialgleichung

$$\left\{ \frac{\partial^2}{\partial r^2} - \frac{l(l+1)}{r^2} + k^2 - U(r) \right\} \chi_l(r) = 0 \tag{8.120}$$

und denken uns die (reell gewählten) Lösungen so normiert, daß

$$\chi_l(r)_{r \to \infty} \sim \sin\left(kr - \frac{l\pi}{2} + \delta_l(k) \right). \tag{8.121}$$

Wir vergleichen nun die Lösungen χ_l bzw. die Phasen δ_l mit den Lösungen χ_l^0 (Phasen δ_l^0) zum Potential $U^0(r)$ bei gleicher Energie (oder Wellenzahl k). Dazu benutzen wir das Wronski-Theorem (vgl. Abschn. 7.1.3):

$$W(\chi_l, \chi_l^0)|_a^b = \chi_l \chi_l^{0\prime} - \chi_l^0 \chi_l^\prime |_a^b = - \int_a^b \chi_l^0 (U - U^0) \chi_l \, dr. \tag{8.122}$$

Wählt man speziell die Integrationsgrenzen $a = 0$ und $b = \infty$, so wird

$$W(\chi_l, \chi_l^0)|_0^\infty = k \, \sin(\delta_l - \delta_l^0), \tag{8.123}$$

da nach Abschn. 7.6.1

$$\chi_l(0) = 0 = \chi_l^0(0). \tag{8.124}$$

Also gilt

$$\sin(\delta_l - \delta_l^0) = -\frac{1}{k} \int_0^\infty \chi_l^0 (U - U^0) \chi_l \, dr. \tag{8.125}$$

Gl. (8.125) ist exakt. Wir können daraus zwei wichtige Resultate gewinnen:
  i) Für $U^0 = 0$ wird $\delta_l^0 = 0$ und

$$\chi_l^0 = kr \, j_l(kr), \tag{8.126}$$

so daß

$$\sin(\delta_l) = - \int_0^\infty j_l(kr) U(r) \chi_l(r) r \, dr. \tag{8.127}$$

Gl. (8.127) kann benutzt werden, um analog Abschn. 8.2.3 die Phasen iterativ zu berechnen. In **1. Born'scher Näherung** erhält man:

$$\sin(\delta_l) \approx -k \int_0^\infty U(r) j_l^2(kr) r^2 dr. \tag{8.128}$$

Nun verhalten sich die Bessel-Funktionen für kleine Werte des Arguments $\rho = kr$ wie (vgl. Abschn. 7.6.1 und 7.6.3)

$$j_l(kr) \sim (kr)^l. \tag{8.129}$$

Für ein Potential mit endlicher Reichweite r_0 folgt also aus (8.127) bzw. (8.128), daß die Phasen δ_l bei fester Energie E (festem k-Wert) mit wachsendem l abnehmen. Variiert man k, so erwartet man für $k \approx 0$ nur Beiträge zum Streuquerschnitt von kleinen l-Werten; insbesondere für $k \to 0$ erwartet man nur Beiträge von $l = 0$, also isotrope Streuung (*s-Wellen-Streuung*).

Für den Streuquerschnitt σ gilt dann nach (8.109)

$$\sigma(k = 0) = \lim_{k \to 0} \frac{4\pi}{k^2} \sin^2 \delta_0(k) \tag{8.130}$$

und in 1. Born'scher Näherung gilt mit (8.128) und (8.129) explizit

$$\sigma(k = 0) = 4\pi \, a^2 \tag{8.131}$$

mit der **Streulänge**

$$a = \lim_{k \to 0} \frac{1}{k} \int_0^\infty U(r) j_0(kr) \chi_0(kr) r \, dr. \tag{8.132}$$

Mit wachsendem k werden außer $l = 0$ auch $l = 1$ (*p-Wellen-Streuung*), $l = 2$ (*d-Wellen-Streuung*) etc. von Bedeutung, was sich in der Winkelverteilung im Experiment niederschlägt. Die Ergebnisse der klassischen Diskussion in Abschn. 8.3.2 werden also bestätigt.

ii) Falls $\Delta U \equiv U - U^0$ klein ist, wird im allgemeinen – mit Ausnahme der Resonanzstreuung – der Phasenunterschied $\Delta \delta_l \equiv \delta_l - \delta_l^0$ klein sein und (8.125) geht über in:

$$\Delta \delta_l = -\frac{1}{k} \int_0^\infty \Delta U \, \chi_l^2 \, dr; \qquad (8.133)$$

dabei wurde auf der rechten Seite von (8.125) der Unterschied zwischen χ_l^0 und χ_l konsequenterweise vernachlässigt. Wenn also $\Delta U > 0$ (< 0) für alle r, so ist $\Delta \delta_l < 0$ (> 0); insbesondere ist für ein überall abstoßendes Potential die Phase δ_l negativ, für ein überall attraktives Potential positiv. Man kann also aus dem Vorzeichen von δ_l (z. B. einem Vorzeichenwechsel bei bestimmter Energie) allgemeine Eigenschaften des Potentialverlaufs ablesen.

8.3.6   Coulomb – Streuung

Wegen der Voraussetzung (8.87) bedarf das Coulomb-Potential einer Sonderbehandlung. Der entscheidende Punkt ist, daß für das Coulomb-Potential Gl. (8.88) für die Asymptotik von χ_l nicht mehr gilt, sondern durch (7.277) zu ersetzen ist. Die dort eingeführten Phasen σ_l sind die Streuphasen des Coulomb- Potentials analog den oben benutzten Phasen δ_l; die σ_l sind exakt berechenbar.

8.3.7   Inelastische Streuung

Für die elastische Streuung können wir die Asymptotik von ψ (8.104) wie folgt umschreiben:

$$\psi(\mathbf{r})_{r \to \infty} = \sum_l (2l + 1) i^l \exp(i\delta_l) \frac{\sin\left(kr - \frac{l\pi}{2} + \delta_l\right)}{kr} P_l(\cos \vartheta) \qquad (8.134)$$

$$= \frac{i}{2kr} \sum_l (2l + 1)[(-1)^l \exp(-ikr) - S_l \exp(ikr)] P_l(\cos \vartheta)$$

mit

$$S_l = \exp(2i\delta_l). \qquad (8.135)$$

Solange δ_l reell ist, ist S_l ein reiner Phasenfaktor, so daß ψ ein- und auslaufende Kugelwellen mit gleichem Gewicht enthält. Dies charakterisiert die elastische Streuung, für die die Kontinuitätsgleichung (8.111) bzw. (8.112) gilt.

Für inelastische Prozesse muß die auslaufende Kugelwelle – im elastischen Kanal – gegenüber der einlaufenden abgeschwächt sein, da ein Teil des auslaufenden Stromes in die inelastischen Kanäle geht. Dem können wir formal Rechnung tragen, indem wir die reellen Phasen δ_l ersetzen durch komplexe Phasen

$$\eta_l = \delta_l + i\gamma_l; \quad \gamma_l > 0, \tag{8.136}$$

womit der Betrag von S_l,

$$|S_l| < 1, \tag{8.137}$$

wird, während für die elastische Streuung stets gilt

$$|S_l| = 1. \tag{8.138}$$

Die Streuamplitude im elastischen Kanal ist dann analog (8.107)

$$f(\vartheta) = \frac{1}{k} \sum_l (2l + 1) \exp(i\eta_l) \sin(\eta_l) P_l(\cos\vartheta) \tag{8.139}$$

oder ausgedrückt durch S_l

$$f(\vartheta) = \frac{1}{2ik} \sum_l (2l + 1)[S_l - 1] P_l(\cos\vartheta). \tag{8.140}$$

Anhand von (8.140) kann man zwei Grenzfälle charakterisieren: für eine gegebene Partialwelle l bedeuten $S_l = 1$ keine Streuung und $S_l = 0$ totale Absorption.

Für den Streuquerschnitt der elastischen Streuung folgt aus (8.140) wie unter Abschn. 8.3.3:

$$\sigma_{el.} = \frac{\pi}{k^2} \sum_l (2l + 1)|S_l - 1|^2. \tag{8.141}$$

Durch S_l können auch der **Reaktionsquerschnitt** σ_r bzgl. aller inelastischen Kanäle und der **totale Streuquerschnitt**

$$\sigma_t \equiv \sigma_{el.} + \sigma_r \tag{8.142}$$

ausgedrückt werden. Für σ_t muß über die Kontinuitätsgleichung (8.111) bzw. (8.112) wieder das optische Theorem gelten:

$$\sigma_t = \frac{4\pi}{k} \Im(f(0)) = \frac{2\pi}{k^2} \sum_l (2l + 1)[1 - Re(S_l)] \tag{8.143}$$

unter Benutzung von (8.140). Man beachte, daß der Imaginärteil der Vorwärtsstreuamplitude des elastischen Kanals eingeht in (8.143), da diese die Abschwächung des einfallenden Teilchenstrahls beschreibt! Aus (8.142) und (8.143) folgt dann

$$\sigma_r = \frac{\pi}{k^2} \sum_l (2l+1)[1 - |S_l|^2].$$

(8.144)

Für ein rein reelles Potential kann inelastische Streuung natürlich nicht auftreten, da die Stromerhaltung dann schon für die elastische Streuung allein gilt wie unter Abschn. 8.3.4 gezeigt. Ohne auf den Mechanismus einzugehen, der Inelastizität hervorruft, kann die inelastische Streuung formal durch Einführung eines komplexen Potentials beschrieben werden. Die für ein solches komplexes Potential berechneten Streuphasen sind dann die oben ‚ad hoc‘ eingeführten komplexen Streuphasen η_l, aus denen σ_{el}, σ_r und σ_t berechnet werden können.

Bemerkung: Inelastische Streuung,

$$|S_l| < 1, \ \sigma_r \neq 0,$$

(8.145)

ist notwendig begleitet von elastischer Streuung,

$$\sigma_{el} \neq 0,$$

(8.146)

da mit (8.145)

$$|S_l - 1| \neq 0.$$

(8.147)

Dies ist anschaulich klar, da inelastische Kanäle einen Strom-Verlust für den elastischen Kanal bedeuten, so daß die ebene Welle nicht ungestört erhalten bleiben kann.

8.3.8 Gamovzustände – Resonanzstreuung

Wir hatten in Abschn. 7.1.2 gesehen, daß es bei positiver Energie außer reinen Streuzuständen (klassisch: offene Bahnen) auch noch Gamovzustände geben kann. Wir wollen uns im Folgenden nur qualitativ klar machen, daß sich die Phasen δ_l und der Streuquerschnitt σ in den beiden Fällen unterschiedlich verhalten werden. Im ersten Fall (Abschn. 7.1.2, Typ 2 + 3) erwarten wir, daß δ_l und σ monoton mit der Energie variieren (a); im zweiten Fall (Abschn. 7.1.2, Typ 4) müssen wir beachten, daß im Innenbereich des Potentials quasi-gebundene Zustände (Gamovzustände) existieren können, welche aufgrund des Tunneleffektes im Laufe der Zeit zerfallen. Bei einem Streuexperiment an einem solchen (Typ 4) Potential werden δ_l und σ empfindlich davon abhängen, ob die im Streuexperiment vorgegebenen Energien in der Nähe eines Gamovzustandes liegen oder nicht. Im letzteren Fall

Abb. 8.4 Illustration der Streuung an einer ‚harten Kugel‘ und ‚Resonanzstreuung‘

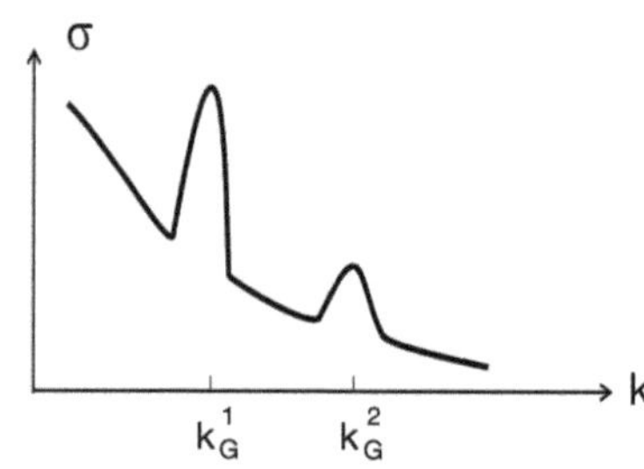

dringt die einfallende ebene Welle nur schwach in den Potentialwall ein; das Potential verhält sich analog einer harten Kugel, für die sich die Streuung aus Reflexion und Beugung zusammensetzt. Im ersteren Fall dagegen kann ein merklicher Bruchteil der einfallenden Welle in den Innenbereich eindringen, dort eine Zeit τ als quasigebundener Zustand existieren und schließlich nach dem Zerfall die Streuwelle verstärken. Solche Gamovzustände werden daher eine ausgeprägte Variation von δ_l und σ mit der Energie hervorrufen (siehe Abb. 8.4). Wir sprechen in diesem Fall von **Resonanzstreuung.** Die Maxima in k_G^1 und k_G^2 entsprechen der mittleren Position der Gamovzustände.

Die quantitative Behandlung der Gamovzustände wollen wir noch andeuten. Dazu wollen wir ein Potential endlicher Reichweite betrachten

$$V(r) = v(r) \qquad \text{für } r \le r_0, \tag{8.148}$$

und $=0$ sonst, und uns auf den Fall $l = 0$ beschränken:

$$\left\{ -\frac{\hbar^2}{2\mu} \frac{\partial^2}{\partial r^2} + V(r) - E \right\} \chi(r) = 0. \tag{8.149}$$

Die Gamov-Lösungen $\chi_m(r)$ von (8.149) können durch Tunneleffekt zerfallen; sie bestehen daher für $r > r_0$ aus rein auslaufenden Wellen,

$$\chi_m(r) = A_m \exp(ik_m r) \text{für } r > r_0. \tag{8.150}$$

Dabei ist

$$E_m = \frac{\hbar^2 k_m^2}{2\mu} \tag{8.151}$$

die Energie des Gamovzustandes χ_m. Die Lösungen χ_m müssen (vgl. Abschn. 7.1.1) stetig und mit stetiger Ableitung an den Außenbereich $r > r_0$ angeschlossen werden. Dies leistet die Anschlußbedingung:

$$\left(\frac{\partial \chi_m}{\partial r} \frac{1}{\chi_m} \right)_{r=r_0} = i k_m, \tag{8.152}$$

welche von der in (8.150) eingeführten Normierungskonstanten unabhängig ist.

Die Anschlußbedingung (8.152) erzwingt Lösungen von (8.149), für die der Hamilton-operator (genauer: die kinetische Energie) nicht hermitesch ist, so daß die zu berechnenden Energien E_m komplex werden,

$$E_m = \epsilon_m - \frac{i}{2\Gamma_m}.$$

(8.153)

Die den χ_m korrespondierenden zeitabhängigen Lösungen haben dann einen Zeitfaktor

$$\exp\left(-\frac{i}{\hbar}E_m t\right) = \exp\left(-\frac{i}{\hbar}\epsilon_m t\right)\exp\left(-\frac{\Gamma_m}{2\hbar}t\right),$$

(8.154)

der für $\Gamma_m > 0$ einem exponentiellen Zerfall entspricht mit der Zerfallskonstanten Γ_m. In einfachen Fällen (z. B. für kastenförmige Potentiale) gelingt die analytische Lösung von (8.149) mit der Randbedingung (8.152).

Da für einen negativen Imaginärteil von E_m (also $\Gamma_m > 0$) auch k_m gemäß (8.151) einen negativen Imaginärteil besitzt, erhalten wir aus (8.150) eine im Außenraum exponentiell divergierende Lösung. Dieser Defekt stört jedoch in der Praxis nicht, da die uns interessierende Zerfallskonstante Γ_m durch die Wellenfunktion χ_m im Bereich $r \leq r_0$ bestimmt ist. Um dies zu zeigen, benutzen wir wieder das Wronski-Theorem:

$$-\frac{\hbar^2}{2\mu}(\chi_m^* \chi_m' - \chi_m \chi_m^{*\prime})|_0^{r_0} = (E_m - E_m^*)\int_0^{r_0}|\chi_m|^2 dr.$$

(8.155)

Wegen

$$\chi_m(0) = 0$$

(8.156)

und (8.150) folgt aus (8.155)

$$\Gamma_m = \frac{\hbar^2 k_m}{\mu}\frac{|\chi_m(r_0)|^2}{\int_0^{r_0}|\chi_m|^2\,dr}.$$

(8.157)

Die Zerfallskonstante Γ_m ist also in der Tat durch χ_m im Bereich $r \leq r_0$ bestimmt; sie ist proportional zur Wahrscheinlichkeit, die Fragmente (z. B. α-Teilchen und Restkern) im Abstand r_0 voneinander zu finden, bezogen auf die Wahrscheinlichkeit das Gesamtsystem innerhalb der Kugel mit Radius r_0 um den Ursprung $r = 0$ zu finden.

Formel (8.157) zeigt, daß das oben skizzierte Zerfallsmodell nur für sehr langsam zerfallende Gamovzustände anwendbar ist: während Γ_m durch (8.153) als reell definiert ist, ist die rechte Seite von (8.157) komplex, da k_m komplex ist. Für sehr langsam zerfallende Zustände ($\Gamma_m \ll |\epsilon_m - \epsilon_{m+1}|$) können wir in (8.157) $\Im(k_m)$ vernachlässigen und erhalten

$$\Gamma_m = \hbar v_m \frac{|\chi_m(r_0)|^2}{\int_0^{r_0} |\chi_m|^2 \, dr} \tag{8.158}$$

mit

$$v_m = \hbar \frac{\Re(k_m)}{\mu} \tag{8.159}$$

als Relativgeschwindigkeit der (getrennten) Fragmente zueinander.

Wir wollen abschließend den Fall der Resonanz-Streuung an einem einfachen, idealisierten Beispiel diskutieren. Für $l = 0$ können wir die Lösung der Radialgleichung im Außenraum $r > r_0$ schreiben als

$$\chi = \frac{1}{2ik}(S_0 \exp(ikr) - \exp(-ikr)) \tag{8.160}$$

mit

$$S_0 = \exp(2i\delta_0); \tag{8.161}$$

vgl. (8.134) und (8.135). Wir führen als Hilfsgröße die logarithmische Ableitung von χ an der Stelle $r = r_0$ ein:

$$R = \frac{\partial \chi}{\partial r} \frac{1}{\chi(r)}\Big|_{r=r_0}. \tag{8.162}$$

Dann folgt als Anschlußbedingung zwischen Innen- und Außenraum

$$R = ik \frac{S_0 \exp(ikr_0) + \exp(-ikr_0)}{S_0 \exp(ikr_0) - \exp(-ikr_0)}, \tag{8.163}$$

oder nach S_0 aufgelöst

$$S_0 = \frac{R + ik}{R - ik} \exp(-2ikr_0). \tag{8.164}$$

Für den Streuquerschnitt folgt aus (8.164) mit (8.109) bzw. (8.141)

$$\sigma_0 = \frac{\pi}{k^2}|S_0 - 1|^2 \equiv \frac{\pi}{k^2}|f_{res} + f_{pot}|^2, \tag{8.165}$$

wobei

$$f_{res} = \frac{2ik}{R - ik} \tag{8.166}$$

$$f_{pot} = 1 - \exp(2ikr_0). \tag{8.167}$$

Die Bedeutung des Beitrages von f_{pot} wird sofort klar, wenn man die Streuung an einer 'harten Kugel' betrachtet:

$$V(r) = \infty \text{ für } r \leq r_0 \tag{8.168}$$

und $=0$ sonst. Da $\chi(r_0) = 0$ für das Potential (8.168), wird $R \to \infty$ und $f_{res} \to 0$. Für die harte Kugel folgt dann

$$\sigma_0 = 4\pi\, r_0^2 \left\{ \frac{\sin(kr_0)}{kr_0} \right\}^2. \tag{8.169}$$

Wir betrachten nun den anderen Extremfall, wo man f_{pot} gegen f_{res} vernachlässigen kann. Dies passiert, wenn in dem Potential ein (oder mehrere) Gamov-Zustand existiert und die Streuenergie $E = \hbar^2 k^2/(2\mu)$ nahe der Position ϵ_m des Gamov-Zustandes χ_m liegt. Dann können wir, wenn andere Gamov-Zustände energetisch weit von χ_m entfernt sind, die Wellenfunktion $\chi(r)$ im Innenbereich $r \leq r_0$ approximieren durch

$$\chi(r) \approx \chi_m(r) \text{ für } r \leq r_0. \tag{8.170}$$

Dann wird nach (8.152)

$$R \approx ik_m, \tag{8.171}$$

also

$$f_{res} \approx \frac{2k}{k_m - k}. \tag{8.172}$$

Für $k = \Re(k_m)$ wird f_{res} maximal, und zwar umso größer, je schmaler der betrachtete Gamov-Zustand ist. Dementsprechend wird man in der Umgebung von $k = \Re(k_m)$ eine starke Änderung von $\sigma = \sigma(k)$ erwarten: **Resonanz-Streuung.** Wie ausgeprägt und von welcher Form eine Resonanz in der Praxis ist, hängt ab von der Interferenz mit der Potential-Streuung f_{pot} sowie mit anderen Gamov-Zuständen und gebundenen Zuständen nahe der Schwelle $E = 0$. Dazu kommt gegebenenfalls der Einfluß der Absorption durch inelastische Kanäle.

Zusammenfassend haben wir die Streutheorie für ein einzelnes Teilchen mit einer Wechselwirkung $V(r)$ formuliert, die Kontinuumzustände in verschiedenen Darstellungen untersucht und die Streuamplitude sowie den differentiellen Wirkungsquerschnitt hergeleitet. Außerdem wurde die Partialwellenentwicklung der Streuamplitude vorgestellt und die Streuphasen $\delta_l(k)$ in niedrigster Ordnung berechnet. Die Diskussion der Resonanzstreuung hat dieses Kapitel abgeschlossen.

Teil III

Mathematische Grundlagen der Quantenmechanik

Der Hilbert-Raum

Inhaltsverzeichnis

In diesem Kapitel führen wir das Konzept abstrakter Zustände in einem Hilbertraum $\mathcal{H}$ ein und spezifizieren die formalen Anforderungen. Außerdem werden wir die Dirac-Notation einführen, die sich besonders gut für Vielteilchensysteme eignet.

Zentrale Größe in der Quantenmechanik eines Teilchens ohne Spin ist die Ortswellenfunktion $\psi(\mathbf{r}; t)$, welche den Zustand einer Gesamtheit von Teilchen beschreibt. Diese

i) Ortsdarstellung

eines quantenmechanischen Zustandes ist jedoch nicht die einzig mögliche. Wir hatten in Abschn. 6.3 gesehen, daß die Kenntnis der Fourieramplituden $\tilde{\psi}(\mathbf{k}; t)$ der Wellenfunktion $\psi(\mathbf{r}; t)$ ebenfalls zur Beschreibung des betrachteten Zustandes geeignet ist. Wir sprechen dann von einer

ii) Impuls-Darstellung

Allgemein können wir eine einen quantenmechanischen Zustand beschreibende Ortswellenfunktion $\psi(\mathbf{r}; t)$ nach einem beliebigen vollständigen, orthonormierten Satz von Funktionen $\varphi_\mu(\mathbf{r})$ entwickeln und die Entwicklungskoeffizienten $c_\mu(t) = \int d^3 r \, \varphi_\mu^*(\mathbf{r})\psi(\mathbf{r}; t) = (\varphi_\mu, \psi)$ zur Charakterisierung des betrachteten Zustandes benutzen. In dieser

© Der/die Autor(en), exklusiv lizenziert an Springer Nature Switzerland AG 2025
W. Cassing, *Theoretische Physik kompakt III*,
https://doi.org/10.1007/978-3-031-96448-0_9

iii) C-**Darstellung**

wird der Zustand dann durch einen Spaltenvektor

$$\vec{C}(t) = \begin{pmatrix} c_1(t) \\ c_2(t) \\ c_3(t) \\ \cdot \\ \cdot \end{pmatrix} \tag{9.1}$$

dargestellt. In diese Sparte iii) gehört auch die Beschreibung des Spins von Fermionen durch Spaltenvektoren der Dimension 2 (Abschn. 6.5).

Das gleiche Bild ergibt sich bei den Operatoren, denen wir Observablen zuordnen. In der Ortsdarstellung waren $\mathbf{r}$ und $-i\hbar\nabla_r$ die Basis-Operatoren, aus denen wir alle weiteren Operatoren wie Bahndrehimpuls oder Potential aufgebaut haben (vgl. Kap. 5). In der Impuls-Darstellung sind die Rollen von Ort und Impuls gerade vertauscht: Basis-Operatoren sind $\mathbf{p} = \hbar\mathbf{k}$ und $i\hbar\nabla_p$. Bildet man, ausgehend von einer Observablen in der Ortsdarstellung $F = F(\mathbf{r}, \mathbf{p})$, die Integrale

$$\int d^3r \, \varphi_\mu^* \, F \, \varphi_\nu = (\varphi_\mu, F \, \varphi_\nu) \equiv F_{\mu\nu} \tag{9.2}$$

in der vollständigen Basis $\{\varphi_\mu\}$, so gelangt man zur C-Darstellung von F in Form von quadratischen, ∞-dimensionalen Matrizen. Ebenso bilden die Pauli'schen Spin-Matrizen eine C-Darstellung der Spin-Operatoren für Fermionen, auch wenn sie nicht über ein Integral (9.2) definiert sind.

Ganz explizit zeigt sich die Unabhängigkeit quantenmechanischer Aussagen von der speziellen Darstellung darin, daß sich z. B. die Eigenwerte des harmonischen Oszillators oder des Drehimpulses allein aufgrund formaler Vertauschungsregeln der das Problem beschreibenden Operatoren bestimmen lassen. Es wird sich zeigen, daß quantenmechanische Zustände durch **Vektoren im Hilbert-Raum** beschrieben werden können. Wir beginnen mit der

9.1 Definition des Hilbert-Raumes

Ein Hilbert-Raum $\mathcal{H}$ ist eine Menge von Elementen f, g, h ... (**Vektoren**), für die die folgenden Axiome erfüllt sind:

1.) **Linearität:**

In $\mathcal{H}$ gibt es eine Verknüpfung der Elemente (**Addition**), bezüglich derer $\mathcal{H}$ eine additive, abelsche Gruppe bildet. Dies bedeutet im einzelnen:

1.1) Für alle $f, g \in \mathcal{H}$ ist auch $f + g = g + f \in \mathcal{H}$;
1.2) Assoziativität: $f + (g + h) = (f + g) + h$,
1.3) Neutrales Element: es gibt ein Element $0 \in \mathcal{H}$ mit $f + 0 = f$ für alle $f \in \mathcal{H}$.
1.4) Inverses Element: zu jedem $f \in \mathcal{H}$ gibt es ein inverses Element $(-f)$, so daß
$f + (-f) = 0$. Statt $g + (-f)$ schreiben wir kurz: $g - f$.

Weiterhin ist die Multiplikation mit komplexen Zahlen wie folgt erklärt. Für komplexe Zahlen a, b, c. gilt:

1.5) Falls $f \in \mathcal{H}$, so auch $af \in \mathcal{H}$.
1.6) Distributiv-Gesetze: $a(f + g) = af + ag$; $(a + b)f = af + bf$.
1.7) Assoziativ-Gesetz: $a(bf) = (ab)f$.
1.8) $1 f = f$ für alle $f \in \mathcal{H}$.

2.) **Metrik:**

Über $\mathcal{H}$ ist ein **inneres Produkt** wie folgt erklärt: Jedem Paar von Vektoren f, g ist eine komplexe Zahl zugeordnet, bezeichnet mit (f, g), mit den Eigenschaften:

2.1) $(f, g) = (g, f)^*$
2.2) $(f, ag) = a(f, g)$ für beliebige komplexe Zahlen a
2.3) $(f, g_1 + g_2) = (f, g_1) + (f, g_2)$
2.4) $(f, f) \geq 0$ für alle $f \in \mathcal{H}$, wobei
2.5) $(f, f) = 0$ nur für das neutrale Element gilt.

Wegen 2.1) ist (f, f) reell.

An die Bildung des inneren Produktes schließen sich die folgenden Begriffsbildungen direkt an:

i) **Orthogonale Vektoren**

Zwei Vektoren f, g heißen orthogonal, wenn

$$(f, g) = 0; \tag{9.3}$$

speziell das neutrale Element (Null-Vektor) ist zu jedem $f \in \mathcal{H}$ orthogonal.

ii) **Parallele Vektoren**

Zwei Vektoren $f, g \in \mathcal{H}$ heißen parallel, wenn $f = ag$ mit komplexem a.

iii) **Länge eines Vektors**

Als Länge eines Vektors definieren wir

$$\|f\| = \sqrt{(f, f)}. \tag{9.4}$$

Ehe wir die Definition des Hilbert-Raumes vervollständigen, wollen wir darauf hinweisen, daß die Axiome 1.) und 2.) gerade das Superpositionsprinzip (vgl. Abschn. 3.3) und die Wahrscheinlichkeitsinterpretation (Kap. 4) garantieren.

3.) **Vollständigkeit**

Als Hilfsbegriff führen wir die **starke Konvergenz** von Vektoren ein: Eine Folge von Vektoren $f_n \in \mathcal{H}$ heißt konvergent gegen einen Vektor $f \in \mathcal{H}$,

$$\lim_{n \to \infty} f_n = f, \tag{9.5}$$

wenn

$$\lim_{n \to \infty} \|f_n - f\| = 0. \tag{9.6}$$

Aus (9.6) folgt mit der Dreiecksungleichung

$$\lim_{n,m \to \infty} \|f_m - f_n\| = 0, \tag{9.7}$$

da

$$\|f_m - f_n\| \leq \|f_m - f\| + \|f_n - f\|. \tag{9.8}$$

Eine Folge von Vektoren f_n mit der Eigenschaft (9.7) heißt **Cauchy-Folge**. Der Limes (9.7) ist eine notwendige, aber nicht hinreichende Bedingung für (9.6) – z.B. hat $(1 + 1/n)^n$ als Cauchy-Folge keinen Grenzwert im Raum der rationalen Zahlen. – Wir fordern daher, daß in $\mathcal{H}$ zu jeder Cauchy-Folge von Vektoren f_n ein Grenzelement $f \in \mathcal{H}$ existiert: **Vollständigkeitsaxiom.**

4.) Separabilität

Im Gegensatz zu der in der Mathematik üblichen Definition eines Hilbert-Raumes wird in der Physik noch die zusätzliche Forderung der Separabilität gestellt: In $\mathcal{H}$ gibt es eine abzählbare Menge $\{N\}$ von Vektoren f_ν mit der Eigenschaft, daß für jeden Vektor $f \in \mathcal{H}$ und beliebiges $\epsilon > 0$ ein Vektor $f_{\nu_0} \in \{N\}$ existiert, der die Ungleichung

$$\| f - f_{\nu_0} \| < \epsilon \tag{9.9}$$

erfüllt. Damit ist der in der Quantentheorie benötigte Hilbertraum $\mathcal{H}$ vollständig definiert.

Die Bedeutung der Axiome 3.) und 4.) wird klar, wenn man dem Hilbertraum $\mathcal{H}$ einen endlich-dimensionalen, linearen unitären Vektorraum $\mathcal{L}_N$ gegenüberstellt. Für beide Räume gelten die Axiome 1.) und 2.); für $\mathcal{L}_N$ folgt dann schon, daß jeder beliebige Vektor $\gamma \in \mathcal{L}_N$ sich darstellen läßt als

$$\gamma = \sum_{i=1}^{N} c_i \, \varphi_i \tag{9.10}$$

mit

$$c_i = (\varphi_i, \gamma), \tag{9.11}$$

wobei die Vektoren φ_i, $i = 1, 2, .., N$, orthonormiert sind. Bei einem ∞-dimensionalen Vektorraum muß man die Axiome 3. und 4. hinzunehmen, damit jeder Vektor g des Raumes sich mit Hilfe eines abzählbaren Satzes orthogonaler Vektoren f_i des gleichen Raumes darstellen läßt als

$$g = \sum_{i=1}^{\infty} d_i \, f_i \tag{9.12}$$

mit

$$d_i = (f_i, g). \tag{9.13}$$

Dabei ist das $(=)$-Zeichen in (9.12) zu verstehen im Sinne der Gl. (9.6) als

$$\lim_{n \to \infty} \left\| g - \sum_{i=1}^{n} d_i\, f_i \right\| = 0. \tag{9.14}$$

Gl. (9.14) ist äquivalent zur **Vollständigkeitsrelation**

$$\|g\|^2 = \sum_{i=1}^{\infty} |d_i|^2. \tag{9.15}$$

Während Axiom 4.) dafür sorgt, daß jeder Vektor $g \in \mathcal{H}$ sich gemäß (9.12), (9.14) entwickeln läßt, garantiert Axiom 3.), daß die Folge $g_n \equiv \sum_{i<n} d_i\, f_i$ nicht aus $\mathcal{H}$ hinausführt.

Die Axiome 3.) und 4.) garantieren die **Wahrscheinlichkeitsinterpretation** von **Erwartungswerten** (Kap. 6). Der in (9.6) benutzte Konvergenzbegriff ist genau den Bedürfnissen der Quantentheorie angepaßt, da alle meßbaren Größen als Skalarprodukte eingeführt wurden.

9.2   Schwarz'sche Ungleichung

Für $f, g, h \in \mathcal{H}$ gilt

$$|(f, g)| \le \|f\| \cdot \|g\|. \tag{9.16}$$

Beweis:

1.) Wenn f oder g oder beide das neutrale Element sind, so ist (9.16) richtig: es gilt dann das $(=)$-Zeichen.

2.) Wenn $f \neq 0$, $g \neq 0$, so zerlegen wir ($h \in \mathcal{H}$)

$$f = \frac{(g, f)}{(g, g)} g + h. \tag{9.17}$$

Dann ist offensichtlich

$$(g, h) = 0, \tag{9.18}$$

also

$$(f, f) = \left(\frac{(g, f)}{(g, g)} g + h, \frac{(g, f)}{(g, g)} g + h \right) = \frac{|(f, g)|^2}{(g, g)^2} (g, g) + (h, h), \tag{9.19}$$

so daß

$$(f, f) \geq \frac{|(f, g)|^2}{(g, g)}, \qquad \text{q.e.d.} \tag{9.20}$$

Die Schwarz'sche Ungleichung (9.16) wird zu einer Gleichung genau dann, wenn im Beweis $h = 0$, also $f = ag$ (parallele Vektoren) gilt.

Aus der Schwarz'schen Ungleichung folgt die **Dreiecksungleichung:**

$$\|f + g\| \leq \|f\| + \|g\|. \tag{9.21}$$

Beweis:

1.) Wenn $\|f + g\| = 0$ ist die Behauptung richtig.

2.) Sei $\|f + g\| \neq 0$. Dann wird

$$\|f + g\|^2 = (f + g, f + g) = (f + g, f) + (f + g, g) \leq \|f + g\| \cdot \|f\| + \|f + g\| \cdot \|g\|, \tag{9.22}$$

woraus nach Division durch $\|f + g\|$ die Behauptung folgt.

9.3 Realisierungen von $\mathcal{H}$

Der abstrakte Hilbertraum $\mathcal{H}$ kann auf verschiedene Weise realisiert werden. Wir geben zwei für die Quantentheorie wichtige Beispiele.

i) Die Menge aller Spaltenvektoren

$$c =: \vec{C} = \begin{pmatrix} c_1 \\ c_2 \\ c_3 \\ \cdot \\ \cdot \end{pmatrix} \tag{9.23}$$

mit ∞-vielen komplexen Zahlen c_i als Komponenten, für die gilt

$$\sum_{i=1}^{\infty} |c_i|^2 < \infty. \tag{9.24}$$

Die Addition zweier Spaltenvektoren c, d wird erklärt als

$$c + d = \begin{pmatrix} c_1 + d_1 \\ c_2 + d_2 \\ c_3 + d_3 \\ \cdot \\ \cdot \end{pmatrix} \qquad (9.25)$$

und die Multiplikation eines Spaltenvektors mit einer komplexen Zahl α als

$$\alpha c =: \begin{pmatrix} \alpha c_1 \\ \alpha c_2 \\ \alpha c_3 \\ \cdot \\ \cdot \end{pmatrix} . \qquad (9.26)$$

Schließlich sei das Skalarprodukt definiert durch

$$(c, d) = \sum_{i=1}^{\infty} c_i^* d_i . \qquad (9.27)$$

Der so gebildete Raum ist in der Tat ein Hilbertraum: Axiom 1.1 ist erfüllt, denn für zwei komplexe Zahlen c_i, d_i gilt

$$|c_i + d_i|^2 \leq (|c_i| + |d_i|)^2 \leq (|c_i| + |d_i|)^2 + (|c_i| - |d_i|)^2 = 2|c_i|^2 + 2|d_i|^2, \qquad (9.28)$$

so daß mit (9.24)

$$\sum_{i=1}^{\infty} |c_i + d_i|^2 < \infty, \qquad (9.29)$$

also die über (9.25) definierte Summe $c + d$ Element des betrachteten Raumes ist. Die restlichen Forderungen 1.2 bis 1.8 sind trivialerweise erfüllt. Aus (9.27) zusammen mit (9.24) folgt, daß (c, d) eine komplexe Zahl ist:

$$|c_i^* d_i| = |c_i| |d_i| \leq \frac{1}{2} \left(|c_i|^2 + |d_i|^2 \right) , \qquad (9.30)$$

also wegen (9.24)

$$\sum_{i=1}^{\infty} |c_i^* d_i| < \infty \qquad (9.31)$$

und somit schließlich

$$\sum_{i=1}^{\infty} c_i^* d_i < \infty . \qquad (9.32)$$

Die Axiome 2.1 bis 2.5 sind dann trivial erfüllt. Weiterhin bilden die abzählbar, unendlich vielen Vektoren

$$
\begin{pmatrix} 1 \\ 0 \\ 0 \\ \cdot \\ \cdot \end{pmatrix}, \quad
\begin{pmatrix} 0 \\ 1 \\ 0 \\ \cdot \\ \cdot \end{pmatrix}, \quad
\begin{pmatrix} 0 \\ 0 \\ 1 \\ \cdot \\ \cdot \end{pmatrix}, \cdots,
\tag{9.33}
$$

deren Komponenten alle bis auf eine (die als 1 gewählt wird) verschwinden, eine vollständige, orthonormale Basis, so daß auch die Axiome 3. und 4. erfüllt sind.

ii)   Die Menge aller komplex-wertigen, im **Lebesgue'schen** Sinne integrierbaren Funktionen $f(\mathbf{r})$, für die

$$
\int d^3 r \, |f(\mathbf{r})|^2 < \infty,
\tag{9.34}
$$

bilden einen Hilbertraum, wenn man in üblicher Weise Addition und Multiplikation mit komplexen Zahlen erklärt und das Skalar-Produkt einführt durch

$$
(f, g) =: \int d^3 r \, f^*(\mathbf{r}) \, g(\mathbf{r}).
\tag{9.35}
$$

Das in (9.35) definierte Skalar-Produkt existiert wegen (9.34); der Beweis erfolgt wie in Beispiel i). Die Axiome 1.1 bis 1.8 sowie 2.1 bis 2.4 sind offensichtlich erfüllt. Dagegen gilt 2.5 nur, wenn wir Funktionen, die sich nur auf einer Punktmenge vom Maß 0 unterscheiden, als äquivalent ansehen. Für die Beweise der Axiome 3. und 4. muß auf die mathematische Literatur verwiesen werden.

Bemerkung: Die Axiome 3. und 4. mit dem Skalarprodukt (9.35) gelten nicht für lediglich stetige Funktionen!

In dem oben definierten Raum $\mathcal{L}_2(-\infty, \infty)$ gibt es abzählbar unendliche, orthonormierte Systeme von Funktionen $\varphi_i(\mathbf{r})$; ein Beispiel bilden die Eigenfunktionen des harmonischen Oszillators. Wir können also jede Funktion $f(\mathbf{r})$ aus $\mathcal{L}_2(-\infty, \infty)$ entwickeln als

$$
f(\mathbf{r}) = \sum_{i=1}^{\infty} c_i \, \varphi_i(\mathbf{r}).
\tag{9.36}
$$

Dabei bedeutet das $(=)$-Zeichen in (9.36) **keine punktweise** Konvergenz, sondern **Konvergenz im Mittel,**

$$\lim_{n \to \infty} \int d^3 r \, |f(\mathbf{r}) - \sum_{i=1}^{n} c_i \, \varphi_i(\mathbf{r})|^2 = 0. \tag{9.37}$$

Die Funktion $f(\mathbf{r})$ und seine Entwicklung (9.36) können sich also noch auf einer Nullmenge unterscheiden.

Die Realisierung des Hilbertraumes $\mathcal{H}$ durch den Raum $\mathcal{L}_2(-\infty, \infty)$ ergibt gerade die Ortsdarstellung für ein Teilchen ohne Spin. Wollen wir ein Teilchen mit Spin $1/2\hbar$ oder mehrere Teilchen beschreiben, so benötigen wir den Begriff des **Produktraumes.** Zur Vereinfachung der Schreibweise wollen wir die

9.4 Dirac-Notation

einführen. Einen Hilbert-Vektor, der einen quantenmechanischen Zustand beschreibt, wollen wir mit

$$|\Psi\rangle : \qquad\qquad \text{'Ket-Vektor'} \tag{9.38}$$

bezeichnen. Jedem ‚Ket-Vektor' $|\Psi\rangle$ ordnen wir umkehrbar-eindeutig einen ‚Bra-Vektor' $\langle\Psi|$ zu durch die Festsetzung, daß

i) dem ‚Ket-Vektor' $a|\Psi\rangle$ (a: komplexe Zahl) der ‚Bra-Vektor' $a^*\langle\Psi|$ zugeordnet wird, und

ii) der Summe $|\Psi_1\rangle + |\Psi_2\rangle$ der ‚Bra-Vektor' $\langle\Psi_1| + \langle\Psi_2|$.

Durch i) und ii) wird eine **antilineare Abbildung** definiert, d.h. für einen antilinearen Operator O gilt:

$$O(a|\psi_1\rangle + b|\psi_2\rangle) = a^* O|\psi_1\rangle + b^* O|\psi_2\rangle.$$

Zwischen einem Ket-Vektor $|\Psi_1\rangle$ und einem Bra-Vektor $\langle\Psi_2|$ wird eine Verknüpfung eingeführt durch

iii) $\langle\Psi_2|\Psi_1\rangle = (\Psi_2, \Psi_1)\,.$

Wenn die Vektoren $|\varphi_\nu\rangle$, $\nu = 1, 2, \ldots$, eine vollständige, orthonormierte Basis im Hilbertraum bilden, so lautet die Entwicklung eines beliebigen Vektors $|\Psi\rangle$ in dieser Basis:

$$|\Psi\rangle = \sum_{\nu=1}^{\infty} |\varphi_\nu\rangle\langle\varphi_\nu|\Psi\rangle \tag{9.39}$$

mit den Entwicklungskoeffizienten

$$\langle\varphi_\nu|\Psi\rangle = (\varphi_\nu, \Psi). \tag{9.40}$$

Gl. (9.39) legt nahe,

$$\sum_{\nu=1}^{\infty} |\varphi_\nu\rangle\langle\varphi_\nu| = E_{\mathcal{H}} \equiv 1_{\mathcal{H}} \tag{9.41}$$

als den **Identitäts-Operator** im Hilbertraum anzusehen. Dies ist in der Tat möglich; auf den mathematischen Hintergrund (Stichwort: Duale Räume $\mathcal{H}^\dagger$; $|\Psi\rangle\epsilon\,\mathcal{H}$, $\langle\Psi|\epsilon\,\mathcal{H}^\dagger$; $\mathcal{H}^\dagger \equiv \mathcal{H}$ im Falle von Hilberträumen) soll hier nicht weiter explizit eingegangen werden.

9.5 Produkträume

Die Vektoren $|\chi_i^1\rangle$; $i = 1, 2, \ldots$, mögen eine vollständige, orthonormierte Basis in einem Hibertraum $\mathcal{H}_1$ bilden, $|\varphi_j^2\rangle$ eine ebensolche in einem anderen Hilbertraum $\mathcal{H}_2$. Wir betrachten nun die Menge der Produkte

$$|\Psi_k^{1,2}\rangle =: |\chi_i^1\rangle|\varphi_j^2\rangle; \qquad k =: (i, j), \tag{9.42}$$

welche folgende Eigenschaften haben sollen:

1.) Die Multiplikation (9.42) ist kommutativ

$$|\chi_i^1\rangle|\varphi_j^2\rangle = |\varphi_j^2\rangle|\chi_i^1\rangle. \tag{9.43}$$

2.) Die Multiplikation (9.42) ist distributiv bzgl. der Addition in $\mathcal{H}_1$ bzw. $\mathcal{H}_2$, wenn

$$|\chi_i^1\rangle = \lambda|\chi_n^1\rangle + \lambda'|\chi_{n'}^1\rangle, \tag{9.44}$$

so ist

$$|\chi_i^1\rangle|\varphi_j^2\rangle = \lambda|\chi_n^1\rangle|\varphi_j^2\rangle + \lambda'|\chi_{n'}^1\rangle|\varphi_j^2\rangle. \qquad (9.45)$$

Wenn man im Raum der Vektoren $|\Psi_k^{1,2}\rangle$ ein Skalarprodukt erklärt durch ($k = (i,j)$, $k' = (i',j')$)

$$\langle\Psi_k^{1,2}|\Psi_{k'}^{1,2}\rangle =: \langle\chi_i^1|\chi_{i'}^1\rangle\langle\varphi_j^2|\varphi_{j'}^2\rangle, \qquad (9.46)$$

so ist der aus den Vektoren $|\Psi_k^{1,2}\rangle$ aufgespannte **Produkt-Raum,** den wir mit

$$\mathcal{H}_1 \otimes \mathcal{H}_2 \qquad (9.47)$$

bezeichnen, ebenfalls ein Hilbertraum, in dem die Vektoren $|\Psi_k^{1,2}\rangle$ eine vollständige, orthonormierte Basis bilden.

Beispiele:

i) 2 Teilchen ohne Spin

Teilchen 1 werde in einem Hilbertraum $\mathcal{H}_1$ beschrieben, realisiert durch Ortswellenfunktionen $\chi_i(\mathbf{r}_1)$, welche in $\mathcal{H}_1$ ein **vollständiges Orthonormalsystem** bilden mögen. $\varphi_j(\mathbf{r}_2)$ sei ebenfalls ein vollständiges Orthonormalsystem in dem zum Teilchen 2 gehörenden Hilbertraum $\mathcal{H}_2$. Die Produktfunktionen

$$\psi_k(\mathbf{r}_1,\mathbf{r}_2) =: \chi_i(\mathbf{r}_1)\varphi_j(\mathbf{r}_2); \qquad k =: (i,j), \qquad (9.48)$$

bilden eine vollständige Basis in $\mathcal{H}_1 \otimes \mathcal{H}_2$, nach der jede Wellenfunktion des Zweiteilchensystems entwickelt werden kann:

$$\Psi(\mathbf{r}_1,\mathbf{r}_2) = \sum_{k=1}^{\infty} c_k\,\psi_k(\mathbf{r}_1,\mathbf{r}_2). \qquad (9.49)$$

ii) Separationsansatz

Der Ansatz

$$\psi(\mathbf{r}) = \psi_1(x)\psi_2(y)\psi_3(z) \qquad (9.50)$$

führt auf eine Zerlegung des Hilbertraumes $\mathcal{H}$, zu dem die Vektoren $\psi(\mathbf{r})$ gehören, gemäß

$$\mathcal{H} = \mathcal{H}_x \otimes \mathcal{H}_y \otimes \mathcal{H}_z. \qquad (9.51)$$

iii) **Teilchen mit Spin** $1/2$

Der Hilbertraum der in Abschn. 6.5 eingeführten Spinoren

$$\Psi(\mathbf{r};t) = \Psi_u(\mathbf{r};t) \begin{pmatrix} 1 \\ 0 \end{pmatrix} + \Psi_d(\mathbf{r};t) \begin{pmatrix} 0 \\ 1 \end{pmatrix} \tag{9.52}$$

kann man auffassen als Produktraum aus dem Hilbertraum der reinen Ortsfunktion $\Psi_{u/d}(\mathbf{r};t)$ und dem Raum der reinen Spin-Zustände, aufgebaut aus den beiden Einheitsvektoren

$$\begin{pmatrix} 1 \\ 0 \end{pmatrix}, \qquad \begin{pmatrix} 0 \\ 1 \end{pmatrix}. \tag{9.53}$$

9.6   Uneigentliche Hilbert-Vektoren

In Abschn. 6.3 hatten wir gesehen, daß der Impulsoperator ein kontinuierliches Spektrum besitzt und die Eigenfunktionen ebene Wellen sind:

$$\mathbf{p}\,\exp(i\mathbf{k}\cdot\mathbf{r}) = \hbar\mathbf{k}\,\exp(i\mathbf{k}\cdot\mathbf{r}). \tag{9.54}$$

Die ebenen Wellen sind orthogonal für verschiedene $\mathbf{k}$, aber nicht normierbar. Sie sind wegen ihrer Vollständigkeit dennoch nützlich: nach dem **Fourier'schen Integralsatz** kann jede quadrat-integrable Funktion $\psi(x;t)$ dargestellt werden als

$$\psi(x;t) = \lim_{a\to\infty} \frac{1}{\sqrt{(2\pi}} \int_{-a}^{a} \exp(ikx)\tilde{\psi}(k;t)\,dk, \tag{9.55}$$

(vgl. Abschn. 6.3). Nach Erweiterung auf den 3-dim. Fall schreiben wir für (9.55) in Dirac-Notation kurz (unter Einbeziehung der Limesbildung)

$$|\psi\rangle = \int d^3k\,|\mathbf{k}\rangle\langle\mathbf{k}|\psi\rangle, \tag{9.56}$$

wobei der uneigentliche Vektor $|\mathbf{k}\rangle$ der ebenen Welle $(2\pi)^{-3/2}\exp(i\mathbf{k}\cdot\mathbf{r}) \equiv \langle\mathbf{r}|\mathbf{k}\rangle$ entspricht und

$$\langle\mathbf{k}|\psi\rangle = \tilde{\psi}(\mathbf{k}) \tag{9.57}$$

die Fourier-Transformierte der Ortswellenfunktion $\psi(\mathbf{r})$ ist, welche den abstrakten Hilbertvektor $|\psi\rangle$ realisiert. Die Vollständigkeitsrelation schreiben wir analog (9.41) als

$$\int d^3k \, |\mathbf{k}\rangle\langle\mathbf{k}| = 1_{\mathcal{H}}. \tag{9.58}$$

Die **Normierung** der uneigentlichen Vektoren $|\mathbf{k}\rangle$ ist

$$\langle\mathbf{k}|\mathbf{k}'\rangle = \delta^3(\mathbf{k} - \mathbf{k}'). \tag{9.59}$$

Ähnlich dem Impuls, aber mathematisch noch etwas subtiler ist das Eigenwertproblem des Orts-Operators. Die **Eigenfunktionen** des Operators $\hat{\mathbf{r}}$ zum Eigenwert $\mathbf{r}'$ sind δ-**Distributionen**

$$\hat{\mathbf{r}} \, \delta^3(\mathbf{r} - \mathbf{r}') = \mathbf{r}' \, \delta^3(\mathbf{r} - \mathbf{r}'). \tag{9.60}$$

Dieses System von δ-Distributionen ist vollständig, da jede Wellenfunktion $\psi(\mathbf{r})$ die Integraldarstellung

$$\psi(\mathbf{r}) = \int d^3r' \, \delta^3(\mathbf{r} - \mathbf{r}')\psi(\mathbf{r}') \tag{9.61}$$

nach Definition der δ-Distribution besitzt. Wenn $|\mathbf{r}'\rangle$ der uneigentliche Vektor ist, welcher der Distribution $\delta^3(\mathbf{r} - \mathbf{r}')$ bei festem $\mathbf{r}$ in Dirac-Notation zugeordnet ist, so schreibt sich (9.61) in Dirac-Notation

$$|\psi\rangle = \int d^3r' \, |\mathbf{r}'\rangle\langle\mathbf{r}'|\psi\rangle = \int d^3r' \, |\mathbf{r}'\rangle\psi(\mathbf{r}'). \tag{9.62}$$

Da

$$\langle\mathbf{r}|\mathbf{r}'\rangle = \int d^3r'' \, \delta^3(\mathbf{r} - \mathbf{r}'')\delta^3(\mathbf{r}' - \mathbf{r}'') = \delta^3(\mathbf{r} - \mathbf{r}'), \tag{9.63}$$

folgt aus (9.62) nach Bildung $\langle\mathbf{r}|\psi\rangle$ gerade wieder (9.61). Wir können also identifizieren

$$\langle\mathbf{r}|\psi\rangle \equiv \psi(\mathbf{r}). \tag{9.64}$$

Ortswellenfunktionen $\psi(\mathbf{r})$ bzw. ihre Fourier-Transformierten $\tilde{\psi}(\mathbf{k})$ sind also Entwicklungskoeffizienten eines Zustands-Vektors $|\psi\rangle$ in der Basis der Orts-Eigenvektoren $|\mathbf{r}\rangle$ bzw. der Impuls-Eigenfunktionen $|\mathbf{k}\rangle$.

Will man den Gebrauch von Distributionen umgehen, so muß man die den uneigentlichen Vektoren $|\mathbf{k}\rangle$ bzw. $|\mathbf{r}\rangle$ anhaftende scharfe Lokalisierung im Impuls- bzw. Ortsraum aufgeben. Anstelle der ebenen Welle benutzt man **Wellenpakete;** in diesem Sinne ist stets die

Benutzung der ebenen Welle in der Asymptotik von Streuzuständen zu verstehen. Aus der δ-Distribution wird z. B. eine Gauß-Funktion von geringer, aber endlicher Breite. Als Alternative bietet sich an im Ortsraum (bzw. Impulsraum) sich auf ein sehr großes, aber endliches **Normierungsvolumen** zu beschränken und geeignete Randbedingungen (z. B. periodische) einzuführen. Damit erhält man ein diskretes Spektrum und normierbare Funktionen.

Zusammenfassend haben wir in diesem Kapitel das Konzept der abstrakten Zustände in einem **Hilbertraum** $\mathcal{H}$ eingeführt und die formalen Anforderungen spezifiziert. Außerdem haben wir die Dirac-Notation, die sich besonders gut für Vielteilchensysteme eignet, eingeführt und die Eigenvektoren für Impuls und Ort in $\mathcal{H}$ spezifiziert.

Operatoren im Hilbertraum

Inhaltsverzeichnis

In diesem Kapitel führen wir lineare Operatoren in $\mathcal{H}$ und deren jeweilige Definitionsbereiche ein. Physikalische Observable werden mit Matrixelementen von selbstadjungierten Operatoren in $\mathcal{H}$ identifiziert, und ihre Spektren und Eigenzustände werden untersucht. Dieses Konzept wird auf Operatoren in Produkträumen erweitert. Als Beispiel werden wir die Kopplung von Drehimpulsen in $\mathcal{H}$ und die Trennung von Schwerpunkts- und Relativbewegung berechnen. Außerdem wird die Austauschsymmetrie für identische Teilchen untersucht, was zur Unterscheidung von symmetrischen und antisymmetrischen Vielteilchen-Zuständen führt, d. h. zu Bose- und Fermi-Systemen.

© Der/die Autor(en), exklusiv lizenziert an Springer Nature Switzerland AG 2025
W. Cassing, *Theoretische Physik kompakt III*,
https://doi.org/10.1007/978-3-031-96448-0_10

10.1   Heuristische Einführung

Im Rahmen der Quantentheorie eines Teilchens haben wir klassischen Observablen durch eine Quantisierungsvorschrift **Operatoren** zugeordnet. Im Fall des Spins, der in der klassischen Physik kein Analogon besitzt, hatten wir **Spin-Operatoren** in Form von 2x2 Matrizen mit charakteristischen Vertauschungsregeln in Anlehnung an den Bahndrehimpuls eingeführt.

Um Erwartungswerte solcher Operatoren als statistische Mittelwerte interpretieren zu können, mußten diese Operatoren hermitesch sein (d. h. nur reelle Eigenwerte besitzen, welche die möglichen Meßwerte darstellen) und einen vollständigen Satz von Eigenfunktionen besitzen. Die Diskussion der Hermitezität von Impuls und Bahndrehimpuls hatte gezeigt, daß zur vollständigen Bestimmung eines Operators auch sein **Definitionsbereich** und sein **Bildbereich** wichtig sind. Wir verdeutlichen uns diese Begriffe an Hand der Operatoren x und p_x noch einmal. Im Raum $\mathcal{L}_2(-\infty, \infty)$ der quadrat-integrablen Funktionen ist x auf jedes Element $\psi(x)$ des Raumes anwendbar (Definitionsbereich); die Bildfunktionen $x\psi(x)$ (Bildbereich) gehören jedoch nicht immer zu $\mathcal{L}_2(-\infty, \infty)$ wie z. B. Funktionen $\psi(x)$, welche asymptotisch wie $1/x$ abfallen. Andererseits ist p_x nur auf die differenzierbaren Funktionen $\epsilon \, \mathcal{L}_2(-\infty, \infty)$ anwendbar; die Bildfunktionen $-i\hbar\partial/\partial x \, \psi(x)$ gehören ebenfalls nicht immer zu $\mathcal{L}_2(-\infty, \infty)$. Dieses Problem des Definitionsbereiches und des Bildbereiches wurde schon einmal im Zusammenhang mit der Unschärferelation (vgl. Abschn. 6.4) diskutiert.

10.2   Grundbegriffe

Ein Operator (Abbildung) im Hilbertraum $\mathcal{H}$ ist definiert durch eine Abbildungsvorschrift A, einen Definitionsbereich $D_A \subseteq \mathcal{H}$ und einen Bildbereich $B_A \subseteq \mathcal{H}$, der aus allen Elementen

$$f' = Af \tag{10.1}$$

besteht, wenn f den ganzen Definitionsbereich D_A durchläuft, d. h. $\forall f \epsilon D_A$.

In der Quantentheorie interessiert wegen des Superpositionsprinzips nur die Klasse der linearen Operatoren, die dadurch definiert ist, daß D_A eine lineare Mannigfaltigkeit ist und für beliebige f_1, $f_2 \epsilon D_A$ und beliebige komplexe Zahlen a_1, a_2 gilt:

$$A(a_1 f_1 + a_2 f_2) = a_1 A f_1 + a_2 A f_2. \tag{10.2}$$

10.3 Rechenregeln

1. **Gleichheit:** 2 Operatoren A und B heißen gleich, wenn

$$A = B \tag{10.3}$$

und

$$D_A = D_B. \tag{10.4}$$

2. **Produkte:** Es seien zwei Operatoren definiert durch A, D_A, B_A sowie durch B, D_B, B_B. Dann können wir die Vorschriften AB in der Reihenfolge $AB(=$ zuerst B, dann $A)$ nacheinander ausführen, falls B_B und D_A gemeinsame Elemente besitzen. Der Definitionsbereich des Produktes mit der Vorschrift AB ist also die Menge aller $f \in D_B$, für welche $Bf \in D_A$.

Diese etwas aufwendige Definition zeigt schon, daß Operatoren im allgemeinen nicht vertauschbar sind. Die Definition der Vertauschbarkeit von Operatoren ist nur dann einfach, wenn der Definitionsbereich beider Operatoren der gesamte Hilbertraum $\mathcal{H}$ ist. Vertauschbarkeit bedeutet dann

$$AB = BA. \tag{10.5}$$

Dagegen ist die Operator-Multiplikation stets assoziativ. **Beispiel:** Operatoren, die durch (∞-dimensionale) Matrizen darstellbar sind, sind im allgemeinen nicht vertauschbar, da die Matrizen-Multiplikation nicht kommutativ ist; sie ist jedoch stets assoziativ.

3. **Addition:** a, b seien beliebige komplexe Zahlen; D_A, D_B die Definitionsbereiche der Operatoren A, B. Dann ist erklärt

$$(aA + bB)f = aAf + bBf \tag{10.6}$$

für alle f aus dem Durchschnitt $D_A \cap D_B$. Die Addition ist kommutativ und assoziativ.

10.4　Lineare Operatoren in Produkträumen

In $\mathcal{H}_1$ sei ein linearer Operator definiert durch die Vorschrift A_1 und den Definitionsbereich $D_{A_1} = \mathcal{H}_1$,

$$A_1|\chi_i^1\rangle = |\chi_i'^1\rangle; \quad |\chi_i^1\rangle \text{ und } |\chi_i'^1\rangle \in \mathcal{H}_1; \tag{10.7}$$

ebenso in $\mathcal{H}_2$:

$$B_2|\varphi_j^2\rangle = |\varphi_j'^2\rangle; \quad |\varphi_j^2\rangle \text{ und } |\varphi_j'^2\rangle \in \mathcal{H}_2. \tag{10.8}$$

Die Anwendung von A_1 auf Elemente des Produktraumes $\mathcal{H}_1 \otimes \mathcal{H}_2$ soll dann bedeuten:

$$A_1|\chi_i^1\rangle|\varphi_j^2\rangle = |\chi_i'^1\rangle|\varphi_j^2\rangle \tag{10.9}$$

und entsprechend

$$B_2|\chi_i^1\rangle|\varphi_j^2\rangle = |\chi_i^1\rangle|\varphi_j'^2\rangle. \tag{10.10}$$

Aus (10.9) und (10.10) folgt, daß bei Produktbildung die Reihenfolge der Operatoren unwesentlich ist: **Operatoren aus verschiedenen Hilberträumen kommutieren.**

In (10.9) und (10.10) haben wir die Wirkungsweise der in $\mathcal{H}_1$ bzw. $\mathcal{H}_2$ erklärten Operatoren A_1 bzw. B_2 im Produktraum **operationell** erklärt. Streng genommen muß man die in $\mathcal{H}_1$, $\mathcal{H}_2$ erklärten Operatoren erweitern zu Operatoren im Produktraum $\mathcal{H}_1 \otimes \mathcal{H}_2$, definiert durch die kommutativen **direkten Produkte** (Kronecker-Produkte)

$$A_1 \otimes E_2; \qquad E_1 \otimes B_2, \tag{10.11}$$

wobei E_1, E_2 die Einheitsperatoren in $\mathcal{H}_1$ bzw. $\mathcal{H}_2$ sind.
Beispiel in Abschn. 6.5 wurde der Ortsoperator im Raum der Spinoren erklärt durch

$$\mathbf{r} \otimes E_2 = \begin{pmatrix} \mathbf{r} & 0 \\ 0 & \mathbf{r} \end{pmatrix}. \tag{10.12}$$

10.5　Der inverse Operator

Wir haben in Abschn. 8.2 am Beispiel der Green'schen Funktion das Konzept des inversen Operators kennengelernt. Wir definieren nun allgemein:
Der zu einem Operator A, D_A, B_A **inverse Operator** ist durch den Definitionsbereich $D_{A^{-1}} = B_A$ und die Vorschrift $A^{-1}(Af) = f$ für alle $f \in D_A$ definiert.

Der inverse Operator existiert genau dann, wenn zu verschiedenen $f \in D_A$ verschiedene Bilder $Af \in B_A$ gehören; wenn er existiert, so ist er eindeutig.

Als Beispiel betrachten wir $A_z =: H - z$ definiert in $\mathcal{H}$, wobei H der Hamiltonoperator eines Teilchens ohne Spin sein möge. Er besitzt ein Inverses für alle z mit Ausnahme der Werte, für die

$$H\psi = z\psi, \qquad \psi \in \mathcal{H}, \tag{10.13}$$

also mit Ausnahme der (diskreten und/oder kontinuierlichen) Eigenwerte von H. Speziell für z mit $\Im(z) \neq 0$ hat A_z stets ein Inverses.

Die folgenden Aussagen sind für die Praxis wichtig:

1. Wenn A in $D_A = \mathcal{H}$ definiert ist und wenn A^{-1} existiert, so ist

$$A^{-1}Af = f \qquad \forall f \in D_A = \mathcal{H}, \tag{10.14}$$

also

$$A^{-1}A = E_{\mathcal{H}}, \tag{10.15}$$

wobei $E_{\mathcal{H}}$ der Einheitsoperator in $\mathcal{H}$ ist. Aus (10.14) folgt noch nicht, daß auch

$$AA^{-1} = E_{\mathcal{H}}. \tag{10.16}$$

Nur wenn $D_A = B_A = \mathcal{H}$ gilt

$$AA^{-1} = A^{-1}A = E_{\mathcal{H}}. \tag{10.17}$$

2. Existiert zu zwei Operatoren A, B mit Definitionsbereichen D_A, D_B der jeweils inverse Operator und ist AB erklärt, so besitzt auch das Produkt ein Inverses und es ist

$$(AB)^{-1} = B^{-1}A^{-1}. \tag{10.18}$$

10.6   Der adjungierte Operator

Zu einem (linearen) Operator A mit Definitionsbereich D_A – für den Bildbereich wird im Folgenden nur benötigt, daß $B_A \subseteq \mathcal{H}$ –, wobei D_A in $\mathcal{H}$ dicht ist (siehe Definition (10.23)), definieren wir einen adjungierten Operator $A^\dagger$ mit Definitionsbereich $D_{A^\dagger}$ wie folgt:

Der Definitionsbereich $D_{A^\dagger}$ sei gegeben durch die Menge aller $g \in \mathcal{H}$, zu denen ein $\tilde{g} \in \mathcal{H}$ existiert, so daß

$$(g, Af) = (\tilde{g}, f) \qquad \forall f \in D_A. \tag{10.19}$$

Die Abbildungsvorschrift soll lauten

$$A^\dagger g = \tilde{g}. \tag{10.20}$$

Also gilt für beliebiges $f \in D_A$, $g \in D_{A^\dagger}$ die Beziehung

$$(g, Af) = (A^\dagger g, f) = (f, A^\dagger g)^* \tag{10.21}$$

oder in Dirac-Notation

$$\langle g|A|f\rangle = \langle f|A^\dagger|g\rangle^*. \tag{10.22}$$

Aufgrund der Eigenschaft 2. des Skalarproduktes in $\mathcal{H}$ und der Linearität von A auf D_A folgt, daß $A^\dagger$ auf $D_{A^\dagger}$ linear ist. Da D_A als in $\mathcal{H}$ dicht vorausgesetzt war, d. h.

$$D_A \text{ dicht in } \mathcal{H} \ <=> \ \forall g \in \mathcal{H} \text{ gibt es eine Folge } f_n \in D_A \text{ mit } \lim_{n \to \infty} \|g - f_n\| = 0, \tag{10.23}$$

ist $A^\dagger$ auf $D_{A^\dagger}$ eindeutig definiert. Denn: gäbe es zu festem $g \in \mathcal{H}$ zwei Elemente $\tilde{g}, \tilde{g}' \in \mathcal{H}$ mit den Eigenschaften (10.19) und (10.20), so wäre

$$(\tilde{g}, f) = (\tilde{g}', f) \tag{10.24}$$

und für $\Delta\tilde{g} = \tilde{g} - \tilde{g}'$ wäre

$$(\Delta\tilde{g}, f) = 0 \tag{10.25}$$

für alle $f \in D_A$. Dies kann aber nicht der Fall sein, da D_A als in $\mathcal{H}$ dicht vorausgesetzt war!

Die Definitionsbereiche aller in der Quantentheorie auftretenden Operatoren sind in $\mathcal{H}$ dicht, so daß sich bei der Definition adjungierter Operatoren keine Schwierigkeiten ergeben.

10.7 Selbstadjungierte Operatoren

sind für die Quantentheorie besonders wichtig sind, da **Observable** in der Quantentheorie durch **selbstadjungierte Operatoren** dargestellt werden.

Wir nennen einen Operator **selbstadjungiert,** wenn

$$D_A = D_{A^\dagger} \tag{10.26}$$

und

$$Af = A^\dagger f \quad \forall f \in D_A. \tag{10.27}$$

Es folgt

$$(g, Af) = (Ag, f) \quad \forall f, g \in D_A \tag{10.28}$$

oder in Dirac-Notation

$$\langle g|A|f \rangle = \langle f|A|g \rangle^*. \tag{10.29}$$

Operatoren mit der Eigenschaft (10.28) hatten wir in Kap. 5 als hermitesch bezeichnet ohne Rücksicht auf ihren Definitionsbereich. Für selbstadjungierte Operatoren besteht nach obiger Definition die wesentliche, zusätzliche Forderung, daß ihr Definitionsbereich in $\mathcal{H}$ dicht ist. Diese zusätzliche Forderung garantiert, daß das (reelle) Spektrum selbstadjungierter Operatoren vollständig ist (ohne Beweis). Wir können daher physikalische Observable durch selbstadjungierte Operatoren darstellen, da gerade diese Klasse von Operatoren die für die statistische Interpretation von Erwartungswerten notwendigen Eigenschaften besitzt.

Wir wenden uns nun dem **Eigenwertproblem selbstadjungierter Operatoren** A zu,

$$A|\varphi \rangle = a|\varphi \rangle \tag{10.30}$$

und betrachten zunächst den Fall eines rein diskreten Spektrums mit Eigenwerten a_i und Eigenvektoren $|\varphi_i \rangle$. Wie in Kap. 6 beweist man, daß die Eigenwerte a_i reell sind und Eigenvektoren zu verschiedenen Eigenwerten orthogonal. Die Vollständigkeit der $|\varphi_i \rangle$ – die im Folgenden als orthonormiert angenommen werden – können wir (vgl. (9.41)) ausdrücken in Dirac-Notation als

$$\sum_i |\varphi_i \rangle \langle \varphi_i | = E_\mathcal{H}. \tag{10.31}$$

Eine zu (10.31) analoge Darstellung können wir auch für A angeben. Im Erwartungswert von A in einem beliebigen Zustand $|\psi \rangle$,

$$\langle A \rangle =: \langle \psi|A|\psi \rangle, \tag{10.32}$$

schieben wir vor und hinter A den Einheitsoperator $E_{\mathcal{H}}$ ein in der Form (10.31)

$$\langle\psi|A|\psi\rangle = \sum_i \sum_j \langle\psi|\varphi_i\rangle\langle\varphi_i|A|\varphi_j\rangle\langle\varphi_j|\psi\rangle \qquad (10.33)$$

$$= \sum_i \langle\psi|\varphi_i\rangle a_i \langle\varphi_i|\psi\rangle = \sum_i a_i\, |\langle\varphi_i|\psi\rangle|^2$$

aufgrund der Orthonormierung $\langle\varphi_i|\varphi_j\rangle = \delta_{ij}$ und $\langle\varphi_i|\psi\rangle = \langle\psi|\varphi_i\rangle^*$ nach Definition des Skalarproduktes. Mit (10.33) erhalten wir die

Spektraldarstellung von A:

$$A = \sum_i a_i\, |\varphi_i\rangle\langle\varphi_i|. \qquad (10.34)$$

Eine entsprechende Spektraldarstellung ist auch möglich, wenn das Spektrum kontinuierlich oder teils diskret- teils kontinuierlich ist. In (10.34) ist die Summation dann (ganz oder teilweise) durch eine Integration zu ersetzen. Für den allgemeinen Fall erhält man

$$\sum_i |\varphi_i\rangle\langle\varphi_i| + \int d\nu\, |\varphi_\nu\rangle\langle\varphi_\nu| = E_{\mathcal{H}} \qquad (10.35)$$

$$\sum_i a_i\, |\varphi_i\rangle\langle\varphi_i| + \int d\nu\, a(\nu)\, |\varphi_\nu\rangle\langle\varphi_\nu| = A. \qquad (10.36)$$

Beispiele

1. **Die z-Komponente des Spins:**
   Wir bilden die dyadischen Produkte (mit Eigenwerten $\pm\hbar/2$)

$$\frac{\hbar}{2}\begin{pmatrix}1\\0\end{pmatrix}(1\ 0) - \frac{\hbar}{2}\begin{pmatrix}0\\1\end{pmatrix}(0\ 1) = S_z = \frac{\hbar}{2}\left[\begin{pmatrix}1&0\\0&0\end{pmatrix} - \begin{pmatrix}0&0\\0&1\end{pmatrix}\right] = \frac{\hbar}{2}\begin{pmatrix}1&0\\0&-1\end{pmatrix} \quad (10.37)$$

2. **Der Impuls-Operator:**
   Die Spektraldarstellung des Impulsoperators

$$\mathbf{p} = \int d^3k\, \hbar\mathbf{k}\, |\mathbf{k}\rangle\langle\mathbf{k}| \qquad (10.38)$$

liefert als Erwartungswert in einem beliebigen (normierbaren) Zustand $|\psi\rangle$

$$\langle \mathbf{p} \rangle = \int d^3k \; \hbar \mathbf{k} \langle \psi | \mathbf{k} \rangle \langle \mathbf{k} | \psi \rangle = \int d^3k \; \hbar \mathbf{k} \; \tilde{\psi}^*(\mathbf{k}) \tilde{\psi}(\mathbf{k}), \tag{10.39}$$

wie wir aus Abschn. 6.3 schon wissen. (Man beachte wieder, daß nach Axiom 2.1 für Skalarprodukte gilt: $\langle \psi | \mathbf{k} \rangle = \langle \mathbf{k} | \psi \rangle^*$.)

10.8 Projektionsoperatoren

Eine wichtige Klasse von selbstadjungierten Operatoren im Hilbertraum $\mathcal{H}$ bilden die Projektionsoperatoren ($\equiv$ Projektoren). Wir betrachten einen Unterraum $\mathcal{H}_r \subset \mathcal{H}$, der von den orthonormierten Vektoren φ_i, $i = 1, 2, ..., r$ aufgespannt werde; dann definieren wir den Projektor, der Vektoren aus $\mathcal{H}$ auf den Unterraum $\mathcal{H}_r$ projeziert durch

$$P_r f = \sum_{i=1}^{r} \varphi_i \, (\varphi_i, f) \qquad \forall f \in \mathcal{H} \tag{10.40}$$

oder in Dirac-Notation

$$P_r | f \rangle = \sum_{i=1}^{r} | \varphi_i \rangle \langle \varphi_i | f \rangle \qquad \forall f \in \mathcal{H}; \tag{10.41}$$

d. h. in Kurzform

$$P_r = \sum_{i=1}^{r} | \varphi_i \rangle \langle \varphi_i |. \tag{10.42}$$

Die obige Definition könnte den Eindruck erwecken, als sei die Definition von P_r abhängig von der Wahl der Basis der φ_i. Dies ist aber nicht der Fall: wenn $\chi_m, m = 1, .., r$ eine andere orthonormierte Basis in $\mathcal{H}_r$ ist, so können wir die Entwicklung

$$| \varphi_i \rangle = \sum_{m=1}^{r} | \chi_m \rangle \langle \chi_m | \varphi_i \rangle \tag{10.43}$$

benutzen, um P_r in den $| \chi_m \rangle$ auszudrücken

$$P_r = \sum_{i,m} \sum_{m'=1}^{r} | \chi_{m'} \rangle \langle \chi_{m'} | \varphi_i \rangle \langle \varphi_i | \chi_m \rangle \langle \chi_m |. \tag{10.44}$$

Beachtet man die Umkehrung von (10.43)

$$|\chi_m\rangle = \sum_{i=1}^{r} |\varphi_i\rangle\langle\varphi_i|\chi_m\rangle, \tag{10.45}$$

so liefert die Orthonormierung der $|\chi_m\rangle$

$$\sum_{i=1}^{r}\langle\chi_{m'}|\varphi_i\rangle\langle\varphi_i|\chi_m\rangle = \delta_{mm'} \tag{10.46}$$

die behauptete Unabhängigkeit von der Basis, d. h.

$$P_r = \sum_{m=1}^{r} |\chi_m\rangle\langle\chi_m|. \tag{10.47}$$

Oben wurde bereits erwähnt, daß die Projektoren auch selbstadjungierte Operatoren sind. Zum Beweis brauchen wir, da die P_r im gesamten Hilbertraum $\mathcal{H}$ definiert sind, nur zu prüfen ob

$$\langle f|P_r|g\rangle = \langle g|P_r|f\rangle^* \tag{10.48}$$

für alle $f, g \in \mathcal{H}$ gilt. In der Tat ist dies der Fall, da

$$\sum_{i=1}^{r}\langle f|\varphi_i\rangle\langle\varphi_i|g\rangle = \sum_{i=1}^{r}\langle\varphi_i|f\rangle^*\langle g|\varphi_i\rangle^* = \sum_{i=1}^{r}(\langle g|\varphi_i\rangle\langle\varphi_i|f\rangle)^*. \tag{10.49}$$

Es gilt also

$$P_r = P_r^{\dagger}. \tag{10.50}$$

Das Eigenwertspektrum von P_r ist besonders einfach. Wir beweisen zunächst die **Idempotenz**

$$P_r^2 = P_r. \tag{10.51}$$

Für beliebige Vektoren $|f\rangle \epsilon \, \mathcal{H}$ gilt

$$P_r^2|f\rangle = P_{r_i} \sum_{i=1}^{r} |\varphi_i\rangle\langle\varphi_i|f\rangle = \sum_{i=1}^{r}\sum_{j=1}^{r} |\varphi_j\rangle\langle\varphi_j|\varphi_i\rangle\langle\varphi_i|f\rangle \qquad (10.52)$$

$$= \sum_{i=1}^{r} |\varphi_i\rangle\langle\varphi_i|f\rangle = P_r|f\rangle,$$

da $\langle\varphi_j|\varphi_i\rangle = \delta_{ij}$ nach Voraussetzung. Mit (10.51) folgt aus der Eigenwertgleichung

$$P_r|f\rangle = P_r^2|f\rangle = e_r|f\rangle, \qquad (10.53)$$

daß für die Eigenwerte e_r gelten muß

$$e_r^2 = e_r \;\; => \;\; e_r = 0, 1. \qquad (10.54)$$

Jeder im gesamten Hilbertraum $\mathcal{H}$ definierte Operator P mit den Eigenschaften (10.50) und (10.51) ist ein Projektor, kann also auf die Form (10.42) gebracht werden. Ein solcher Operator P zerlegt den gesamten Hilbertraum $\mathcal{H}$ in zwei zueinander orthogonale Teilräume. Zum Beweis benutzen wir die Identität:

$$|f\rangle \equiv P|f\rangle + (E_{\mathcal{H}} - P)|f\rangle \qquad (10.55)$$

für einen beliebigen Vektor $|f\rangle \epsilon \, \mathcal{H}$. Mit der Bezeichnung

$$P|f\rangle = |f_1\rangle; \qquad (E_{\mathcal{H}} - P)|f\rangle = |f_0\rangle, \qquad (10.56)$$

erhalten wir wegen (10.50) und (10.51)

$$\langle f_1|f_0\rangle = \langle f_1|P(E_{\mathcal{H}} - P)|f_0\rangle = 0. \qquad (10.57)$$

Mathematische Ergänzung: Sind in $\mathcal{H}$ zwei Projektoren P_1, P_2 gegeben, so stellt sich die Frage, ob bzw. wann die Summe $P_1 + P_2$ und das Produkt $P_1 P_2$ ebenfalls Projektoren sind. Das Ergebnis ist:

i) $P_1 P_2$ ist genau dann ein Projektor, wenn

$$P_1 P_2 = P_2 P_1, \qquad (10.58)$$

da mit (10.58)

$$(P_1 P_2)^2 = P_1^2 P_2^2 = P_1 P_2, \tag{10.59}$$

so daß (10.51) erfüllt ist, und aus

$$(P_1 P_2)^\dagger = P_2^\dagger P_1^\dagger = P_2 P_1 = P_1 P_2 \tag{10.60}$$

auch (10.50) folgt (wobei ausgenutzt wurde, daß P_1, P_2 auf ganz $\mathcal{H}$ definiert sind). Die Bedingung (10.58) ist auch notwendig; der Beweis ist dafür trivial. Wenn $P_1 P_2$ ein Projektor ist, so projeziert er offenbar auf den Durchschnitt $\mathcal{H}_{P_1} \cap \mathcal{H}_{P_2}$; $P_1 P_2 = 0$ bedeutet dann Orthogonalität von $\mathcal{H}_{P_1}$ und $\mathcal{H}_{P_2}$.

ii)　$P_1 + P_2$ ist genau dann ein Projektor, wenn $P_1 P_2 = 0$;

er projeziert auf die direkte Summe $\mathcal{H}_{P_1} \oplus \mathcal{H}_{P_2}$.

Die physikalische Bedeutung von Projektoren sei an zwei Beispielen erläutert:

1. Wir wollen den Zustand $|\psi\rangle$ eines Teilchens nach dem Bahndrehimpuls l analysieren, d. h. die Frage stellen, ob bzw. mit welcher Wahrscheinlichkeit ein bestimmter Bahndrehimpuls l in $|\psi\rangle$ enthalten ist. Diese Frage beantwortet der Projektor

$$P_l = \sum_{m=-l}^{l} \sum_{\alpha(l)} |\alpha l m\rangle\langle\alpha l m|, \tag{10.61}$$

wobei $|\alpha l m\rangle$ Eigenvektoren zu l^2, l_z mit Eigenwerten l, m sind; α ist die Radialquantenzahl. Summiert wird über alle m, α, die bei vorgegebenem l möglich sind. Der Erwartungswert von P_l im Zustand $|\psi\rangle$

$$\langle\psi|P_l|\psi\rangle = \sum_{m=-l}^{l} \sum_{\alpha(l)} |\langle\psi|\alpha l m\rangle|^2 \tag{10.62}$$

hat genau die Form einer Meßwahrscheinlichkeit. Die Meßwerte sind 0 bzw. 1 und besagen, daß in jedem Einzelexperiment die Antwort auf die oben gestellte Frage ‚nein‘ bzw. ‚ja‘ ist.

2. Wir betrachten zwei Teilchen 1, 2 beschrieben durch eine Wellenfunktion $\Psi(1, 2)$, wobei 1, 2 für die Gesamtheit der Freiheitsgrade (Ort, Spin, evt. Isospin, Farbe …) der Teilchen 1, 2 steht. Wenn es sich um identische Teilchen handelt (Bosonen oder Fermionen), so darf die Wellenfunktion unter Teilchenvertauschung P_{12} sich nicht (**Bosonen**) oder nur im Vorzeichen (**Fermionen**) ändern,

$$P_{12}\Psi(1,2) = \Psi(2,1) = \pm\Psi(1,2), \tag{10.63}$$

da zweimalige Vertauschung den ursprünglichen Zustand reproduziert,

$$P_{12}^2 = E_{\mathcal{H}_2}. \tag{10.64}$$

Für den Fall unabhängiger Teilchen sind nun Eigenfunktionen zum Hamiltonoperator $H(1,2) = H(1) + H(2)$ Produktfunktionen, $\varphi(1)\chi(2)$. Eine solche Produktfunktion wird jedoch im allgemeinen nicht die Eigenschaft (10.63) besitzen. Man kann sie jedoch zerlegen in einen symmetrischen und einen antisymmetrischen Teil durch Projektoren $\mathcal{S}$ und $\mathcal{A}$ mit den Eigenschaften:

$$\mathcal{S}\,\varphi(1)\chi(2) =: \frac{1}{\sqrt{2}}\{\varphi(1)\chi(2) + \varphi(2)\chi(1)\};$$
$$\mathcal{A}\,\varphi(1)\chi(2) =: \frac{1}{\sqrt{2}}\{\varphi(1)\chi(2) - \varphi(2)\chi(1)\}. \tag{10.65}$$

Die Beispiele 1. und 2. zeigen, das Projektoren **Eigenschaften** von Quantensystemen **messen**, z. B. die Eigenschaft einen bestimmten Drehimpuls zu besitzen oder eine bestimmte Symmetrie bzgl. Vertauschung identischer Teilchen.

10.9 Unitäre Operatoren

Ein Operator U im Hilbertraum $\mathcal{H}$ heißt **unitär,** wenn sein Definitionsbereich und sein Bildbereich der ganze Hilbertraum $\mathcal{H}$ ist,

$$D_U = \mathcal{H} = B_U, \tag{10.66}$$

und wenn für die Abbildungsvorschrift U gilt:

$$(Uf, Ug) = (f, g) \qquad \forall f, g \in \mathcal{H}. \tag{10.67}$$

Unitäre Operatoren sind linear wie aus den Eigenschaften des Skalarproduktes mit (10.67) sofort folgt. Sie besitzen überdies stets ein Inverses

$$U^{-1} = U^{\dagger},\tag{10.68}$$

denn da U in ganz $\mathcal{H}$ definiert ist, folgt aus der Gültigkeit von

$$(Uf, Ug) = (U^{\dagger}Uf, g) = (f, g) \quad \forall f, g \in \mathcal{H},\tag{10.69}$$

daß

$$U^{\dagger}U = E_{\mathcal{H}} = UU^{\dagger},\tag{10.70}$$

woraus sich direkt (10.68) ergibt.

Zwei **Beispiele** für unitäre Operatoren sind Translationen,

$$\tau(\mathbf{a}) = \exp\left\{-\frac{i}{\hbar}\mathbf{a} \cdot \mathbf{p}\right\}\tag{10.71}$$

und Drehungen

$$R(\vec{\varphi}) = \exp\left\{-\frac{i}{\hbar}\vec{\varphi} \cdot \mathbf{j}\right\}\tag{10.72}$$

mit $\mathbf{j} = \mathbf{l} + \mathbf{s}$. Die Definitionsbereiche von $\mathbf{p}$ bzw. $\mathbf{j}$ erfassen zwar nicht den gesamten Hilbertraum, sind aber in $\mathcal{H}$ dicht. Dies genügt, um eine **Fortsetzung** der Definitionen (10.71) und (10.72) für den gesamten Hilbertraum $\mathcal{H}$ zu erreichen. Die Drehungen und die Translationen sind linear und normerhaltend, so daß (10.67) erfüllt ist. Später werden wir sehen, daß auch der **Zeittranslationsoperator** unitär ist. Letztendlich wird jeder Übergang von einer Darstellung in eine äquivalente durch eine unitäre Abbildung beschrieben. **Beispiel:** Der Übergang von der Ortsdarstellung in die Impulsdarstellung per Fourier-Transformation ist eine unitäre Abbildung; desgleichen die halbseitige Fourier-Transformation von der Ortsdarstellung oder Impulsdarstellung in die Phasenraumdarstellung (**Wigner-Transformation**)

$$f(\mathbf{r}, \mathbf{p}; t) = (2\pi\hbar)^{-3/2} \int d^3 s \, \exp\left(-\frac{i}{\hbar}\mathbf{p} \cdot \mathbf{s}\right) \psi\left(\mathbf{r} + \frac{\mathbf{s}}{2}; t\right) \psi^*\left(\mathbf{r} - \frac{\mathbf{s}}{2}; t\right)\tag{10.73}$$

bzw.

$$f(\mathbf{r},\mathbf{p};t) = (2\pi\hbar)^{-3/2} \int d^3q \, \exp\left(\frac{i}{\hbar}\mathbf{q}\cdot\mathbf{r}\right) \tilde{\psi}\left(\mathbf{p}+\frac{\mathbf{q}}{2};t\right) \tilde{\psi}^*\left(\mathbf{p}-\frac{\mathbf{q}}{2};t\right)$$

$$(10.74)$$

für quadratintegrable Wellenfunktionen $\psi(\mathbf{r};t) = \langle\mathbf{r}|\psi\rangle$, die einen einfachen Grenzübergang zum klassischen Limes erlaubt.

Die meßbaren Eigenschaften einer Observablen A dürfen **nicht** von der speziellen Darstellung oder der Wahl eines speziellen Koordinatensystems abhängen. Dies bedingt ein spezielles Transformationsverhalten von Observablen unter unitären Abbildungen. Dazu formen wir den Erwartungswert einer Observablen A in einem beliebigen Zustand $|\psi\rangle$ unter Beachtung von (10.70) wie folgt um:

$$\langle\psi|A|\psi\rangle = \langle\psi|U^\dagger U \, A \, U^\dagger U|\psi\rangle = \langle\psi'|U \, A \, U^\dagger|\psi'\rangle = \langle\psi'|A'|\psi'\rangle. \qquad (10.75)$$

Aus (10.75) lesen wir ab

$$A' = U \, A \, U^\dagger. \qquad (10.76)$$

Man prüft leicht nach, daß A und A' das gleiche Spektrum besitzen.

10.10 Realisierungen linearer Operatoren in $\mathcal{H}$

Entsprechend den Vektoren des abstrakten Hilbertraumes können auch die linearen Operatoren verschieden realisiert („dargestellt") werden. Wichtige Beispiele sind:

1.) In der „C-Darstellung" werden lineare Operatoren durch quadratische, ∞-dimensionale Matrizen dargestellt. Sie wirken auf die in (9.23) eingeführten Spaltenvektoren in gleicher Weise wie endliche Matrizen auf endliche Spaltenvektoren wirken. Stellt man $g \in D_A$ durch den Spaltenvektor

$$g = \begin{pmatrix} g_1 \\ g_2 \\ g_3 \\ \cdot \\ \cdot \end{pmatrix} \qquad (10.77)$$

dar, entsprechend $f \in B_A$ durch

$$f = \begin{pmatrix} f_1 \\ f_2 \\ f_3 \\ \cdot \\ \cdot \end{pmatrix}, \tag{10.78}$$

so bedeutet die Abbildung

$$f = Ag \tag{10.79}$$

in Matrix-Darstellung

$$f_i = \sum_{j=1}^{\infty} A_{ij} g_j \qquad i = 1, 2, \ldots \tag{10.80}$$

Wenn der betrachtete Operator im **gesamten** Hilbertraum $\mathcal{H}$ definiert ist, so gelten alle für endliche Matrizen erklärten Rechenregeln. Wenn dagegen der Definitionsbereich **nicht** der gesamte Hilbertraum $\mathcal{H}$ ist, so muß man Vorsicht walten lassen! Zur Illustration betrachten wir den Kommutator

$$xp - px = i\hbar E_{\mathcal{H}}, \tag{10.81}$$

welcher in Matrix-Darstellung lautet:

$$\sum_{k=1}^{\infty} (x_{jk}\, p_{kl} - p_{jk}\, x_{kl}) = i\hbar \delta_{jl}. \tag{10.82}$$

Nun ist bekanntlich für **endliche** Matrizen die Spur eines Produktes invariant gegen zyklische Vertauschung der Faktoren. Nach dieser Regel müßte nach Spurbildung in (10.82) die linke Seite der entstehenden Gleichung verschwinden, wogegen die rechte Seite offensichtlich divergiert!

Für einen Operator A mit Definitionsbereich $D_A = \mathcal{H}$ kann eine Matrixdarstellung stets gewonnen werden: man wähle in $\mathcal{H}$ ein vollständiges, orthonormiertes System von Vektoren $|\varphi_i\rangle$, $i = 1, 2, \ldots$ und bilde

$$\langle \varphi_i | A | \varphi_j \rangle =: A_{ij}. \tag{10.83}$$

Falls $D_A \neq \mathcal{H}$, ist wiederum Vorsicht geboten! Für die physikalisch interessanten Operatoren treten dennoch keine Schwierigkeiten auf, da D_A stets in $\mathcal{H}$ dicht ist.

Beispiele Die Definitionsbereiche von x, p umfassen nicht den ganzen Hilbertraum $\mathcal{H}$, sind aber in $\mathcal{H}$ dicht. Wählt man als Basis z. B. die Eigenvektoren des harmonischen Oszillators, so ist dieses vollständige System von Vektoren in den Definitionsbereichen von x, p enthalten. Man kann x, p daher durch die folgenden Matrizen darstellen:

$$x \equiv \left(\frac{\hbar}{2m\omega}\right)^{1/2} \begin{pmatrix} 0 & \sqrt{1} & 0 & 0 & 0 & \cdot \\ \sqrt{1} & 0 & \sqrt{2} & 0 & 0 & \cdot \\ 0 & \sqrt{2} & 0 & \sqrt{3} & 0 & \cdot \\ 0 & 0 & \sqrt{3} & 0 & \sqrt{4} & \cdot \\ 0 & 0 & 0 & \sqrt{4} & 0 & \cdot \\ \cdot & \cdot & \cdot & \cdot & \cdot & \cdot \end{pmatrix} \tag{10.84}$$

und

$$p \equiv i \left(\frac{m\omega\hbar}{2}\right)^{1/2} \begin{pmatrix} 0 & -\sqrt{1} & 0 & 0 & 0 & \cdot \\ \sqrt{1} & 0 & -\sqrt{2} & 0 & 0 & \cdot \\ 0 & \sqrt{2} & 0 & -\sqrt{3} & 0 & \cdot \\ 0 & 0 & \sqrt{3} & 0 & -\sqrt{4} & \cdot \\ 0 & 0 & 0 & \sqrt{4} & 0 & \cdot \\ \cdot & \cdot & \cdot & \cdot & \cdot & \cdot \end{pmatrix} \tag{10.85}$$

wie man mit

$$x = \left(\frac{\hbar}{2m\omega}\right)^{1/2} (a + a^{\dagger}) \quad \text{und} \quad p = i \left(\frac{m\omega\hbar}{2}\right)^{1/2} (a^{\dagger} - a)$$

leicht bestätigt.

Das Eigenwertproblem (10.30) ist äquivalent der Diagonalisierung der Matrix A_{ij} mittels einer unitären Transformation. Zu bestimmen ist die Matrix U_{kl}, für welche

$$\sum_{i,j} U_{ki} A_{ij} U_{jl}^{\dagger} = a_l \delta_{kl} \tag{10.86}$$

wird. Ein praktikables Näherungsverfahren in Form einer Diagonalisierung von A_{ij} in einem endlich dimensionalen Unterraum werden wir an anderer Stelle vorstellen.

2.) Ortsdarstellung

Die Ortsdarstellung eines in ganz $\mathcal{H}$ definierten Operators A erhalten wir, indem wir das Skalarprodukt

$$\langle \mathbf{r}|A|\psi\rangle \tag{10.87}$$

betrachten, wobei $|\mathbf{r}\rangle$ der uneigentliche Ortseigenvektor und $|\psi\rangle$ ein beliebiger normierter Hilbert-Vektor ist. Schreiben wir die Identität in der Form

$$E_{\mathcal{H}} = \int d^3r'\,|\mathbf{r}'\rangle\langle\mathbf{r}'| \tag{10.88}$$

in (10.87) ein, so wird

$$\int d^3r'\,\langle\mathbf{r}|A|\mathbf{r}'\rangle\langle\mathbf{r}'|\psi\rangle =: \int d^3r'\,A(\mathbf{r},\mathbf{r}')\psi(\mathbf{r}'). \tag{10.89}$$

A wird also im allgemeinen im Ortsraum durch einen **nichtlokalen** Operator

$$\int d^3r'\,A(\mathbf{r},\mathbf{r}') \tag{10.90}$$

dargestellt. – Die in Kap. 4 eingeführten lokalen Potentiale $V(\mathbf{r})$ bilden eine praktische Ausnahme. – Äquivalent dazu ist ein orts- und impuls-abhängiger Operator, den wir aus (10.89) erhalten, indem wir benutzen

$$\psi(\mathbf{r}') = \exp\left(\frac{i}{\hbar}(\mathbf{r}-\mathbf{r}')\cdot\mathbf{p}\right)\psi(\mathbf{r}). \tag{10.91}$$

Dann wird

$$\int d^3r'\,A(\mathbf{r},\mathbf{r}')\psi(\mathbf{r}') = \tilde{A}(\mathbf{r},\mathbf{p})\psi(\mathbf{r}), \tag{10.92}$$

und $\tilde{A}(\mathbf{r},\mathbf{p})$ ist der gesuchte orts- und impulsabhängige Operator.

Spezialfälle sind $\mathbf{r}$ und $\mathbf{p}$ selbst; z. B. folgt aus (10.89) für den Ortsoperator $\mathbf{r}_{Op.}$

$$\langle\mathbf{r}|\mathbf{r}_{Op.}|\Psi\rangle = \int d^3r'\langle\mathbf{r}|\mathbf{r}_{Op.}|\mathbf{r}'\rangle\langle\mathbf{r}'|\psi\rangle = \int d^3r'\,\mathbf{r}'\,\delta(\mathbf{r}-\mathbf{r}')\psi(\mathbf{r}') = \mathbf{r}\,\psi(\mathbf{r}). \tag{10.93}$$

In der Ortsdarstellung bedeutet der Ortsoperator also einfach ‚Multiplikation mit $\mathbf{r}$'. Der Impulsoperator hat entsprechend der Herleitung von (10.91) die bekannte Form

$$\mathbf{p} = -i\hbar\nabla_r.$$

3.) **Impulsdarstellung**

Analog zu 2.) bilden wir

$$\langle \mathbf{k}|A|\psi\rangle = \int d^3k' \, \langle \mathbf{k}|A|\mathbf{k}'\rangle\langle \mathbf{k}'|\psi\rangle = \int d^3k' \, \tilde{A}(\mathbf{k},\mathbf{k}')\tilde{\psi}(\mathbf{k}') \tag{10.94}$$

und erhalten mit

$$\int d^3k' \, \tilde{A}(\mathbf{k},\mathbf{k}').. \tag{10.95}$$

die Impulsdarstellung des Operators A. Hier hat der Impulsoperator die einfache Form ,Multiplikation mit $\mathbf{p} = \hbar\mathbf{k}$', während der Ortsoperator die Form hat

$$i\hbar\nabla_p = i\nabla_k, \tag{10.96}$$

wie man über Fourier-Transformation leicht bestätigt.

4.) **Allgemeine Unschärferelation**

Seien A auf D_A und B auf D_B zwei selbstadjungierte Operatoren. Dann ist AB definiert auf $D_A \cap B_B =: D_{AB}$. Auf $D_{AB} \cap D_{BA}$ ist dann der Kommutator

$$[A, B] = iC \tag{10.97}$$

definiert und C ein selbstadjungierter Operator. Wir wollen nun beweisen, daß für alle $\psi \in D_C$ gilt

$$\Delta A \, \Delta B \geq \frac{1}{2}|\langle\psi|C|\psi\rangle|, \tag{10.98}$$

wobei ΔA und ΔB die mittleren quadratischen Schwankungen von A bzw. B im Zustand ψ sind.

Zum Beweis von (10.98) führen wir ein

$$A' = A - \langle A\rangle; \qquad B' = B - \langle B\rangle, \tag{10.99}$$

so daß

$$\langle A'^2\rangle = \Delta A^2; \qquad \langle B'^2\rangle = \Delta B^2; \qquad [A', B'] = [A, B]. \tag{10.100}$$

Für eine beliebige reelle Zahl β gilt dann

$$0 \leq \|(A' + i\beta B')\psi\|^2 = \|A'\psi\|^2 + \beta^2 \|B'\psi\|^2 + i\beta\{(A'\psi, B'\psi) - (B'\psi, A'\psi)\}. \tag{10.101}$$

Nutzt man in der Klammer $\{...\}$ die Selbstadjungiertheit von A, B aus, so wird mit (10.100):

$$0 \leq \Delta A^2 + \beta^2 \Delta B^2 + i\beta\langle\psi|[A, B]|\psi\rangle. \tag{10.102}$$

Die rechte Seite in (10.102) darf also nicht zwei reelle Nullstellen in β besitzen. Die Diskriminanten-Bedingung

$$\Delta A^2 \Delta B^2 - \left\{\frac{i}{2}\langle\Psi|[A, B]|\psi\rangle\right\}^2 = \Delta A^2 \Delta B^2 - \left\{\frac{1}{2}\langle\Psi|C|\psi\rangle\right\}^2 \geq 0 \tag{10.103}$$

ergibt die Behauptung (10.98).

Aufgrund der obigen Überlegungen über die Definitionsbereiche von A, B und C ist klar, daß (10.98) nicht universell für beliebige Hilbert-Vektoren ψ gilt. Typische Beispiele wurden in Abschn. 6.4 schon diskutiert. Für Ort und Impuls ist der oben angegebene Beweis gültig, denn mit ψ ist auch $x\psi$ wieder differenzierbar und gehört zu D_p falls $\psi \in D_p$ und umgekehrt wird durch Differenziation der von den Elementen aus D_x zu fordernde asymptotische Abfall nicht geschwächt. Es ist also

$$D_{xp} = D_{px} = D_x \bigcap D_p. \tag{10.104}$$

Ein Gegenbeispiel ist die falsche Relation $\Delta l_z \Delta\varphi \geq \hbar/2$. Der Drehimpulsoperator l_z ist nur selbstadjungiert im Raum der nach φ differenzierbaren, periodischen Funktionen

$$\psi(r, \vartheta, \varphi) = \psi(r, \vartheta, \varphi + 2\pi). \tag{10.105}$$

Dann gehört aber $\varphi\,\psi(r, \vartheta, \varphi)$ nicht zum Bereich D_{l_z}, auf dem l_z selbstadjungiert ist.

10.11 Kopplung von Drehimpulsen

Das Problem der Kopplung von Drehimpulsen kann in zweierlei Form auftreten:

1. **Kopplung der Drehimpulse zweier verschiedener Teilchen,** z. B. zweier Atom- Elektronen außerhalb abgeschlossener Schalen. Um den Gesamtdrehimpuls der Elektronenhülle zu berechnen, müssen die Drehimpulse der beiden Elektronen ‚addiert' werden.

2. **Kopplung des Spins und des Bahndrehimpulses eines einzelnen Teilchens** für den Fall einer starken Spin-Bahn Wechselwirkung (welche zwanglos aus der relativistischen Theorie der Elektronen folgt).

Wir können beide Fälle in einheitlicher Form behandeln, da die Regeln der Drehimpulskopplung allein an den Drehimpuls-Vertauschungsregeln hängen.

Da die zu koppelnden Drehimpulse $\mathbf{j}_1$, $\mathbf{j}_2$ vertauschen,

$$[\mathbf{j}_1, \mathbf{j}_2] = 0, \tag{10.106}$$

können wir die Produktzustände

$$|\alpha\ j_1\ m_1;\ j_2\ m_2\rangle = |\alpha\rangle|j_1 m_1\rangle|j_2 m_2\rangle \tag{10.107}$$

finden, welche simultan Eigenzustände zu j_1^2, j_{1z} mit Eigenwerten j_1, m_1 und zu j_2^2, j_{2z} mit Eigenwerten j_2, m_2 sind. Die Quantenzahl α steht für die restlichen, den Produktzustand charakterisierenden Quantenzahlen. Gesucht sind die Eigenzustände

$$|\alpha\ j\ m\rangle \tag{10.108}$$

des Gesamtdrehimpulses

$$\mathbf{j} = \mathbf{j}_1 + \mathbf{j}_2. \tag{10.109}$$

Aus den Vertauschungsregeln für die Komponenten von $\mathbf{j}_1$ bzw. $\mathbf{j}_2$ folgt direkt, daß auch $\mathbf{j}$ den üblichen Drehimpuls-Vertauschungsregeln genügt. Da

$$[j^2, j_1^2] = [j^2, j_2^2] = 0, \tag{10.110}$$

können die gesuchten Zustände $|\alpha\ j\ m\rangle$ als Linearkombinationen der Produktzustände $|\alpha j_1 m_1 j_2 m_2\rangle$ bei festem j_1, j_2 dargestellt werden, also

$$|\alpha\ j\ m\rangle = \sum_{m_1, m_2} |\alpha j_1 m_1 j_2 m_2\rangle\langle j_1 m_1 j_2 m_2 | jm\rangle. \tag{10.111}$$

Dabei hängen die Entwicklungskoeffizienten (**Clebsch-Gordon-Koeffizienten**) vom Index α nicht ab. Wir müssen nun herausfinden, welche Werte j, m bei vorgegebenem j_1, j_2 möglich sind und wie die Koeffizienten $\langle j_1 m_1 j_2 m_2 | jm\rangle$ berechnet werden könnnen.

Wir stellen zunächst fest, daß $|\alpha\, j_1 m_1 j_2 m_2\rangle$ automatisch Eigenzustand zu j_z mit Eigenwert $m = m_1 + m_2$ ist:

$$j_z |\alpha\, j_1 m_1 j_2 m_2\rangle = (j_{1z} + j_{2z})|\alpha\, j_1 m_1 j_2 m_2\rangle \qquad (10.112)$$
$$= (m_1 + m_2)|\alpha\, j_1 m_1 j_2 m_2\rangle = m|\alpha\, j_1 m_1 j_2 m_2\rangle.$$

In der folgenden Tabelle sind die möglichen m-Werte und ihr Entartungsgrad N_m zusammengestellt:

m	N_m
$j_1 + j_2$	1
$j_1 + j_2 - 1$	2
$j_1 + j_2 - 2$	3
$\cdot$	$\cdot$
$j_1 - j_2$	$2j_2 + 1$
$\cdot$	$\cdot$
$-(j_1 - j_2)$	$2j_2 + 1$
$\cdot$	$\cdot$
$-j_1 - j_2 + 2$	3
$-j_1 - j_2 + 1$	2
$-j_1 - j_2$	1

$$(10.113)$$

Aus Abschn. 6.4 wissen wir, daß die Eigenwerte von j^2 die Form $j(j+1)$ haben mit $j = 0$, $1/2, 1, 3/2, 2, 5/2, ..$ als möglichen Werten für j; zu jedem j-Wert gibt es $(2j+1)$ Werte für m. Wir zeigen nun, daß sich aus den $|\alpha\, j_1 m_1 j_2 m_2\rangle$ Eigenzustände zu j^2 konstruieren lassen. Dafür zeigen wir zunächst, daß $|\alpha\, j_1 j_1 j_2 j_2\rangle$ Eigenzustand zu j^2 ist und schreiben

$$j^2 = j_1^2 + j_2^2 + (j_1^+ j_2^- + j_2^+ j_1^-) + 2 j_{1z} j_{2z} \qquad (10.114)$$

mit

$$j_1^\pm = j_{1x} \pm i\, j_{1y} \qquad j_2^\pm = j_{2x} \pm i\, j_{2y} \qquad (10.115)$$

und beachten

$$j_1^+ |\alpha\, j_1 j_1 j_2 m_2\rangle = 0 \qquad\qquad (10.116)$$

sowie

$$j_2^+ |\alpha\, j_1 m_1 j_2 j_2\rangle = 0. \qquad\qquad (10.117)$$

Dann wird

$$j^2 |\alpha\, j_1 j_1 j_2 j_2\rangle = [j_1(j_1+1) + j_2(j_2+1) + 2 j_1 j_2]|\alpha\, j_1 j_1 j_2 j_2\rangle$$
$$= (j_1 + j_2)(j_1 + j_2 + 1)|\alpha\, j_1 j_1 j_2 j_2\rangle. \qquad (10.118)$$

Damit haben wir als einen der tatsächlich auftretenden j-Werte $j_1 + j_2$ gefunden; weitere j-Werte gibt es nach (10.113) zu $m = j_1 + j_2$ nicht. Die Zustände $|\alpha\; j = (j_1 + j_2)\; m = (j_1 + j_2)\rangle$ und $|\alpha\, j_1 j_1 j_2 j_2\rangle$ stimmen also bis auf eine Phase überein. Mit der üblichen Phasenkonvention setzen wir

$$|\alpha\; j = (j_1 + j_2)\; m = (j_1 + j_2)\rangle = |\alpha\, j_1 j_1 j_2 j_2\rangle. \qquad (10.119)$$

Als nächstes betrachten wir $m = j_1 + j_2 - 1$ (siehe (10.113); dazu gibt es die möglichen Produktzustände

$$|\alpha\, j_1(j_1 - 1) j_2 j_2\rangle \quad \text{und} \quad |\alpha\, j_1 j_1 j_2(j_2 - 1)\rangle. \qquad (10.120)$$

Wir suchen nun die Linearkombination der Zustände (10.120), die zugleich Eigenzustände zu j^2 sind. Eine davon findet man durch Anwendung von j^-:

$$|\alpha\; j = (j_1 + j_2)\; m = (j_1 + j_2 - 1)\rangle = \frac{j^-}{2\sqrt{(j_1 + j_2)}}|\alpha\,(j_1 + j_2)(j_1 + j_2)\rangle \quad (10.121)$$

$$= \frac{[j_1^- + j_2^-]}{2\sqrt{j_1 + j_2}}|\alpha\,(j_1 + j_2)(j_1 + j_2)\rangle$$

$$= \sqrt{\frac{j_1}{j_1 + j_2}}|\alpha\, j_1(j_1 - 1) j_2 j_2\rangle + \sqrt{\frac{j_2}{j_1 + j_2}}|\alpha\, j_1 j_1 j_2(j_2 - 1)\rangle.$$

Außer diesem Eigenzustand zu $j = j_1 + j_2$ und $m = j_1 + j_2 - 1$ gibt es nach der Tabelle (10.113) zum gleichen Wert m noch genau einen Eigenzustand mit $j = j_1 + j_2 - 1$; er muß zu (10.121) orthogonal sein. Die einzige aus (10.120) zu bildende und zu (10.121) orthogonale Linearkombination können wir (bis auf einen Phasenfaktor) direkt angeben:

$$|\alpha\, j = (j_1 + j_2 - 1)\, m = (j_1 + j_2 - 1)\rangle \tag{10.122}$$

$$= -\sqrt{\frac{j_2}{j_1 + j_2}}\,|\alpha\, j_1(j_1 - 1)\, j_2 j_2\rangle + \sqrt{\frac{j_1}{j_1 + j_2}}\,|\alpha\, j_1 j_1 j_2(j_2 - 1)\rangle .$$

Im nächsten Schritt haben wir zu $m = j_1 + j_2 - 2$ drei Produktzustände

$$|\alpha\, j_1(j_1 - 2)\, j_2 j_2\rangle;\ \ |\alpha\, j_1 j_1 j_2(j_2 - 2)\rangle\ \text{ und }\ |\alpha\, j_1(j_1 - 1)\, j_2(j_2 - 1)\rangle, \tag{10.123}$$

aus denen sich genau 3 orthogonale Eigenzustände zu j^2, j_z bilden lassen. Zwei davon erhält man durch Anwendung von j^- auf (10.121) bzw. (10.122), den dritten durch Konstruktion des dazu orthogonalen Zustandes. Dieses Verfahren wird fortgesetzt bis zum Abbruch, der dann eintritt, wenn entweder $m_1 = -j_1$ oder $m_2 = -j_2$. Die positive der beiden Zahlen $j_1 + j_2 - 2j_1$ und $j_1 + j_2 - 2j_2$ gibt den kleinsten Wert von j an, der erreichbar ist. Bei vorgegebenen Werten j_1, j_2 durchläuft j also die Werte

$$|j_1 - j_2| \leq j \leq j_1 + j_2. \tag{10.124}$$

Zu jedem j_1, j_2 gibt es $(2j_1 + 1)(2j_2 + 1)$ Produktzustände; andererseits ist die Zahl der möglichen Eigenzustände zum Gesamtdrehimpuls j^2 und der Komponente j_z :

$$\sum_{j=|j_1-j_2|}^{j_1+j_2} (2j + 1) = (2j_1 + 1)(2j_2 + 1) \tag{10.125}$$

wie erwartet.

Da durch die Transformation (10.111) orthonormierte Vektoren $|\alpha\, j_1 m_1 j_2 m_2\rangle$ auf ebenso viele orthonormierte Vektoren $|\alpha\ j\ m\rangle$ abgebildet werden, bilden die Transformationskoeffizienten $\langle j_1 m_1 j_2 m_2 | jm\rangle$ eine unitäre Matrix. In der üblichen Phasenkonvention werden alle Koeffizienten per Konstruktion reell, so daß die Unitaritätsbedingung lautet:

$$\sum_{m_1, m_2} \langle j'm' | j_1 m_1 j_2 m_2\rangle \langle j_1 m_1 j_2 m_2 | jm\rangle = \delta_{jj'}\,\delta_{mm'} \tag{10.126}$$

oder umgekehrt

$$\sum_{j,m} \langle j_1 m_1' \, j_2 m_2' | jm \rangle \langle jm | j_1 m_1 \, j_2 m_2 \rangle = \delta_{m_1 m_1'} \, \delta_{m_2 m_2'}. \tag{10.127}$$

Nach (10.112) und (10.111) sind nur solche Koeffizienten $\langle j_1 m_1 \, j_2 m_2 | jm \rangle$ von null verschieden, für die

$$m = m_1 + m_2 \tag{10.128}$$

und die „Dreiecksungleichung"

$$|j_1 - j_2| \leq j \leq j_1 + j_2 \tag{10.129}$$

erfüllt sind.

Die nach dem obigem Verfahren berechneten **Clebsch-Gordon-Koeffizienten** sind in Tabellen nachschlagbar; bei Benutzung der Tabellen (oder Source-Codes) ist stets auf die jeweilige Phasenkonvention zu achten!

10.12 Schwerpunktsbewegung

Wir betrachten zunächst ein System von 2 Teilchen, beschrieben durch den Hamiltonoperator

$$H = \frac{\mathbf{p}_1^2}{2m_1} + \frac{\mathbf{p}_2^2}{2m_2} + V(\mathbf{r}) \tag{10.130}$$

mit

$$\mathbf{r} = \mathbf{r}_1 - \mathbf{r}_2, \tag{10.131}$$

der Relativkoordinate der beiden Teilchen. Das 2-Teilchenproblem läßt sich dann (wie in der klassischen Physik) auf ein äquivalentes Einteilchen-Problem reduzieren, indem man die kinetische Energie auf die Relativkoordinate $\mathbf{r}$ und die Schwerpunktskoordinate

$$\mathbf{R} = \frac{m_1 \mathbf{r}_1 + m_2 \mathbf{r}_2}{m_1 + m_2} = \frac{m_1 \mathbf{r}_1 + m_2 \mathbf{r}_2}{M}, \tag{10.132}$$

bzw.

$$\mathbf{r}_1 = \mathbf{R} + \frac{m_2}{M}\mathbf{r}, \qquad \mathbf{r}_2 = \mathbf{R} - \frac{m_1}{M}\mathbf{r} \tag{10.133}$$

auf die entsprechenden Impulse

$$\mathbf{P} = \frac{\hbar}{i}\nabla_R, \qquad \mathbf{p} = \frac{\hbar}{i}\nabla_r \tag{10.134}$$

umrechnet. Das Resultat ist

$$H = \frac{P^2}{2M} + \frac{p^2}{2\mu} + V(\mathbf{r}) \tag{10.135}$$

mit

$$M = m_1 + m_2 \quad \text{und} \quad \mu = \frac{m_1 m_2}{m_1 + m_2}. \tag{10.136}$$

Der Separationsansatz

$$\Psi = \psi_s(\mathbf{R})\,\psi_r(\mathbf{r}) \tag{10.137}$$

überführt die Schrödingergleichung

$$H\,\Psi = E\Psi \tag{10.138}$$

in

$$H_s\psi_s = E_s\psi_s \quad \text{und} \quad H_r\psi_r(\mathbf{r}) = E_r\psi_r(\mathbf{r}) \tag{10.139}$$

mit

$$E = E_s + E_r. \tag{10.140}$$

Die Lösung für die Schwerpunktsbewegung ist trivial:

$$\psi_s(\mathbf{R}) = \exp(i\mathbf{K}\cdot\mathbf{R}) \tag{10.141}$$

mit

$$E_s = \frac{\hbar^2 K^2}{2M}. \tag{10.142}$$

Es verbleibt

$$\left[\frac{p^2}{2\mu} + V(\mathbf{r})\right]\psi_r(\mathbf{r}) = E_r\psi_r(\mathbf{r}) \tag{10.143}$$

als das **äquivalente Einteilchen-Problem.**

Für N Teilchen gelingt die Separation von Schwerpunkts- und Relativbewegung analog dem obigen Verfahren, indem man **Jacobi-Koordinaten** einführt:

$$\vec{\rho}_n = \frac{\sum_{i=1}^{n} m_i \mathbf{r_i}}{\sum_{i=1}^{N} m_i} - \mathbf{r}_{n+1} \qquad n = 1, 2, ..., N-1 \tag{10.144}$$

und

$$\vec{\rho}_N = \mathbf{R} = \frac{\sum_{i=1}^{N} m_i \mathbf{r}_i}{\sum_{i=1}^{N} m_i}. \tag{10.145}$$

Betrachtet man die zugehörigen Impulse

$$\vec{\pi}_n = \frac{\hbar}{i}\nabla_{\rho_n}$$

und $\vec{\pi}_N \equiv \mathbf{P} = -i\hbar\nabla_R$, so wird

$$H = \frac{P^2}{2M} + H_r(\vec{\rho}_n, \vec{\pi}_n). \tag{10.146}$$

Mischterme zwischen $\mathbf{P}$ und den $\vec{\pi}_n$ ($n = 1 \cdots N - 1$) treten wegen der Verletzung der Gallilei- Invarianz nicht auf.

Eine Veranschaulichung der Jacobi-Koordinaten ist in Abb. 10.1 gegeben:

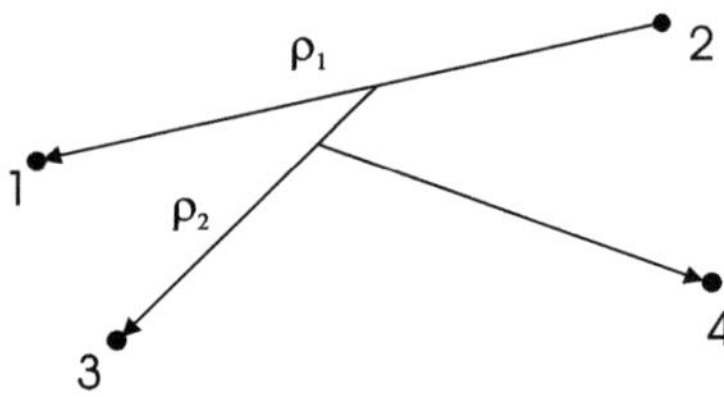

Abb. 10.1 Illustration der Jacobi Koordinaten für 4 Teilchen

10.13 Pauli-Prinzip für N identische Teilchen

Analog dem Fall für zwei Teilchen verlangen wir für N identische Teilchen, daß nur solche Zustände möglich sind, für die bei beliebig herausgegriffenem Teilchenpaar (i, j) entweder

$$\Pi_{ij}\Psi(\xi_1, ..., \xi_N) = +\Psi(\xi_1, ..., \xi_N) \tag{10.147}$$

oder

$$\Pi_{ij}\Psi(\xi_1, ..., \xi_N) = -\Psi(\xi_1, ..., \xi_N) \tag{10.148}$$

bei Anwendung des Teilchen-Austauschoperators Π_{ij} gilt.

Diese Forderung ist in sich widerspruchsfrei: wenn für irgendein Teilchenpaar (i, j) das $+(-)$ gilt, so auch für jedes andere Teilchenpaar des betrachteten Systems. Wenn nämlich für $(1,2)$ gilt

$$\Pi_{12}\Psi = +\Psi \tag{10.149}$$

so folgt mit

$$\Pi_{ij} = \Pi_{1j}\Pi_{2i}\Pi_{12}\Pi_{1j}\Pi_{2i}, \tag{10.150}$$

daß

$$\Pi_{ij}\Psi = \Pi_{12}\Psi = +\Psi \tag{10.151}$$

unabhängig davon, ob Π_{1j} und Π_{2i} im Zustand Ψ den Eigenwert $+1$ oder -1 haben, da diese Operatoren in (10.150) jeweils zweimal auftreten.

10.14 Zusammengesetzte Teilchen

Alle bislang bekannten Elementarteilchen lassen sich als **Bosonen** oder **Fermionen** klassifizieren. Dabei gilt ohne Ausnahme, daß Bosonen ganzzahligen Spin, Fermionen halbzahligen Spin haben. **Beispiele:** Fermionen sind u. a. Elektronen, Protonen, Neutronen, Neutrinos - Spin 1/2 -Teilchen, dagegen sind Photonen, Pionen, Phononen ($\equiv$ Gitterschwingungen in Kristallen) oder Gluonen Bosonen.

Atomkerne sind Bosonen bei gerader, Fermionen bei ungerader Nukleonenzahl, vorausgesetzt, daß man die „Kerne" als Teilchen behandeln darf. Dies ist der Fall in Molekül- und Festkörperphysik. Zum Beweis der oben behaupteten Eigenschaft von Atomkernen betrachten wir zwei gleiche Kerne mit je Z Protonen und N Neutronen, – insgesamt also $2Z + 2N = 2A$ Teilchen. Vertauschung der beiden Kerne bedeutet dann Vertauschung der Nukleonen des einen Kerns mit denen des anderen, – dies sind insgesamt A Vertauschungen. Da die Wellenfunktion Ψ bei jeder einzelnen Vertauschung zweier Fermionen das Vorzeichen wechselt, gilt

$$\tilde{\Pi}_{12}\Psi = (-)^A\Psi, \tag{10.152}$$

wenn $\tilde{\Pi}_{12}$ der Operator der Vertauschung der beiden identischen Kerne ist. Die Erweiterung auf mehr als zwei identische Kerne ist trivial; es gilt also wie behauptet: Kerne mit gerader Nukleonenzahl verhalten sich wie Bosonen (z. B. ^4He). Diese Eigenschaften zusammengesetzter Teilchen werden sich bei der Berechnung der spezifischen Wärme eines idealen Gases zweiatomiger Moleküle als wesentlich erweisen (siehe **Quantenstatistik**).

In Zusammenfassung dieses Kapitels haben wir lineare Operatoren im Hilbertraum $\mathcal{H}$ und deren jeweilige Definitionsbereiche eingeführt. Physikalische Observablen wurden mit Matrixelementen selbstadjungierter Operatoren in $\mathcal{H}$ identifiziert, und deren Spektren und Eigenzustände wurden untersucht. Dieses Konzept wurde auf Operatoren in Produkträumen erweitert, was für eine quantenmechanische Beschreibung von Vielteilchensystemen notwendig ist. Als Beispiel haben wir die Kopplung von Drehimpulsen in $\mathcal{H}$ und die Trennung von Schwerpunkts- und Relativbewegung berechnet. Darüber hinaus wurde die Austausch-Symmetrie für identische Teilchen untersucht, was zu einer Unterscheidung von symmetrischen und antisymmetrischen Vielteilchenzuständen führte, d. h. Bose- und Fermi-Systeme.

Teil IV

Quantenmechanik der Vielteilchensysteme

Der Zeitentwicklungsoperator

Inhaltsverzeichnis

In diesem Kapitel werden wir uns mit der zeitlichen Entwicklung von quantenmechanischen Gesamtheiten befassen. Dafür bieten sich verschiedene Darstellungsformen (**Bilder**) an, die im Prinzip alle gleichwertig sind, aber in der Praxis in verschiedenen Anwendungsbereichen und Entwicklungen genutzt werden. Wir beginnen mit dem

11.1 Schrödinger-Bild

Ausgangspunkt ist die zeitabhängige Schrödingergleichung

$$i\hbar\frac{\partial}{\partial t}|\psi(t)\rangle = H|\psi(t)\rangle, \tag{11.1}$$

welche die dynamische Entwicklung des Systems festlegt; H ist der Hamiltonoperator des Systems. Wenn der Vektor $|\psi(t_0)\rangle$, der den Zustand des Systems zur Zeit t_0 beschreibt, bekannt ist, so wird durch Gl. (11.1) $|\psi(t)\rangle$ zu einer späteren Zeit $t > t_0$ (i. a. zu einer beliebigen Zeit $t \neq t_0$) eindeutig festgelegt. Es muß also ein eindeutiger Zusammenhang

$$|\psi(t)\rangle = U(t, t_0)|\psi(t_0)\rangle \tag{11.2}$$

bestehen. $U(t, t_0)$ ist linear wegen der Linearität der Schrödingergleichung (11.1). Da der Hamiltonoperator H selbstadjungiert sein muß, folgt:

© Der/die Autor(en), exklusiv lizenziert an Springer Nature Switzerland AG 2025   219
W. Cassing, *Theoretische Physik kompakt III*,
https://doi.org/10.1007/978-3-031-96448-0_11

$$\frac{d}{dt}\langle\psi(t)|\psi(t)\rangle = 0,\tag{11.3}$$

also

$$\langle\psi(t)|\psi(t)\rangle = \langle\psi(t_0)|\psi(t_0)\rangle = \langle\psi(t_0)|U^\dagger(t,t_0)U(t,t_0)|\psi(t_0)\rangle.\tag{11.4}$$

$U(t,t_0)$ ist also unitär, d. h.

$$U^\dagger(t,t_0)U(t,t_0) = 1_{\mathcal{H}}.\tag{11.5}$$

$U(t,t_0)$ heißt **Zeitentwicklungsoperator** oder auch **Zeit-Translationsoperator.** Wie bei Dreh- und Translationsoperatoren im Ortsraum bilden auch die Zeit-Translationsoperatoren eine Gruppe mit

$$U^{-1}(t,t_0) = U^\dagger(t,t_0).\tag{11.6}$$

Die Gruppe ist – wie die der räumlichen Translationen – **abelsch.**

Setzt man (11.1) in (11.2) ein, so folgt:

$$i\hbar\frac{\partial}{\partial t}U(t,t_0)|\psi(t_0)\rangle = H\,U(t,t_0)|\psi(t_0)\rangle.\tag{11.7}$$

Da die Wahl der Anfangszeit t_0 beliebig ist, folgt die **Operatorgleichung**

$$i\hbar\frac{\partial}{\partial t}\,U(t,t_0) = H\,U(t,t_0).\tag{11.8}$$

Zur Lösung von (11.8) müssen wir zwei Fälle unterscheiden:

i) H hängt nicht von t ab. Dann lautet die Lösung

$$U(t,t_0) = \exp\left(-\frac{i}{\hbar}H(t - t_0)\right),\tag{11.9}$$

wie man durch Differentiation bestätigt. Die Bedeutung von (11.9) macht man sich klar, indem man $U(t,t_0)$ auf einen Eigenvektor $|\psi_E(t_0)\rangle$ von H zur Energie E anwendet:

$$U(t,t_0)|\psi_E(t_0)\rangle = \exp\left(-\frac{i}{\hbar}E(t - t_0)\right)|\psi_E(t_0)\rangle.\tag{11.10}$$

ii) Falls H von t abhängt, $H = H(t)$, können wir mit der Randbedingung $U(t_0, t_0) = 1_\mathcal{H}$ zu einer Integralgleichung übergehen

$$U(t, t_0) = 1_\mathcal{H} - \frac{i}{\hbar} \int_{t_0}^{t} dt'\, H(t')\, U(t', t_0), \qquad (11.11)$$

für die man eine iterative Lösung suchen kann. Wir werden diesen Weg nicht weiter verfolgen, da wir in Abschn. 11.3 eine äquivalente Integralgleichung herleiten werden, für welche ein Iterationsverfahren schneller konvergiert.

Im Gegensatz zum Schrödinger-Bild mit zeitabhängigen Zustandsvektoren arbeitet das

11.2 Heisenberg-Bild

mit zeitunabhängigen Vektoren um den Preis zeitabhängiger Operatoren, deren ‚Bewegungsgleichungen' an die Stelle von (11.1) treten. Den Übergang vom Schrödinger-Bild zum Heisenberg-Bild vollzieht man am einfachsten an Hand des Erwartungswertes einer Observablen A im Zustand $|\psi(t)\rangle$,

$$\langle \psi(t)|A(t)|\psi(t)\rangle = \langle \psi(t_0)|U^\dagger(t, t_0) A(t) U(t, t_0)|\psi(t_0)\rangle. \qquad (11.12)$$

Dabei lassen wir zu, daß die im Schrödinger-Bild definierte Observable A explizit von der Zeit t abhängt – was für nicht-abgeschlossene Systeme auftreten kann. – Im Heisenberg-Bild benutzt man zur Berechnung des Erwartungswertes $\langle A \rangle_t$ für alle Zeiten t den zur Zeit t_0 präparierten Zustandsvektor

$$|\psi_h\rangle =: |\psi(t_0)\rangle \qquad (11.13)$$

und repräsentiert die Observable A durch den Operator

$$A_h(t) =: U^\dagger(t, t_0) A(t) U(t, t_0), \qquad (11.14)$$

der selbst dann zeitabhängig ist, wenn die im Schrödinger-Bild eingeführte Observable A zeitunabhängig ist. Als Erwartungswert im Heisenberg-Bild haben wir dann

$$\langle A \rangle_t = \langle \psi_h|A_h(t)|\psi_h\rangle. \qquad (11.15)$$

Für die zeitliche Änderung von $sA_h(t)$ erhält man aus (11.14) und (11.8):

$$i\hbar\frac{\partial}{\partial t}\,A_h(t) = i\hbar U^\dagger(t,t_0)\left(\frac{\partial}{\partial t}\,A(t)\right)U(t,t_0) + U^\dagger(t,t_0)[A(t)H - HA(t)]U(t,t_0)$$

$$= [A_h(t),H_h] + i\hbar\left(\frac{\partial}{\partial t}\,A(t)\right)_h, \tag{11.16}$$

wenn man noch definiert

$$H_h =: U^\dagger(t,t_0)H\,U(t,t_0) \tag{11.17}$$

und

$$\left(\frac{\partial}{\partial t}\,A(t)\right)_h =: U^\dagger(t,t_0)\left(\frac{\partial}{\partial t}\,A(t)\right)U(t,t_0). \tag{11.18}$$

Bildet man in (11.16) den Erwartungswert mit $|\psi_h\rangle$, so erhält man das in Abschn. 5.3 bewiesene Ehrenfest'sche Theorem.

Eine nicht explizit von der Zeit abhängige Observable C ist eine Erhaltungsgröße, wenn

$$[C_h,H_h] = 0, \tag{11.19}$$

was äquivalent zu

$$[C,H] = 0 \tag{11.20}$$

im Schrödinger-Bild ist.

11.3　Wechselwirkungsbild (Dirac-Bild)

Äquivalent zu Abschn. 11.1 und 11.2, aber für die praktische Anwendung besser geeignet ist das **Dirac-Bild.** Dahin gelangt man, indem man den Hamiltonoperator des Schrödinger-Bildes derart zerlegt,

$$H = H_0 + H'(t), \tag{11.21}$$

daß

1. H_0 nicht explizit von t abhängt und

2. die Eigenfunktionen und Eigenwerte von H_0 exakt bekannt sind.

Dann kann man durch den Ansatz

$$|\psi_D(t)\rangle = \exp\left(\frac{i}{\hbar}H_0\,t\right)|\psi(t)\rangle \tag{11.22}$$

den von H_0 bestimmten (und nach obiger Annahme bekannten) Anteil der Zeitentwicklung aus dem Zustandsvektor $|\psi(t)\rangle$ herausziehen. Die Zeitentwicklung von $|\psi_D(t)\rangle$ wird dann im wesentlichen nur noch durch H' bestimmt. Dazu setzen wir (11.1) in (11.22) ein und erhalten:

$$i\hbar\frac{\partial}{\partial t}|\psi_D(t)\rangle = -H_0|\psi_D(t)\rangle + i\hbar\exp\left(\frac{i}{\hbar}H_0t\right)\frac{\partial}{\partial t}|\psi(t)\rangle \tag{11.23}$$

$$= -H_0|\psi_D(t)\rangle + \exp\left(\frac{i}{\hbar}H_0t\right)[H_0 + H']|\psi(t)\rangle$$

$$= \exp\left(\frac{i}{\hbar}H_0t\right))\,H'(t)\,\exp\left(-\frac{i}{\hbar}H_0t\right)|\psi_D(t)\rangle$$

oder

$$i\hbar\frac{\partial}{\partial t}|\psi_D(t)\rangle = H_D'(t)|\psi_D(t)\rangle \tag{11.24}$$

mit

$$H_D'(t) = \exp\left(\frac{i}{\hbar}H_0t\right)\,H'(t)\,\exp\left(-\frac{i}{\hbar}H_0t\right). \tag{11.25}$$

Gl. (11.24) unterscheidet sich von (11.1) dadurch, daß nur noch die Wechselwirkung $H_D'(t)$ auftritt und nicht wie in (11.1) der volle Hamiltonoperator H; die exp-Terme in (11.25) ergeben nach Anwendung auf Eigenzustände von H_0 (die als bekannt vorausgesetzt wurden) reine Phasenfaktoren.

Um den Ansatzpunkt für ein iteratives Lösungsverfahren für (11.24) zu gewinnen, führen wir den **Zeitentwicklungsoperator im Dirac-Bild** ein durch

$$|\psi_D(t)\rangle = U_D(t,t_0)|\psi_D(t_0)\rangle \tag{11.26}$$

und erhalten aus (11.24)

$$i\hbar\frac{\partial}{\partial t}\,U_D(t,t_0) = H_D'(t)U_D(t,t_0).$$

(11.27)

Die äquivalente Integralgleichung

$$U_D(t,t_0) = 1_{\mathcal{H}} - \frac{i}{\hbar}\int_{t_0}^{t} dt'\, H_D'(t')U_D(t',t_0)$$

(11.28)

enthält im Gegensatz zu (11.11) nur noch den Wechselwirkungsoperator $H_D'(t)$. Daher sollte eine iterative Lösung von (11.28) brauchbar konvergieren, wenn H_0 eine gute Näherung für das System liefert. Das formale Ergebnis einer solchen Iteration (mit 0'ter Näherung $U_D(t,t_0) = 1_{\mathcal{H}}$) ist die **Dyson-Reihe**

$$U_D(t,t_0) = 1_{\mathcal{H}} - \frac{i}{\hbar}\int_{t_0}^{t} dt'\, H_D'(t') - \frac{1}{\hbar^2}\int_{t_0}^{t} dt_2 \int_{t_0}^{t_2} dt_1\, H_D'(t_2)H_D'(t_1)\cdots$$

(11.29)

$$= 1_{\mathcal{H}} + \sum_{n=1}^{\infty}\left(\frac{-i}{\hbar}\right)^n \int_{t_0}^{t} dt_n \int_{t_0}^{t_n} dt_{n-1} \int_{t_0}^{t_{n-1}} dt_{n-2}\cdots\int_{t_0}^{t_2} dt_1\, H_D'(t_n)H_D'(t_{n-1})\cdots H_D'(t_1)$$

mit

$$t \geq t_n \geq \ldots\ldots \geq t_1 \geq t_0.$$

(11.30)

Dabei beachte man die Reihenfolge der Operatoren $H_D'(t_n)\,H_D'(t_{n-1})\cdots H_D'(t_1)$ etc., denn für $t_1 \neq t_2$ ist

$$[H_D'(t_1), H_D'(t_2)] \neq 0,$$

(11.31)

außer für den trivialen Fall $[H_0, H'] = 0$ und $H' \neq H'(t)$.

Zusammenfassend haben wir das Schrödinger-Bild, das Heisenberg-Bild und das Dirac-Bild eingeführt um die Zeitentwicklung eines Quantensystems zu beschreiben. Diese verschiedenen **Bilder** sind prinzipiell alle äquivalent, werden jedoch in der Praxis in unterschiedlichen Zusammenhängen verwendet.

Teilchenzahldarstellung für Fermionen

Inhaltsverzeichnis

In diesem Kapitel werden wir die Teilchenzahl-Darstellung für Fermionen einführen, die eine transparente Formulierung von Vielteilchen-Problemen ermöglicht und die Antisymmetrie der Fermionen-Wellenfunktion durch einfache (Anti)-Vertauschungsrelationen berücksichtigt. Darüber hinaus geben wir explizite Ausdrücke für Einteilchen- und Zweiteilchenoperatoren in der Teilchenzahl-Darstellung an und berechnen einige charakteristische Größen.

12.1 Darstellung im Konfigurationsraum

Den Zustand eines Systems N identischer Fermionen mit Koordinaten (Ort, Spin, evtl. Isospin) ξ_i ; $i = 1, \ldots, N$, kann man durch eine Wellenfunktion im Konfigurationsraum

$$\Psi(\xi_1, \ldots, \xi_N; t) \tag{12.1}$$

beschreiben. Für die Berechnung von Ψ aus der Schrödinger-Gleichung des N – Teilchensystems

$$i\hbar\frac{\partial}{\partial t}\,\Psi(\xi_1, \ldots, \xi_N; t) = H\,\Psi(\xi_1, \ldots, \xi_N; t) \tag{12.2}$$

© Der/die Autor(en), exklusiv lizenziert an Springer Nature Switzerland AG 2025
W. Cassing, *Theoretische Physik kompakt III*,
https://doi.org/10.1007/978-3-031-96448-0_12

ist man im allgemeinen auf Näherungsverfahren angewiesen. Die am häufigsten benutzten Näherungsverfahren beruhen letzten Endes alle darauf, daß man den Hamiltonoperator H aufteilt,

$$H := H_0 + H_R, \tag{12.3}$$

wobei

$$H_0(\xi_1, \ldots, \xi_N) = \sum_{i=1}^{N} h(\xi_i) = \sum_{i=1}^{N} [t_i + U(\xi_i)] \tag{12.4}$$

ein System unabhängiger Teilchen in einem mittleren Potential $U(\xi)$ beschreibt und H_R die verbleibende **Restwechselwirkung** zwischen den Teilchen erfaßt.

Beispiel Für die Elektronen eines Atoms könnte man als $U(\xi)$ ein abgeschirmtes Coulomb-Potential benutzen, welches die Kern-Elektronen-Wechselwirkung exakt und die Elektron-Elektron-Wechselwirkung näherungsweise im Sinne eines mittleren Potentials erfaßt. Der Ansatz (12.3) bildet dann zusammen mit dem Pauli-Prinzip die Grundlage des Schalenmodells der Atomphysik.

Die Schrödinger-Gleichung für H_0 läßt sich streng lösen (für ‚vernünftige‘ Potentiale U), da die Aufgabe sich auf ein Einteilchenproblem

$$h\,\varphi_k(\xi) = \epsilon_k\,\varphi_k(\xi) \tag{12.5}$$

reduziert. Die Eigenfunktionen zu H_0 sind dann einfach Produktfunktionen (bei Vernachlässigung des Pauli-Prinzips, d. h. der Symmetrie der Zustände unter Teilchenvertauschung):

$$\Phi_\mu(\xi_1 \ldots \xi_N) = \varphi_{i_1}(\xi_1) \cdot \cdots \cdot \varphi_{i_N}(\xi_N), \tag{12.6}$$

wobei μ die jeweils herausgegriffenen Einteilchenzustände $i_1 \ldots \ldots i_N \equiv \mu$ charakterisiert. Wenn die Eigenfunktionen zu h ein vollständiges System bilden (welches wir im Folgenden stets als orthonormiert annehmen wollen), so bilden die Produktfunktionen Φ_μ eine vollständige Basis im Konfigurationsraum.

Die allgemeine N-Teilchen-Wellenfunktion $\Psi(\xi_1, \ldots, \xi_N; t)$ kann dann als Linearkombination der Produktfunktionen Φ_μ aufgebaut werden.

$$\Psi(\xi_1 \ldots \xi_N; t) = \sum_\mu C_\mu(t)\, \Phi_\mu(\xi_1 \ldots \xi_N). \tag{12.7}$$

Die Koeffizienten $C_\mu(t)$ sind dabei aus der Schrödinger-Gleichung (12.2) zu bestimmen. Will man z. B. die stationären Lösungen von (12.2) berechnen, so besteht ein Verfahren darin, die Koeffizienten C_μ durch Diagonalisieren von H_R in der Basis Φ_μ zu bestimmen: man greift aus der Basis der Φ_μ endlich viele (in der Regel die k energetisch günstigsten Zustände) heraus und diagonalisiert die dann endlichdimensionale $(k \times k)$ Matrix

$$\langle \Phi_\mu | H_R | \Phi_{\mu'} \rangle, \tag{12.8}$$

womit gemäß Konstruktion der Φ_μ die Diagonalisierung von H gesichert ist; durch Hinzunahme weiterer Produktfunktionen ($k \to \infty$) läßt sich dieses Näherungsverfahren systematisch verbessern.

Da wir Systeme identischer Teilchen betrachten, muß die resultierende N-Teilchen- Wellenfunktion Ψ – in jedem Schritt eines Näherungsverfahrens – dem Pauli-Prinzip genügen. Dies ist z. B. in der oben skizzierten Methode nicht automatisch der Fall, da die Matrix (12.8) nicht ‚weiß‘, ob wir Bosonen oder Fermionen betrachten. Es ist daher zweckmäßig, die erforderliche Antisymmetrisierung direkt an den Basisfunktionen vorzunehmen, nach denen Ψ entwickelt wird.

Analog dem Fall von zwei identischen Teilchen bilden wir antisymmetrisierte Produktfunktionen in Form von **Slater- Determinanten**

$$\Phi_\mu^a = \frac{1}{\sqrt{N!}} \sum_p (-)^p P[\varphi_{i_1}(\xi_1) \cdot \cdots \cdot \varphi_{i_N}(\xi_N)]; \tag{12.9}$$

P durchläuft dabei alle möglichen Permutationen und $(-)^p$ ist die Signatur der Permutation. Nach den Regeln über Determinanten ist Φ_μ^a total antisymmetrisch bzgl. Teilchenvertauschung ($\equiv$ Vertauschung zweier Spalten bzw. Reihen). Insbesondere ist $\Phi_\mu^a = 0$ sobald irgend zwei Funktionen φ_i aus dem betrachteten Satz $\{\mu\}$ übereinstimmen. Damit läßt sich das Pauli-Prinzip für ein System unabhängiger Fermionen auch so formulieren, daß **jeder Einteilchenzustand nur einfach besetzt werden darf.** Diese Formulierung des Pauli-Prinzips setzt allerdings unabhängige Fermionen voraus ($H_R = 0$) und ist somit nur ein Spezialfall von (10.148)! Die Entwicklung von Ψ in der Basis (12.9) garantiert, daß die Lösungen in jedem Schritt eines darauf aufbauenden Näherungsverfahrens dem Pauli-Prinzip genügen; sie ist von praktischem Vorteil, da die Entwicklung von Ψ in der Basis Φ_μ^a weniger zu berechnende Entwicklungskoeffizienten enthält als die Entwicklung (12.7). Als allgemeinen Ansatz wählen wir also

$$\Psi(\xi_1, \ldots, \xi_N; t) = \sum_\mu C^a_\mu(t)\, \Phi^a_\mu(\xi_1, \ldots, \xi_N). \qquad (12.10)$$

Durch optimale Wahl von $U(\xi)$ kann man versuchen, H_R so ‚klein' zu halten, daß das System in guter Näherung durch H_0 beschrieben wird, daß sich die Teilchen also näherungsweise unabhängig verhalten. Dies ist z. B. in der Atomphysik für viele Fragestellungen (Beispiel: Aufbau des periodischen Systems der Elemente) eine gute Näherung. Der Grundzustand des Systems wird dann approximiert durch den Grundzustand von H_0, in dem die niedrigsten N Einteilchenzustände φ_i besetzt sind.

Dieser Zustand ist nicht immer eindeutig definiert: Wenn entartete Einteilchenzustände vorliegen (was z. B. in Zentralpotentialen stets der Fall ist), kann je nach der Teilchenzahl des Systems der niedrigste Eigenzustand von H_0 entartet sein, z. B. wenn beim Besetzen der Einteilchenzustände für das letzte Teilchen zwei oder mehr energetisch gleiche Niveaus zur Verfügung stehen.

Angeregte Zustände des N-Teilchen-Systems erhält man – in der Näherung unabhängiger Teilchen! – indem man ein oder mehrere Teilchen in Niveaus ‚anhebt', die im Grundzustand unbesetzt sind (**Teilchen-Loch-Anregungen**).

12.2 Aufbau des Fock-Raumes

Die im Folgenden zu besprechende **Teilchenzahldarstellung** besitzt gegenüber der Konfigurationsraum-Darstellung zwei wesentliche Vorteile:

1. Während die Wellenfunktionen $\Psi(\xi_1, \ldots, \xi_N; t)$ Systeme mit **fester** Teilchenzahl N beschreiben, erlaubt die Teilchenzahldarstellung die Beschreibung von Systemen, deren Teilchenzahl **unscharf** ist. Dies ist z. B. der Fall bei supraleitenden oder suprafluiden Systemen (siehe Kap. 17).
2. Die Antisymmetrisierung läßt sich in der Teilchenzahldarstellung in Form weniger, einfacher Vertauschungsrelationen für Teilchen-**Erzeugungs-** bzw. **Vernichtungs**-Operatoren erfassen. Dadurch entsteht ein Kalkül, welcher einfacher und sicherer zu handhaben ist als der Umgang mit Slater-Determinanten im Rahmen der Konfigurationsraum-Darstellung.

Wir betrachten im Folgenden ein System von Fermionen, dessen Teilchenzahl nicht festgelegt ist. Ein solches System beschreiben wir im sogenannten **Fock-Raum,** der aus der Gesamtheit der Hilbert-Räume $\mathcal{H}_N$ zu fester Teilchenzahl N wie folgt aufgebaut wird:

$\mathcal{H}_1$ sei der Hilbert-Raum eines 1-Fermionen-Systems, aufgespannt durch Vektoren $|i\rangle$, deren Darstellung im Konfigurationsraum die Wellenfunktionen $\varphi_i(\xi)$ sind,

$$\langle\xi|i\rangle = \varphi_i(\xi); \tag{12.11}$$

i steht hier für einen vollständigen Satz von Quantenzahlen für ein Teilchen.

$\mathcal{H}_2$ sei der Hilbert-Raum eines 2-Fermionen-Systems, aufgespannt durch Vektoren $|i_1 i_2\rangle$. Ein solcher Vektor $|i_1 i_2\rangle$ beschreibt einen Zustand, in dem die Einteilchen- Zustände i_1, i_2 besetzt sind; die Konfigurationsraum-Darstellung dieser Zustände $|i_1 i_2\rangle$ sind 2×2 Slater-Determinanten, gebildet mit den Wellenfunktionen φ_{i_1}, φ_{i_2},

$$\langle\xi_2\xi_1|i_1 i_2\rangle = \frac{1}{\sqrt{2}} \begin{vmatrix} \varphi_{i_1}(\xi_1) & \varphi_{i_1}(\xi_2) \\ \varphi_{i_2}(\xi_1) & \varphi_{i_2}(\xi_2) \end{vmatrix}. \tag{12.12}$$

Allgemein $\mathcal{H}_N$ sei der Hilbert-Raum eines N-Fermionen-Systems, aufgespannt durch Vektoren $|i_1 \ldots i_N\rangle$. Die Schreibweise $|i_1 \ldots i_N\rangle$ meint, daß die Einteilchenzustände i_1, $i_2, \ldots, i_N$ gemäß dem Pauli-Prinzip je einfach besetzt sind. Im Konfigurationsraum werden die Vektoren $|i_1 \ldots i_N\rangle$ dargestellt durch N-Teilchen- Slater-Determinanten, gebildet aus den Einteilchenfunktionen $\varphi_{i_1}, \ldots, \varphi_{i_N}$:

$$\langle\xi_N \ldots \xi_1|i_1 \ldots i_N\rangle = \frac{1}{\sqrt{N!}} \sum_p (-)^p P[\varphi_{i_1}(\xi_1) \ldots \varphi_{i_N}(\xi_N)]. \tag{12.13}$$

Phasenfestlegung

Um in der Determinante (12.13) das Vorzeichen eindeutig festzulegen, müssen die Funktionen φ_i in beliebiger, aber fester Weise numeriert werden (Vertauschung zweier Indizes bedeutet Zeilenvertauschung, also Vorzeichenwechsel!). Wir können z. B. die Funktionen φ_i nach wachsender Einteilchenenergie ϵ_i ordnen. Sind mehrere φ_i entartet, so ordnen wir bei fester Energie z. B. nach zunehmendem Drehimpuls j und Komponente m_j, jeweils bei $-m_j$ beginnend. Auf diese Weise schaffen wir uns eine **Standard-Ordnung**

$$i_1 < i_2 < \ldots < i_N, \tag{12.14}$$

die beliebig ist, aber innerhalb einer Rechnung konsequent beibehalten werden muß. Damit ist auch die Index-Ordnung im Zustand $|i_1 \ldots i_N\rangle$ fest!

In jedem Hilbert-Raum $\mathcal{H}_N$ sind die Vektoren $|i_1 \ldots i_N\rangle$ auf Grund der Korrespondenz mit Slater-Determinanten orthonormiert,

$$\langle i_1 \ldots i_N | j_1 \ldots j_N \rangle = \delta_{i_1 j_1} \ldots \ldots \delta_{i_N j_N}, \tag{12.15}$$

wenn die Einteilchenfunktionen φ_i orthonormiert sind.

Beweis Wir schreiben

$$\Phi_a\{i\} = \sqrt{N!}\, \mathcal{A}[\varphi_{i_1}(\xi_1) \cdots \cdots \varphi_{i_N}(\xi_N)] \tag{12.16}$$

wobei der Operator

$$\mathcal{A} := \frac{1}{N!} \sum_p (-)^p P \tag{12.17}$$

auf den Raum der antisymmetrisierten N-Teilchen-Funktionen projiziert. Als Projektions-operator hat er die charakteristischen Eigenschaften

$$\mathcal{A} = \mathcal{A}^\dagger, \qquad \mathcal{A}^2 = \mathcal{A}, \tag{12.18}$$

wie man auch explizit an Hand von (12.17) beweisen kann. Wir bilden nun:

$$\langle \Phi_a\{i\} | \Phi_a\{j\} \rangle = N! \langle \mathcal{A}\, \Phi\{i\} | \mathcal{A}\, \Phi\{j\} \rangle \tag{12.19}$$

wobei $\Phi\{i\} = \varphi_{i_1}(\xi_1) \cdots \varphi_{i_N}(\xi_N)$, $\Phi\{j\} = \varphi_{j_1}(\xi_1) \cdots \varphi_{j_N}(\xi_N)$ die reinen Produktfunktionen sind. Mit (12.18) wird

$$\langle \Phi_a\{i\} | \Phi_a\{j\} \rangle = N! \langle \Phi\{i\} | \mathcal{A}^2 \Phi\{j\} \rangle = N! \langle \Phi\{i\} | \mathcal{A}\, \Phi\{j\} \rangle. \tag{12.20}$$

Entwickelt man $\mathcal{A}\, \Phi\{j\}$ gemäß (12.17), so wird:

$$N! \langle \Phi\{i\} | \mathcal{A}\, \Phi\{j\} \rangle = \det(\langle \varphi_{i_n} | \varphi_{j_m} \rangle). \tag{12.21}$$

Dieser Ausdruck ist nur $\neq 0$, wenn die Folgen $\{i_1 \ldots i_N\}$ und $\{j_1 \ldots j_N\}$ übereinstimmen, da andernfalls in jedem Produktterm der Entwicklung von $\det(\langle \varphi_{i_n} | \varphi_{j_m} \rangle)$ mindestens 1 Faktor $= 0$ ist. Die Normierung der φ_i garantiert dann, daß auch

$$\langle i_1 \ldots i_N | i_1 \ldots i_N \rangle = 1 \tag{12.22}$$

wird.

Unter Hinzunahme des Raumes $\mathcal{H}_0$ für das **Teilchen-Vakuum** mit dem einzigen Zustand $|0\rangle$ fassen wir nun die Räume $\mathcal{H}_0, \mathcal{H}_1, \ldots, \mathcal{H}_N$ als direkte Summe zusammen zum **Fock-Raum** $\mathcal{H}$,

$$\mathcal{H} = \mathcal{H}_0 \oplus \mathcal{H}_1 \oplus \mathcal{H}_2 \oplus \ldots \oplus \mathcal{H}_N \oplus \ldots \tag{12.23}$$

Das in den einzelnen Räumen $\mathcal{H}_i$ schon definierte Skalarprodukt ergänzen wir durch

$$\langle i_1 \ldots i_N | j_1 \ldots j_M \rangle = 0 \ \text{ falls } N \neq M. \tag{12.24}$$

Damit ist im gesamten Fock-Raum ein Skalar-Produkt eingeführt; die in (12.24) getroffene Wahl steht uns frei, weil ein Skalar-Produkt zwischen Slater-Determinanten Φ_μ^a mit unterschiedlicher Teilchenzahl nicht erklärt ist. Wir sind also – im Gegensatz zu (12.15) – in Gl. (12.24) nicht durch die Korrespondenz zum Konfigurationsraum gebunden.

Die in (12.24) getroffene Wahl, d. h. die direkte Summenbildung der Unterräume, bedeutet, daß wir die Unterräume $\mathcal{H}_i$ in orthogonaler Weise zusammengesetzt haben. Diese Wahl ist auch die einzig sinnvolle im Hinblick auf Operatoren, welche die Teilchenzahl erhalten, z. B. den Teilchenzahl-Operator $\hat{N}$ selbst. Dieser Operator ist per Definition in jedem Unterraum $\mathcal{H}_i$ diagonal,

$$\hat{N}|i_1 \ldots i_N\rangle = N|i_1 \ldots i_N\rangle. \tag{12.25}$$

Damit nun die Eigenschaft (12.25) auch im Fock-Raum $\mathcal{H}$ gültig bleibt, muß gerade (12.24) gefordert werden, womit

$$\langle i_1 \ldots i_N | \hat{N} | j_1 \ldots j_M \rangle = N\langle i_1 \ldots i_N | j_1 \ldots j_M \rangle = M\langle i_1 \ldots i_N | j_1 \ldots j_M \rangle \tag{12.26}$$

für $N \neq M$. Damit sind alle Basisvektoren in $\mathcal{H}$ orthonormiert, wenn man noch hinzunimmt

$$\langle 0|0 \rangle = 1, \tag{12.27}$$

da die Korrespondenz zwischen den Vektoren $|i_1 \ldots i_N\rangle$ und den Slater-Determinanten über das Skalarprodukt $\langle 0|0\rangle$ keine Aussage liefert.

12.3 Erzeugungs- und Vernichtungs-Operatoren

Wir führen nun im Fock-Raum $\mathcal{H}$ lineare Operatoren ein. Die beiden Grundtypen, aus denen sich alle anderen aufbauen lassen, sind **Erzeugungs- bzw. Vernichtungs-Operatoren** für

Teilchen. Erzeugungs-Operatoren sollen die Unterräume $\mathcal{H}_N$ für verschiedene Werte N in folgender Weise verknüpfen:

$$a_m^\dagger |i_1 \ldots i_N\rangle = 0 \ \text{ falls } m \text{ besetzt in } |i_1 \ldots i_N\rangle \tag{12.28}$$

$$a_m^\dagger |i_1 \ldots i_N\rangle = |m i_1 \ldots i_N\rangle = (-)^k |i_1 \ldots i_k m \ldots i_N\rangle \ \text{ sonst.}$$

k bezeichnet dabei die Zahl der in $|i_1 \ldots i_N\rangle$ besetzten Zustände, welche dem Zustand m in der verabredeten **Standard-Ordnung** vorangehen. Der Faktor $(-)^k$ in (12.28) rührt also daher, daß bei Vertauschung von je zwei Teilchen, d.h. von je zwei besetzten Zuständen, der Vektor $|i_1 \ldots i_N\rangle$ wegen der Antisymmetrie sein Vorzeichen ändert.

Die Interpretation von (12.28) liegt auf der Hand: Der Operator $a_m^\dagger$ erzeugt ein Teilchen im Zustand m, falls dieser in $|i_1 \ldots i_N\rangle$ nicht besetzt ist; die Operatoren $a_m^\dagger$ für verschiedene m-Werte führen also von $\mathcal{H}_N$ nach $\mathcal{H}_{N+1}$. Ist m in $|i_1 \ldots i_N\rangle$ besetzt, so können wir wegen des Pauli-Prinzips nicht noch ein zweites Teilchen in m erzeugen. Es gilt daher allgemein:

$$(a_m^\dagger)^2 = 0 \qquad \forall m \tag{12.29}$$

wegen des Pauli-Prinzips.

Folgerungen aus der Def. (12.28):

1. **Vernichtungs-Operatoren**
   Die zu den Operatoren $a_m^\dagger$ adjungierten Operatoren a_m sind Teilchenvernichtungs-Operatoren. Zum Beweis zerlegen wir den Einheitsoperator in $\mathcal{H}$ gemäß der Vollständig-keits-Relation

$$\sum_{M \geq 0} \sum_{\{j_M\}} |j_1 \ldots j_M\rangle\langle j_1 \ldots j_M| = 1_{\mathcal{H}_0} \oplus 1_{\mathcal{H}_1} \oplus 1_{\mathcal{H}_2} \oplus \ldots\ldots = 1_{\mathcal{H}}. \tag{12.30}$$

Dann können wir schreiben ($\{j_M\} = (j_1 \cdots j_M)$)

$$a_m |i_1 \ldots i_N\rangle = 1_{\mathcal{H}}\, a_m |i_1 \ldots i_N\rangle = \sum_{M \geq 0} \sum_{\{j_M\}} |j_1 \ldots j_M\rangle\langle j_1 \ldots j_M |a_m| i_1 \ldots i_N\rangle,$$

$$\tag{12.31}$$

und für die Koeffizienten $\langle j_1 \ldots j_M |a_m| i_1 \ldots i_N\rangle$ gilt

$$\langle j_1 \ldots j_M | a_m | i_1 \ldots i_N \rangle = \langle i_1 \ldots i_N | a_m^\dagger | j_1 \ldots j_M \rangle^* \tag{12.32}$$

nach Definition des adjungierten Operators. Weiter ist:

$$\langle i_1 \ldots i_N | a_m^\dagger | j_1 \ldots j_M \rangle^* = \langle i_1 \ldots i_N | m j_1 \ldots j_M \rangle^* = (-)^k \langle i_1 \ldots i_N | j_1 \ldots j_k m \ldots j_M \rangle^*. \tag{12.33}$$

Nun ist $\langle i_1 \ldots i_N | j_1 \ldots j_k m \ldots j_M \rangle \neq 0$ nur dann, wenn

a) $N = M + 1$ wegen der Orthogonalität der Räume $\mathcal{H}_N$ und
b) die Folgen $(i_1 \ldots i_N)$ und $(j_1 \ldots j_k m \ldots j_M)$ übereinstimmen. Also wird:

$$a_m | i_1 \ldots . i_N \rangle = 0 \ \text{ falls } m \text{ in } | i_1 \ldots i_N \rangle \text{ leer} \tag{12.34}$$

$$a_m | i_1 \ldots . i_N \rangle = (-)^k | i_1 \ldots i_k i_{k+2} \ldots i_N \rangle \ \text{ falls } m \text{ besetzt und } m = i_{k+1}.$$

In (12.31) trägt von der Doppelsumme also nur ein Vektor aus $\mathcal{H}_{N-1}$ bei und zwar gerade derjenige, der (bis auf das Vorzeichen) aus dem Vektor $| i_1 \ldots i_N \rangle$ hervorgeht, wenn man den Zustand $m = i_{k+1}$ ausläßt. Also: a_m vernichtet ein Teilchen im Zustand m, falls m in $| i_1 \ldots i_N \rangle$ besetzt ist.

12.4 Aufbau von N-Teilchen-Zuständen

Einen N-Teilchen-Zustand $| i_1 \ldots i_N \rangle$ erhalten wir durch Anwendung von Erzeugungs-Operatoren auf das Vakuum,

$$| i_1 \ldots i_N \rangle = a_{i_1}^\dagger \ldots . a_{i_N}^\dagger | 0 \rangle = \prod_{m=i_N}^{i_1} a_m^\dagger | 0 \rangle. \tag{12.35}$$

Das Vakuum ist dadurch gekennzeichnet, daß

$$a_m | 0 \rangle = 0 \quad \forall m. \tag{12.36}$$

12.5 Teilchenzahl-Operator $\hat{N}$

Aus (12.28) und (12.34) folgt

$$a_m^{\dagger} a_m |i_1 \ldots . i_N\rangle = 0 \ \text{ falls } m \text{ in } |i_1 \ldots i_N\rangle \text{ leer} \tag{12.37}$$

$$a_m^{\dagger} a_m |i_1 \ldots . i_N\rangle = |i_1 \ldots i_N\rangle \ \text{ falls } m \text{ in } |i_1 \ldots i_N\rangle \text{ besetzt.}$$

Der Operator $a_m^{\dagger} a_m$ hat also die Zustände $|i_1 \ldots i_N\rangle$ als Eigenzustände mit den Eigenwerten 0 und 1,

$$a_m^{\dagger} a_m |i_1 \ldots i_N\rangle = n_m |i_1 \ldots i_N\rangle \ \text{mit } n_m = 0, 1; \tag{12.38}$$

d. h. $a_m^{\dagger} a_m$ gibt an (mißt), ob der Zustand m besetzt ist ($n_m = 1$) oder leer ($n_m = 0$).

Der Operator $\sum_m a_m^{\dagger} a_m$ fragt daher alle Einteilchenzustände ab, ob sie besetzt sind oder nicht und addiert die Zahl der besetzten Zustände auf; er bestimmt also die **Teilchenzahl** des betrachteten Systems. Es ist somit

$$\hat{N} = \sum_m a_m^{\dagger} a_m \tag{12.39}$$

eine explizite Darstellung des Teilchenzahl-Operators, dessen Eigenwerte zu den Eigenvektoren $|i_1 \ldots i_N\rangle$ die Teilchenzahl N des Systems ergeben. $\hat{N}$ ist gemäß (12.39) offensichtlich hermitesch. In einem beliebigen Zustand aus $\mathcal{H}$

$$|\Psi(t)\rangle = \sum_{N \geq 0} \sum_{\{j_N\}} C_{N,\{j_N\}}(t) \, |j_1 \ldots . j_N\rangle \tag{12.40}$$

ist $\hat{N}$ allerdings unscharf.

12.6 Vertauschungsregeln

Aus der Definition der $a_m^{\dagger}$ folgt

$$a_m^{\dagger} a_n^{\dagger} |i_1 \ldots i_N\rangle = 0 \ \text{ falls } m, n \text{ besetzt oder } n = m \tag{12.41}$$

$$a_m^\dagger a_n^\dagger |i_1 \ldots i_N\rangle = |mni_1 \ldots i_N\rangle \text{ sonst}$$

und umgekehrt,

$$a_n^\dagger a_m^\dagger |i_1 \ldots i_N\rangle = 0 \ \text{ falls } n, m \text{ besetzt oder } n = m \tag{12.42}$$
$$a_n^\dagger a_m^\dagger |i_1 \ldots i_N\rangle = |nmi_1 \ldots i_N\rangle = -|mni_1 \ldots i_N\rangle \text{ sonst.}$$

Die Addition von (12.41) und (12.42) ergibt

$$a_m^\dagger a_n^\dagger + a_n^\dagger a_m^\dagger = 0, \tag{12.43}$$

da (12.41) und (12.42) für jeden beliebigen Vektor $|i_1 \ldots i_N\rangle$ gilt. Analog beweist man:

$$a_m a_n + a_n a_m = 0 \tag{12.44}$$

und

$$a_m^\dagger a_n + a_n a_m^\dagger = \delta_{mn}. \tag{12.45}$$

Anmerkung Die **Vertauschungs-Relationen** (12.43), (12.44) und (12.45) werden komplizierter, wenn man eine nicht-orthogonale Basis von Einteilchen-Funktionen benutzt.

12.7   Observable in der Teilchenzahl-Darstellung

Um im Fock-Raum $\mathcal{H}$ Physik betreiben zu können, müssen wir Operatoren wie kinetische Energie T, potentielle Energie V oder Drehimpuls $\mathbf{J}$ explizit darstellen können. Wir wollen zeigen, daß Operatoren wie die oben erwähnten sich aus den a_i, $a_i^\dagger$ aufbauen lassen.

Dabei nutzen wir aus, daß uns die Darstellung der oben genannten Operatoren im Konfigurationsraum bekannt ist. Die korrespondierenden Operatoren im Fock-Raum $\mathcal{H}$ sind dann so zu definieren, daß die Matrixelemente eines Operators in den Unterräumen $\mathcal{H}_N$ in beiden Darstellungen gleich sind. Es genügt dies für die Basisvektoren zu zeigen:

$$\int d\tau_\xi \ \Phi_a^*\{i_N\} O(\xi_1, \ldots, \xi_N) \Phi_a\{j_N\} = \langle i_1 \ldots i_N | \hat{O}(a_m^\dagger, a_m) | j_1 \ldots j_N\rangle. \tag{12.46}$$

Da die uns interessierenden Operatoren wie Energie oder Drehimpuls die Teilchenzahl erhalten, muß außer (12.46) noch gelten

$$\langle i_1 \ldots i_N | \hat{O}(a_m^\dagger, a_m) | j_1 \ldots j_M \rangle = 0 \qquad \text{falls } N \neq M. \tag{12.47}$$

Durch die Gleichungen (12.46) und (12.47) ist der gesuchte Operator $\hat{O}(a_m^\dagger, a_m)$ vollständig in $\mathcal{H}$ definiert.

Wir interessieren uns im Folgenden für Ein- und Zwei-Teilchen Operatoren und behaupten, daß ein beliebiger Einteilchen-Operator

$$f = \sum_{\alpha=1}^{N} f(\xi_\alpha) \tag{12.48}$$

und ein beliebiger Zweiteilchen-Operator

$$g = \frac{1}{2} \sum_{\alpha,\beta=1, \alpha\neq\beta}^{N} g(\xi_\alpha, \xi_\beta) \tag{12.49}$$

die folgende Darstellung im Fock-Raum besitzen:

$$\hat{f} = \sum_{m,n} (m|f|n)\, a_m^\dagger a_n \tag{12.50}$$

mit

$$(m|f|n) = \int d\xi\, \varphi_m^*(\xi)\, f(\xi)\, \varphi_n(\xi) \tag{12.51}$$

bzw.

$$\hat{g} = \frac{1}{2} \sum_{n,m,p,q} (pq|g|mn)\, a_p^\dagger a_q^\dagger a_n a_m \tag{12.52}$$

mit

$$(pq|g|mn) = \int\int d\xi \, d\xi' \; \varphi_p^*(\xi)\varphi_q^*(\xi') \; g(\xi, \xi') \; \varphi_m(\xi)\varphi_n(\xi'). \qquad (12.53)$$

Wie gewünscht erhalten die Operatoren $\hat{f}$ und $\hat{g}$ die Teilchenzahl, da $a^\dagger$ und a stets paarweise auftreten. Also gilt:

$$[\hat{f}, \hat{N}] = [\hat{g}, \hat{N}] = 0, \qquad (12.54)$$

was auch explizit mit Hilfe der Vertauschungs-Relationen für $a^\dagger$, a bewiesen werden kann. Mit (12.54) folgt

$$\langle i_1 \ldots i_N | [\hat{N}, \hat{O}] | j_1 \ldots j_M \rangle = (N - M)\langle i_1 \ldots i_N | \hat{O} | j_1 \ldots j_M \rangle = 0 \qquad (12.55)$$

für $\hat{O} = \hat{f}, \hat{g}$, so daß (12.47) erfüllt ist,

$$\langle i_1 \ldots i_N | \hat{O} | j_1 \ldots j_M \rangle = 0 \qquad (12.56)$$

für $N \neq M$.

Qualitativ ist die Struktur von $\hat{f}$ und $\hat{g}$ sofort verständlich: Im Konfigurationsraum ‚greift‘ jeder Summand von $f = \Sigma_{\alpha=1}^{N} f(\xi_\alpha)$ an nur ein Teilchen an und verändert den Zustand dieses Teilchens gemäß

$$f(\xi_\alpha)\varphi_m(\xi_\alpha) = \sum_n \varphi_n(\xi_\alpha)(n|f|m). \qquad (12.57)$$

Genau analog arbeitet $\hat{f}$ im Fock-Raum: Jeder Summand von $\hat{f}$ in (12.50) ändert den Zustand $|i_1 \ldots i_N\rangle$ derart, daß im Zustand n ein Teilchen vernichtet, dafür in m wieder eines erzeugt wird. Entsprechend: Ein Zweiteilchen-Operator g greift gleichzeitig an jeweils zwei Teilchen an und ändert deren Zustand. Das Gleiche erreicht $\hat{g}$, indem er zunächst zwei Teilchen in den Zuständen m, n vernichtet, anschließend zwei Teilchen in den Zuständen p, q erzeugt.

Den Beweis für (12.50), (12.51) wollen wir explizit durchführen; für (12.52), (12.53) läuft der Beweis entsprechend. Wegen (12.57) folgt bei Anwendung von f auf eine Produkt-Funktion:

$$f \; \varphi_i(\xi_1)\varphi_j(\xi_2) \cdots \qquad (12.58)$$

$$= \sum_m (m|f|i) \; \varphi_m(\xi_1)\varphi_j(\xi_2) + \sum_m (m|f|j) \; \varphi_i(\xi_1)\varphi_m(\xi_2) + \cdots .$$

Da wegen der Teilchen-Identität f in allen Teilchen symmetrisch aufgebaut ist – andernfalls könnte die Observable f zur Unterscheidung der Teilchen benutzt werden im Widerspruch zur Annahme identischer Teilchen – gilt

$$[f, \mathcal{A}] = 0 \tag{12.59}$$

mit $\mathcal{A}$ aus (12.17). Anwendung von $\mathcal{A}$ auf Gleichung (12.58) ergibt daher

$$f\, \Phi_a\{ijk\ldots\} = \sum_m (m|f|i)\, \Phi_a\{mjk\ldots\} + \sum_m (m|f|j)\, \Phi_a\{imk\ldots\} \tag{12.60}$$

$$+ \sum_m (m|f|k)\, \Phi_a\{ijm\ldots\} + \ldots$$

Dieses Ergebnis vergleichen wir mit

$$\hat{f}|ijk\ldots\rangle = \sum_{m,n} (m|f|n)\, a_m^\dagger a_n |ijk\ldots\rangle \tag{12.61}$$

$$= \sum_m (m|f|i)\, |mjk\ldots\rangle + \sum_m (m|f|j)\, |imk\ldots\rangle + \sum_m (m|f|k)\, |ijm\ldots\rangle + \ldots$$

(Man beachte hier die in (12.28) und (12.34) eingehenden Phasenfaktoren!) Man verifiziert nun leicht die definierende Gl. (12.46), indem in (12.60) und (12.61) die benötigten Matrixelemente gebildet und gliedweise verglichen werden.

12.8 Anwendungsbeispiele

1. **Grundzustand und einfache Anregungen eines N-Fermionen-Systems**
   Den Grundzustand erhalten wir, indem wir die N energetisch tiefsten Einteilchen-Niveaus $i_1, i_2, \ldots, i_N$ besetzen (siehe Abb. 12.1):

$$|\Phi_0\rangle = a_{i_1}^\dagger \cdots a_{i_N}^\dagger |0\rangle. \tag{12.62}$$

Einteilchen-Einloch-Anregungen (1 T – 1 L) haben dann die Form:

$$|\Phi_{1T-1L}\rangle = a_m^\dagger a_i |\Phi_0\rangle, \tag{12.63}$$

wobei m in $|\Phi_0\rangle$ leer, i besetzt ist.

2. **Erwartungswerte**
   Für den Erwartungswert der kinetischen Energie in einem N-Teilchen-Zustand $|i_1 \ldots i_N\rangle$ erhält man unter Benutzung von (12.50) sowie (12.28) und (12.34):

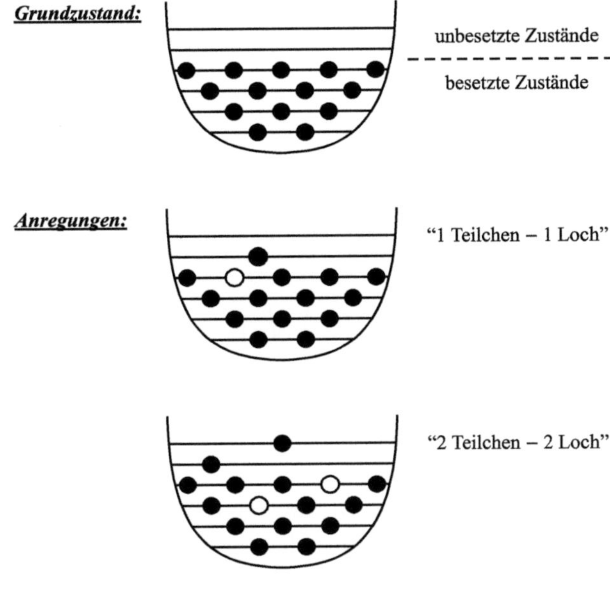

Abb. 12.1 Grundzustand, 1 Teilchen – 1 Loch und 2 Teilchen – 2 Loch Zustände

$$\langle i_1 \dots i_N | \hat{T} | i_1 \dots i_N \rangle = \sum_{m,n} (m|t|n) \langle i_1 \dots i_N | a_m^\dagger a_n | i_1 \dots i_N \rangle = \sum_{m=i_1}^{i_N} (m|t|m),$$

$$(12.64)$$

da erstens nur Werte n beitragen können, die in $(i_1 \dots i_N)$ vorkommen und zweitens wegen der Orthogonalität verschiedener Zustände $|i_1 \dots i_N\rangle$ $m = n$ sein muß. Der Erwartungswert der kinetischen Energie ist also (wie zu erwarten) die Summe der Beiträge der vorhandenen Teilchen, d. h. der besetzten Zustände; die analoge Aussage gilt für den Drehimpuls, den Impuls oder andere Einteilchen-Operatoren.

Etwas komplizierter wird der Fall der potentiellen Energie (allg.: eines Zweiteilchen-Operators). In

$$\langle i_1 \dots i_N | \hat{V} | i_1 \dots i_N \rangle = \frac{1}{2} \sum_{m,n,p,q} (pq|V|mn) \langle i_1 \dots i_N | a_p^\dagger a_q^\dagger a_n a_m | i_1 \dots i_N \rangle \quad (12.65)$$

tragen nur die Werte $n \neq m$ bei, die in $|i_1 \dots i_N\rangle$ besetzt sind. Weiterhin muß wegen der Orthogonalität der Basiszustände $|i_1 \dots i_N\rangle$ des Fock-Raumes entweder $p = m$ und $q = n$ oder $q = m$ und $p = n$ sein. Man erhält daher:

$$\langle \hat{V} \rangle = \frac{1}{2} \sum_{m,n \ besetzt} \{(mn|V|mn) - (mn|V|nm)\}, \quad (12.66)$$

wobei Terme mit $m = n$ sich als **Selbst-Wechselwirkungen** automatisch wegheben. Der **direkte** Term

$$\frac{1}{2} \sum_{m,n \ besetzt} (mn|V|mn) \tag{12.67}$$

entspricht dem klassischen Wechselwirkungs-Integral:

$$\frac{1}{2} \sum_{m,n \ besetzt} (mn|V|mn) = \frac{1}{2} \sum_{m,n} \int \int d\xi \, d\xi' \, |\varphi_m(\xi)|^2 \, V(\xi, \xi') \, |\varphi_n(\xi')|^2 \tag{12.68}$$

$$= \frac{1}{2} \int \int d\xi \, d\xi' \, \rho(\xi) \, V(\xi, \xi') \, \rho(\xi').$$

Dabei ist

$$\rho(\xi) = \sum_{m=1}^{N} |\varphi_m(\xi)|^2 \tag{12.69}$$

die Wahrscheinlichkeits-Dichte, ein Teilchen mit der Koordinate ξ vorzufinden; sie setzt sich additiv aus den Beiträgen $|\varphi_m(\xi)|^2$ der einzelnen Teilchen zusammen.

Beispiel

Coulomb-Energie einer durch $\rho(\mathbf{r})$ beschriebenen Ladungsverteilung.

Der zweite Term in (12.66) ist ein typisch quantenmechanischer Effekt für Systeme von Fermionen (**Austauschterm**); er ist verantwortlich für die homöopolare Bindung, z. B. im H_2-Molekül.

Bemerkung

Aus historischen Gründen läuft der hier entwickelte Formalismus häufig auch unter der Bezeichnung **Zweite Quantisierung.** Es sollte jedoch klar geworden sein, daß die Teilchenzahl-Darstellung – abgesehen von der Erweiterung auf Systeme mit unscharfer Teilchenzahl – nur eine **andere Darstellung** als die Konfigurationsraum-Darstellung eines Systems N identischer Teilchen ist. Von einer zweiten Quantisierung der nichtrelativistischen Quantentheorie von N-Teilchen-Systemen kann nicht die Rede sein!

In Zusammenfassung dieses Kapitels haben wir die Teilchenzahldarstellung für Fermionen eingeführt, die eine transparente Formulierung von Vielteilchen-Problemen ermöglicht und durch einfache (Anti)-Vertauschungsrelationen die Antisymmetrie der Fermionen-Wellenfunktion berücksichtigt. Außerdem haben wir explizite Ausdrücke für Einteilchen- und Zweiteilchenoperatoren in der Teilchenzahldarstellung angegeben und einige charakteristische Beispiele berechnet.

Inhaltsverzeichnis

Dieser Fall läuft weitgehend analog dem der Fermionen; wir werden uns daher auf eine knappe Darstellung beschränken und nur die Unterschiede Bosonen – Fermionen herausarbeiten.

13.1 Darstellung im Konfigurationsraum

N unabhängige Bosonen beschreiben wir im Konfigurationsraum durch vollständig **symmetrisierte** Produkt-Funktionen:

$$\Phi^s\{i_N\} = \frac{1}{\sqrt{N!n_1! \cdots n_N!}} \sum_p P[\varphi_{i_1}(\xi_1) \cdots \varphi_{i_N}(\xi_N)]. \tag{13.1}$$

Dabei ist es – im Gegensatz zu den Fermionen – möglich, daß ein Einteilchen-Zustand n_j-fach besetzt ist; natürlich ist

$$\sum_j n_j = N \tag{13.2}$$

für jeden möglichen Zustand (13.1). Aus den Basiszuständen können durch Superposition (im Prinzip) die exakten N-Teilchen-Zustände für wechselwirkende Bosonen aufgebaut werden

13.2 Fock-Raum für Bosonen

Den symmetrisierten Produkt-Funktionen (13.1) ordnen wir in der Teilchenzahl-Darstellung Vektoren

$$|n_{i_1} n_{i_2} \ldots\rangle \tag{13.3}$$

zu, wobei die Zahlen n_{i_1}, n_{i_2} etc. angeben, welche Einteilchen-Zustände wievielfach besetzt sind. Natürlich gilt wiederum für die Gesamtteilchenzahl (13.2). Aus der (wie für Fermionen zu beweisenden) Orthonormierung der Funktionen $\Phi^s\{i_N\}$ folgt in der Teilchenzahl-Darstellung

$$\langle n_{i_1} n_{i_2} \ldots | n_{j_1} n_{j_2} \ldots\rangle = \delta_{n_{i_1} n_{j_1}} \delta_{n_{i_2} n_{j_2}} \ldots \tag{13.4}$$

Die durch die Zustände (13.1) bzw. (13.3) mit der Nebenbedingung (13.2) aufgespannten Hilbert-Räume $\mathcal{H}_N$ zu fester Bosonenzahl N setzen wir nun zum Fock-Raum $\mathcal{H}$ für Bosonen analog Abschn. 12.2 zusammen: – Größen, die sich auf Fermionen bzw. Bosonen beziehen, unterscheiden wir nur dort durch ihre Bezeichnungsweise, wo unbedingt nötig. Natürlich ist der Fock-Raum $\mathcal{H}$ für Bosonen von dem für Fermionen zu unterscheiden! –

$$\mathcal{H} = \mathcal{H}_0 \oplus \mathcal{H}_1 \oplus \mathcal{H}_2 \oplus \ldots \oplus \mathcal{H}_N \oplus \ldots \tag{13.5}$$

$\mathcal{H}_0$ erfaßt das Bosonen-Vakuum, beschrieben durch den Vektor $|0\rangle$, den wir im Folgenden als normiert annehmen,

$$\langle 0|0\rangle = 1. \tag{13.6}$$

Natürlich ist das Bosonen-Vakuum nicht mit dem Fermionen-Vakuum identisch, $|0\rangle_B \neq |0\rangle_F$. Da in Kap. 12 nur Fermionen, hier nur Bosonen behandelt werden, lassen wir die Indizierung (für Bosonen oder Fermionen) weg.

Mit der gleichen Begründung wie in Abschn. 12.2 führen wir das Skalar-Produkt zwischen Zuständen unterschiedlicher Teilchenzahl ein durch

$$\langle n_1 n_2 \ldots n_k \ldots | n_1' n_2' \ldots n_k' \ldots \rangle = 0 \tag{13.7}$$

falls

$$\sum_i n_i \neq \sum_j n_j'. \tag{13.8}$$

Dabei haben wir zur Vereinfachung der Schreibweise die Einteilchen-Zustände mit $1, 2, \ldots k$ durchnummeriert; $n_1', n_2' \ldots$ sind die zugehörigen Besetzungszahlen, die im Falle der Bosonen den N-Teilchenzustand eindeutig charakterisieren. (Für Fermionen sind die Besetzungszahlen entweder 0 oder 1, so daß ein N-Teilchenzustand durch die Reihenfolge der Einteilchenzustände mit Besetzungszahl 1 eindeutig bestimmt ist.) In $\mathcal{H}$ sind also nach Konstruktion alle Basiszustände $|n_1 n_2 \ldots n_k \ldots\rangle$ zueinander orthogonal und normiert.

13.3 Erzeugungs- und Vernichtungs-Operatoren

Wir führen nun in $\mathcal{H}$ lineare Operatoren ein, welche Zustände aus $\mathcal{H}_N$ mit solchen aus $\mathcal{H}_{N\pm1}$ verknüpfen:

$$b_k^\dagger |\ldots n_k \ldots\rangle = \sqrt{n_k + 1}\,|\ldots n_k + 1 \ldots\rangle, \qquad b_k |\ldots n_k \ldots\rangle = \sqrt{n_k}\,|\ldots n_k - 1 \ldots\rangle. \tag{13.9}$$

Die Operatoren $b_k^\dagger$ erzeugen also jeweils ein Teilchen im Zustand k; b_k wirkt entsprechend als Vernichtungs-Operator. Mit den in (13.9) gewählten Vorfaktoren $\sqrt{n_k}$ bzw. $\sqrt{n_k + 1}$ sind – wie in der Schreibweise schon vorweggenommen – $b_k^\dagger$ und b_k adjungierte Operatoren.

Beweis Wir bilden

$$\langle \ldots n_k \ldots | b_k | \ldots n_k' \ldots \rangle = \sqrt{n_k'}\,\delta_{n_k, n_k'-1} \tag{13.10}$$

und

$$\langle \ldots n_k' \ldots | b_k^\dagger | \ldots n_k \ldots \rangle = \sqrt{n_k + 1}\,\delta_{n_k', n_k+1} = \sqrt{n_k'}\,\delta_{n_k'-1, n_k} \tag{13.11}$$

Folgerungen:

1. Bosonen-Vakuum

Das Bosonen-Vakuum ist (analog dem Fermionen-Fall) gekennzeichnet durch

$$b_k |0\rangle = 0 \qquad \forall k, \tag{13.12}$$

wie direkt aus (13.9) folgt. Ausgehend vom Vakuum lassen sich alle anderen Zustände durch Anwendung von Erzeugungs-Operatoren aufbauen,

$$\prod_i (b_i^\dagger)^{n_i} |0\rangle = |n_1 n_2 n_3 \ldots\rangle \tag{13.13}$$

mit $\sum_i n_i = N$.

2. Teilchenzahl-Operator

Aus (13.9) folgt direkt

$$b_k^\dagger b_k |\ldots n_k \ldots\rangle = b_k^\dagger \sqrt{n_k} |\ldots n_k - 1 \ldots\rangle = n_k |\ldots n_k \ldots\rangle; \tag{13.14}$$

der Operator $b_k^\dagger b_k$ zählt also die Teilchen im Zustand k. Der Operator der Gesamt-Teilchenzahl ist also

$$\hat{N} = \sum_k b_k^\dagger b_k = \sum_k \hat{N}_k. \tag{13.15}$$

Da offensichtlich

$$[\hat{N}, \hat{N}_k] = 0, \tag{13.16}$$

gibt es Zustände in $\mathcal{H}$, in denen sowohl die Gesamt-Teilchenzahl N als auch die Besetzungszahlen n_k der Einteilchen-Zustände k scharf sind.

3. Vertauschungs-Relationen

Aus der Definitions-Gleichung (13.9) folgt

$$b_k b_k^\dagger |\ldots n_k \ldots\rangle = b_k \sqrt{n_k + 1} |\ldots n_k + 1 \ldots\rangle = (n_k + 1)|\ldots n_k \ldots\rangle \qquad (13.17)$$

sowie

$$b_k^\dagger b_k |\ldots n_k \ldots\rangle = n_k |\ldots n_k \ldots\rangle \qquad (13.18)$$

(nach (13.14)), woraus durch Differenzbildung

$$(b_k b_k^\dagger - b_k^\dagger b_k)|\ldots n_k \ldots\rangle = |\ldots n_k \ldots\rangle \qquad (13.19)$$

wird. Da $|\ldots n_k \ldots\rangle$ beliebig gewählt war, ergibt sich die Operator-Relation:

$$b_k b_k^\dagger - b_k^\dagger b_k = 1. \qquad (13.20)$$

Alle anderen Kommutatoren verschwinden, wie man analog beweist. Insgesamt erhält man als **Boson-Vertauschungsregeln:**

$$[b_k, b_{k'}^\dagger] = b_k b_{k'}^\dagger - b_{k'}^\dagger b_k = \delta_{kk'} \qquad (13.21)$$

$$[b_k, b_{k'}] = b_k b_{k'} - b_{k'} b_k = 0$$

$$[b_k^\dagger, b_{k'}^\dagger] = b_k^\dagger b_{k'}^\dagger - b_{k'}^\dagger b_k^\dagger = 0.$$

13.4 Observable

Wie in Kap. 12 beweist man, daß ein Einteilchen-Operator f in der Teilchenzahl-Darstellung die Form hat

$$\hat{f} = \sum_{m,n} (m|f|n)\, b_m^\dagger b_n; \qquad (13.22)$$

entsprechend gilt für einen Zweiteilchen-Operator g in Teilchenzahl-Darstellung

$$\hat{g} = \frac{1}{2} \sum_{p,q,m,n} (pq|g|mn)\, b_p^\dagger b_q^\dagger b_n b_m. \tag{13.23}$$

$\hat{f}$ und $\hat{g}$ haben formal die gleiche Struktur für Bosonen und Fermionen; der Unterschied liegt nur in den Vertauschungsregeln der Erzeugungs- und Vernichtungs-Operatoren und den Zuständen, auf die $\hat{f}$, $\hat{g}$ wirken.

13.5 Anwendungsbeispiele

Die folgenden Beispiele sollen noch einmal konkret den Unterschied Fermionen – Bosonen deutlich machen.

1. **Grundzustand und einfache angeregte Zustände in N-Bosonen-Systemen.**

Im Grundzustand eines Systems von N unabhängigen Bosonen befinden sich alle N Teilchen im niedrigsten Einteilchen-Niveau (siehe Abb. 13.1).

Einfache angeregte Zustände erhält man, indem man ein (oder mehrere) Teilchen in ein höheres Niveau setzt (siehe Abb. 13.2).

Abb. 13.1 Grundzustand eines 4 Teilchen Systems von Bosonen

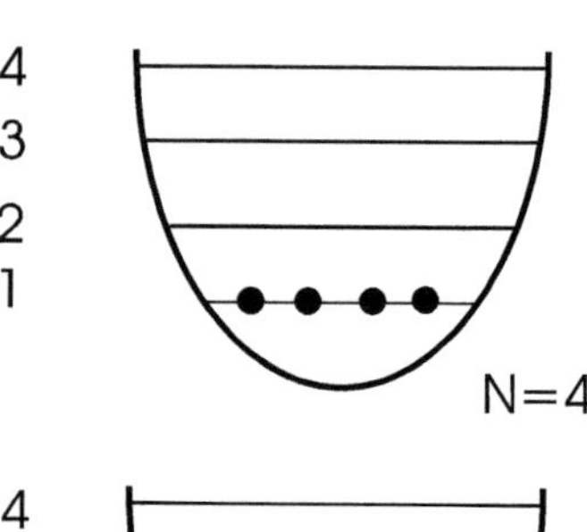

Abb. 13.2 Illustration einer $2T - 2L$ Anregung für ein 4 Teilchen System von Bosonen

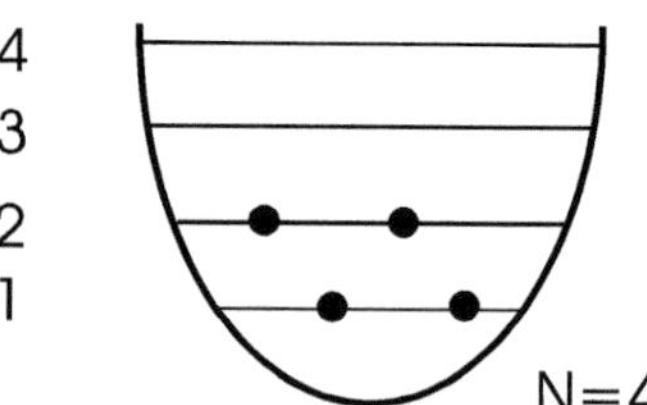

2. Grundzustands-Erwartungswerte

Für die kinetische Energie (oder andere Einteilchen-Operatoren) erhält man

$$\langle \Phi_0 | \hat{T} | \Phi_0 \rangle = \sum_{m,n} (m|t|n) \langle \Phi_0 | b_m^\dagger b_n | \Phi_0 \rangle = N\, t_0, \tag{13.24}$$

wo t_0 die kinetische Energie eines Teilchens im tiefsten Einteilchen-Zustand $\varphi_0 = |1\rangle$ ist. Für die potentielle Energie (oder andere Zweiteilchen-Operatoren) wird mit $b_l^\dagger b_n = -\delta_{ln} + b_n b_l^\dagger$

$$\langle \Phi_0 | \hat{V} | \Phi_0 \rangle = \frac{1}{2} \sum_{m,n,k,l} (kl|V|mn) \langle \Phi_0 | b_k^\dagger b_l^\dagger b_n b_m | \Phi_0 \rangle = \frac{1}{2} N(N-1) V_0, \tag{13.25}$$

wobei V_0 gegeben ist durch das Matrix-Element

$$V_0 = \int \int d\xi\, d\xi'\, |\varphi_0(\xi)|^2\, V(\xi, \xi')\, |\varphi_0(\xi')|^2. \tag{13.26}$$

Ergänzung
Die Eigenwerte zu $\hat{N}_k = b_k^\dagger b_k$ sind reell, da $\hat{N}_k$ hermitesch. Sie sind überdies nicht negativ, denn

$$\langle \ldots n_k \ldots | b_k^\dagger b_k | \ldots n_k \ldots \rangle = \sum_{i'} \langle \ldots n_k \ldots | b_k^\dagger | \ldots n_i' \ldots \rangle \langle \ldots n_i' \ldots | b_k | \ldots n_k \ldots \rangle$$

$$\tag{13.27}$$

$$= \sum_{n_{i'}} |\langle \ldots n_i' \ldots | b_k | \ldots n_k \ldots \rangle|^2 \geq 0.$$

Die formalen Eigenschaften von $\hat{N}_k$ bzw. $\hat{N}$ sind also konsistent mit der physikalischen Interpretation.

Zusammenfassend haben wir einen Kalkül mit Erzeugungs- und Vernichtungsoperatoren für Bosonen erhalten, der sich charakteristisch von dem für Fermionen in den Kommutatorrelationen unterscheidet, welche die Symmetrie (oder Antisymmetrie) der N-Teilchen-Wellenfunktionen berücksichtigen.

Quantisierung des Strahlungsfeldes: Photonen $\quad$ 14

Inhaltsverzeichnis

In diesem Kapitel beschreiben wir die Quantisierung des elektromagnetischen Strahlungsfeldes, das in der Quantenmechanik nicht länger durch ein klassisches Vektorfeld $\mathbf{A}(\mathbf{r}; t)$ beschrieben werden kann. Außerdem werden wir die Wechselwirkung zwischen Materie und dem quantisierten Strahlungsfeld in führender Ordnung der Kopplung berechnen.

Bei der Entstehung der Quantentheorie spielte die elektromagnetische Strahlung (**Planck'sche Strahlungsformel**) eine wesentliche Rolle. Die von Planck implizit benutzte Beschreibung des Strahlungsfeldes durch Photonen werden wir nach Quantisierung im Rahmen der Teilchenzahl-Darstellung durchführen.

14.1   Energie des klassischen Strahlungsfeldes

In Coulomb-Eichung

$$\nabla \cdot \mathbf{A}(\mathbf{r}; t) = 0 \tag{14.1}$$

beschreibt das aus der Wellengleichung

$$\Delta \mathbf{A}(\mathbf{r}; t) - \frac{1}{c^2} \frac{\partial^2}{\partial t^2} \mathbf{A}(\mathbf{r}; t) = 0 \tag{14.2}$$

W. Cassing, *Theoretische Physik kompakt III*,
https://doi.org/10.1007/978-3-031-96448-0_14

zu berechnende Vektorpotential $\mathbf{A}(\mathbf{r}; t)$ das freie Strahlungsfeld vollständig. Mit dem Separationsansatz

$$\mathbf{A}(\mathbf{r}; t) = U(\mathbf{r})\mathbf{v}(t) \tag{14.3}$$

geht (14.2) über in

$$\Delta U + k^2 U = 0 \tag{14.4}$$

und

$$\frac{\partial^2}{\partial t^2}\mathbf{v} + \omega^2 \mathbf{v} = 0 \tag{14.5}$$

mit

$$k^2 = \frac{\omega^2}{c^2} \tag{14.6}$$

als Separations-Konstante. Spezielle Lösungen sind ebene Wellen

$$\mathbf{A}(\mathbf{r}; t) \sim \exp\{\pm i(\mathbf{k} \cdot \mathbf{r} - \omega t)\}, \tag{14.7}$$

aus denen durch Superposition bzgl. $\mathbf{k}$ die allgemeine Lösung aufgebaut werden kann.

Denken wir uns das Strahlungsfeld in ein sehr großes, aber endliches Normierungsvolumen V (mit periodischen Randbedingungen) eingeschlossen, so erhalten wir die allgemeine Lösung in Form einer Fourier-Reihe:

$$\mathbf{A}(\mathbf{r}; t) = \sum_{\mu,j} \sqrt{\frac{4\pi c^2}{V\omega_\mu}}\, b_{\mu,j}(t)\, \mathbf{e}_{\mu,j}\ \exp\{i\mathbf{k}_\mu \cdot \mathbf{r}\}. \tag{14.8}$$

Dabei ist

$$\mathbf{k}_\mu = \frac{2\pi}{L}(\mu_1, \mu_2, \mu_3), \qquad \mu = (\mu_1, \mu_2, \mu_3), \tag{14.9}$$

wobei die μ_i ganze Zahlen sind (mit $V = L^3$), der Wellenvektor und

$$\mathbf{e}_{\mu,j} \quad j = 1, 2 \tag{14.10}$$

sind reelle Polarisations-Vektoren, welche senkrecht zueinander und – wegen der Transversalität des Lichts – senkrecht zu $\mathbf{k}_\mu$ stehen. Die Darstellung (14.8) für $\mathbf{A}$ ist reell, wenn man verlangt

$$b_{\mu,j}^* = b_{-\mu,j}. \tag{14.11}$$

Wir schreiben daher explizit:

$$\mathbf{A}(\mathbf{r};t) = \sum_{\mu,j} \sqrt{\frac{2\pi c^2}{V\omega_\mu}} \left(b_{\mu,j}(t)\, \mathbf{e}_{\mu,j}\, \exp\{i\mathbf{k}_\mu \cdot \mathbf{r}\} + b^*_{\mu,j}(t)\, \mathbf{e}_{\mu,j}\, \exp\{-i\mathbf{k}_\mu \cdot \mathbf{r}\} \right). \tag{14.12}$$

Wir wollen nun – im Hinblick auf die beabsichtigte Quantisierung des Strahlungsfeldes – die Energie des Feldes berechnen, ausgehend von der bekannten Formel (in Gauss Einheiten; Elektrodynamik)

$$H_{r,kl.} = \frac{1}{8\pi} \int d^3r \; [\mathbf{E}^2 + \mathbf{B}^2]. \tag{14.13}$$

Mit

$$\mathbf{B} = \nabla \times \mathbf{A} \qquad \mathbf{E} = -\frac{1}{c}\frac{\partial \mathbf{A}}{\partial t} \tag{14.14}$$

wird daraus

$$H_{r,kl.} = \frac{1}{8\pi} \int d^3r \; [\frac{1}{c^2}\left(\frac{\partial \mathbf{A}}{\partial t}\right)^2 + (\nabla \times \mathbf{A})^2]. \tag{14.15}$$

Setzt man (14.12) ein, so wird schließlich

$$H_{r,kl.} = \frac{1}{2} \sum_{\mu,j} \omega_\mu (b_{\mu,j} b^*_{\mu,j} + b^*_{\mu,j} b_{\mu,j}), \tag{14.16}$$

wenn man beachtet, daß

$$\int d^3r \; \exp\{i[\mathbf{k}_\mu + \mathbf{k}_{\mu'}] \cdot \mathbf{r}\} = 0 \tag{14.17}$$

außer für $\mathbf{k}_\mu = -\mathbf{k}_{\mu'}$, wo (14.17) gerade das Volumen V ergibt. Wie für ein abgeschlossenes System zu erwarten, ist $H_{r,kl.}$ unabhängig von der Zeit, denn die $b_{\mu,j}$ befolgen die Differentialgleichung

$$\frac{\partial^2}{\partial t^2} b_{\mu,j} + \omega_\mu^2 b_{\mu,j} = 0 \tag{14.18}$$

mit den Basislösungen

$$b_{\mu,j}(t) \sim \exp\{\pm i\omega_\mu t\}. \tag{14.19}$$

14.2 Quantisierung des Strahlungsfeldes

Für die Quantisierung bemerken wir, daß die klassische Energie gemäß (14.16) und (14.18) sich additiv aus den Beiträgen einzelner, durch die Amplituden $b_{\mu,j}(t)$ beschriebener Oszillatoren zusammensetzt. Das gleiche gilt für Impuls oder Drehimpuls des Feldes.

Die Quantisierung des harmonischen Oszillators ist bekannt (Abschn. 7.4): wir ersetzen die klassischen Amplituden $b_{\mu,j}$ und $b^*_{\mu,j}$ durch Operatoren $b_{\mu,j}$ und $b^\dagger_{\mu,j}$ mit der Vertauschungsregel

$$[b_{\mu,j}, b^\dagger_{\mu',j'}] = \hbar\,\delta_{\mu\mu'}\delta_{jj'} \tag{14.20}$$

für $t = t'$; alle übrigen Kommutatoren für $t \neq t'$ sollen verschwinden. Zweckmäßigerweise substituiert man noch

$$b_{\mu,j} = \sqrt{\hbar}\,\tilde{b}_{\mu,j}, \tag{14.21}$$

so daß der Kommutator (14.20) bei gleichen Zeiten übergeht in

$$[\tilde{b}_{\mu,j}, \tilde{b}^\dagger_{\mu',j'}] = \delta_{\mu\mu'}\delta_{jj'}. \tag{14.22}$$

Von nun ab benutzen wir nur die Operatoren $\tilde{b}_{\mu j}$ und $\tilde{b}^\dagger_{\mu j}$, schreiben der Einfachheit halber jedoch $b_{\mu j} \equiv \tilde{b}_{\mu j}$. Der Hamilton-Operator des Strahlungsfeldes lautet dann (zunächst)

$$H_r = \frac{1}{2}\sum_{\mu,j} \hbar\omega_\mu \left(b_{\mu,j} b^\dagger_{\mu,j} + b^\dagger_{\mu,j} b_{\mu,j} \right) = \sum_{\mu,j} \hbar\omega_\mu \left(b^\dagger_{\mu,j} b_{\mu,j} + \frac{1}{2} \right). \tag{14.23}$$

Das Strahlungsfeld kann also wie ein System entkoppelter harmonischer Oszillatoren behandelt werden.

Vergleicht man (14.22) mit (14.24), so sieht man, daß es sich um Bosonen handelt. Diese Bosonen – **Photonen** – sind charakterisiert durch ihren Impuls $\hbar\mathbf{k}_\mu$, Energie $\hbar\omega_\mu$ und Polarisationszustand j. In (14.23) ist

$$\hat{N}_{\mu,j} = b^\dagger_{\mu,j} b_{\mu,j} \tag{14.24}$$

der Teilchenzahl-Operator für den Schwingungstyp (μ, j), dessen Eigenwerte angeben, wieviel Photonen der Sorte (μ, j) vorhanden sind; dazu tritt in jedem Schwingungstyp eine Nullpunkt-Energie von $1/2\hbar\omega_\mu$ auf. Die Eigenzustände zu H_r sind charakterisiert durch Angabe der Zahl der Photonen der Sorte (μ, j) :

$$H_r |...n_{\mu,j}..\rangle = \sum_{\mu,j} \hbar\omega_\mu n_{\mu,j}\,|...n_{\mu,j}...\rangle \tag{14.25}$$

nach Abzug der Nullpunktsenergie, die in (14.23) divergent ist. Um solche Divergenzen zu vermeiden und einen Vakuumszustand $|0\rangle$ $(b_{\mu,j}|0\rangle = 0 \; \forall \mu, j)$ niedrigster Energie mit $H_r|0\rangle = 0$ zu erhalten, führt man in der Feldtheorie die **Normalordnung** der Operatoren $b_{\mu,j}, b^\dagger_{\mu',j'}$ ein, d.h. man ordnet alle $b_{\mu,j}$ rechts von den $b^\dagger_{\mu',j'}$ an. Der so normalgeordnete Hamilton-Operator hat dann die Form

$$: H_r := \frac{1}{2} \sum_{\mu,j} \hbar\omega_\mu : (b_{\mu,j} b^\dagger_{\mu,j} + b^\dagger_{\mu,j} b_{\mu,j}) := \sum_{\mu,j} \hbar\omega_\mu \, (b^\dagger_{\mu,j} b_{\mu,j}). \qquad (14.26)$$

Bemerkungen

1. Die klassische Energie in (14.16) hatten wir absichtlich symmetrisch in b, b^* geschrieben, um den Übergang zum Hamilton-Operator eindeutig zu machen.

2. Anstelle der ebenen Wellen hätte man als Basislösungen von (14.2) auch Kugelwellen benutzen können. Nach Quantisierung wäre man dann zu Photonen gelangt, die außer durch Energie und Polarisation durch ihren Drehimpuls gekennzeichnet sind. Den Übergang zwischen den beiden Darstellungen vermittelt die Entwicklung der ebenen Welle nach Kugelfunktionen. Die Situation ist analog zum Fall freier, **materieller** Teilchen (also Ruhemasse $\neq 0$), wo man je nach Problemstellung die Impuls (ebene Wellen)- oder Drehimpuls (Kugelwellen)-Klassifikation benutzen kann. Die Drehimpuls-Klassifikation von Photonen findet bei Strahlungsproblemen von Atomen oder Atomkernen Anwendung, da Atom- und Kern-Zustände durch scharfen Drehimpuls gekennzeichnet sind; in der Festkörperphysik ist die Impuls-Klassifikation aus Gründen der Geometrie angemessen.

3. Außer den oben eingeführten **transversalen** Photonen (transversal, da stets $\mathbf{e}_{\mu j} \cdot \mathbf{k}_\mu = 0$) gibt es noch **longitudinale** Photonen, welche man zur Beschreibung der Coulomb-Wechselwirkung verwenden kann (Analogie: Beschreibung der Kernkräfte durch Austausch von Mesonen). Sie entsprechen einer Fourier-Zerlegung des skalaren Potentials $\Phi(\mathbf{r}, t)$, welches die Wechselwirkung in statischen Ladungsverteilungen erfaßt. Da uns oben nur das Strahlungsfeld interessierte, haben wir $\Phi \equiv 0$ normiert; bei der Beschreibung der Wechselwirkung von Strahlung und Materie müssen wir die Coulomb-Energie dann als Beitrag zur Energie der geladenen Teilchen behandeln.

14.3 Wechselwirkung von Strahlungsfeld und Materie

Der Hamilton-Operator eines Systems identischer Teilchen – die Verallgemeinerung auf nicht-identische Teilchen erfordert nur die Indizierung von Masse, Ladung und magnetischem Moment – mit Masse m, Ladung e und magnetischen Moment μ lautet, bei Anwesenheit des Strahlungsfeldes, inklusive der Feldenergie (nicht-relativistisch)

$$H = \frac{1}{2m} \sum_{i=1}^{N} (\mathbf{p}_i - \frac{e}{c} \mathbf{A}(\mathbf{r}_i))^2 + \frac{1}{2} \sum_{i \neq j} V_{ij} - \mu \sum_{i=1}^{N} (\vec{\sigma}_i \cdot [\nabla \times \mathbf{A}(\mathbf{r}_i)]) + H_r. \tag{14.27}$$

In Hinblick auf eine Störungsrechnung trennen wir auf

$$H = H_p + H_r + H', \tag{14.28}$$

wo H_r das freie Strahlungsfeld gemäß (14.26) beschreibt, H_p der Hamiltonoperator der Teilchen bei Abwesenheit des $\mathbf{A}$-Feldes (allerdings inklusive der Coulomb Wechselwirkung) ist

$$H_p = \frac{1}{2m} \sum_{i} p_i^2 + \frac{1}{2} \sum_{i \neq j} V_{ij}, \tag{14.29}$$

und H' die Wechselwirkung zwischen Teilchen und Photonen. In H' ist $\mathbf{A}(\mathbf{r}_i)$ ein Operator:

$$\mathbf{A}(\mathbf{r}_i) = \sum_{\mu,j} \hbar c \sqrt{\frac{2\pi}{V \hbar \omega_\mu}} \, \mathbf{e}_{\mu,j} \left(b_{\mu,j} \exp(i\mathbf{k}_\mu \cdot \mathbf{r}_i) + b_{\mu,j}^\dagger \exp(-i\mathbf{k}_\mu \cdot \mathbf{r}_i) \right), \tag{14.30}$$

der in linearer Form Photon-Erzeugungs- wie Vernichtungsoperatoren enthält. Im Einzelnen zerfällt H' in 3 Anteile:

i) einen über die Ladung der Teilchen angreifenden Beitrag,

$$- \frac{e}{2mc} \sum_{i} (\mathbf{p}_i \cdot \mathbf{A}(\mathbf{r}_i) + \mathbf{A}(\mathbf{r}_i) \cdot \mathbf{p}_i), \tag{14.31}$$

der die Operatoren $b_{\mu,j}$ und $b^{\dagger}_{\mu,j}$ linear enthält, also Prozesse ermöglicht, bei denen in niedrigster Näherung 1 Photon erzeugt oder vernichtet wird.

ii) einen über das magnetische Moment μ wirkenden Anteil,

$$-\mu \sum_i (\vec{\sigma}_i \cdot [\nabla \times \mathbf{A}(\mathbf{r}_i)]), \tag{14.32}$$

der bzgl. $b_{\mu,j}$ und $b^{\dagger}_{\mu,j}$ den gleichen Aufbau wie i) hat,

iii) einen in b, $b^{\dagger}$ quadratischen Term,

$$\frac{e^2}{2mc^2} \sum_i \mathbf{A}(\mathbf{r}_i) \cdot \mathbf{A}(\mathbf{r}_i), \tag{14.33}$$

der in niedrigster Näherung zwei-Photonen-Prozesse ermöglicht.

14.4   Die 0. Näherung

Die Eigenfunktionen zu

$$H_0 = H_p + H_r \tag{14.34}$$

wollen wir im Folgenden als bekannt voraussetzen,

$$H_0|\lambda; n_{\mu j}\rangle = \left(E_\lambda + \sum_{\mu,j} n_{\mu j}\, \hbar\omega_\mu \right) |\lambda; n_{\mu j}\rangle. \tag{14.35}$$

Dabei charakterisiert λ die (als zumindest approximativ bekannt angenommenen) Eigenzustände zu H_p mit der Energie E_λ, z. B. die Eigenzustände des H-Atoms.

Bezogen auf (14.34), (14.35) als 0. Näherung werden wir nun versuchen, den Einfluß von H' im Rahmen einer Störungsrechnung zu erfassen.

14.5   Absorption und Emission von Photonen

Unter der Wirkung von H' können Photonen erzeugt (vernichtet) werden. Wegen der Erhaltungssätze für das abgeschlossene System (Materie + Strahlungsfeld) muß die vom Strahlungsfeld aufgenommene (abgegebene) Energie (ebenso Impuls, Drehimpuls) von der Materie (z. B. Atomen, Molekülen) abgegeben (aufgenommen) werden. Bei der Absorption von Photonen geht die Materie in einen angeregten Zustand über (siehe Abb. 14.1), umgekehrt kann die Materie aus einem angeregten Zustand unter Photonenemission in einen tieferen Zustand (z. B. den Grundzustand) übergehen (siehe Abb. 14.2).

Quantitativ müssen wir nun die Wahrscheinlichkeit dafür berechnen, daß das durch H_0 beschriebene, nicht wechselwirkende System vermöge der Wechselwirkung H' aus einem Anfangszustand $|\lambda; n_{\mu j}\rangle$ in einen Endzustand $|\lambda'; n'_{\mu j}\rangle$ übergeht. Dazu verwenden wir die Zeitentwicklung des Systems im Dirac-Bild.

Zur Zeit $t = 0$ liege das System im Zustand $|\lambda; n_{\mu j}\rangle$ vor; die Zeitentwicklung erfolgt im Dirac-Bild gemäß

$$|\Psi_D(t)\rangle = U_D(t, 0)|\lambda; n_{\mu j}\rangle \tag{14.36}$$

mit

$$U_D(t, 0) = 1 - \frac{i}{\hbar} \int_0^t dt' \, H'_D(t')U_D(t', 0), \tag{14.37}$$

wobei

$$H'_D(t') = \exp\left(\frac{i}{\hbar}H_0 t'\right) H' \exp\left(-\frac{i}{\hbar}H_0 t'\right). \tag{14.38}$$

Der Operator H' ist im Schrödinger-Bild für das betrachtete abgeschlossene System zeitunabhängig. Die Amplitude, mit der der gesuchte Endzustand $|\lambda'; n'_{\mu j}\rangle$ in $|\Psi_D(t)\rangle$ enthalten ist, wird

$$\langle\lambda'; n'_{\mu j}|U_D(t, 0)|\lambda; n_{\mu j}\rangle; \tag{14.39}$$

ihr Betragsquadrat ergibt die Wahrscheinlichkeit, zur Zeit t das System in $|\lambda'; n'_{\mu j}\rangle$ als Endzustand zu finden.

Wenn wir uns auf den einfachsten Prozeß – Absorption bzw. Emission von 1 Photon – beschränken, können wir für $U_D(t, 0)$ die Näherung benutzen

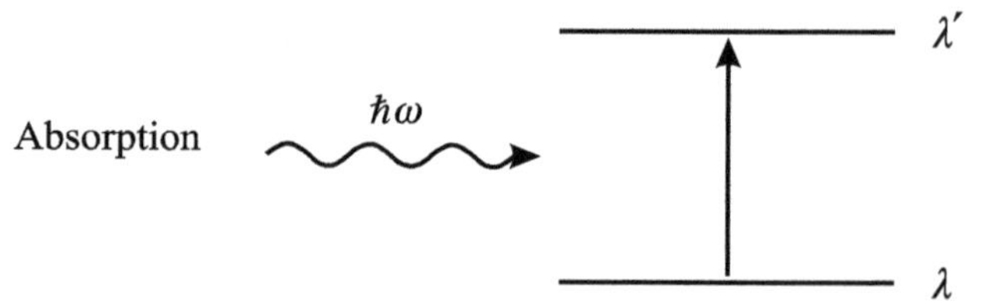

Abb. 14.1 Absorption eines Photons durch Anregung eines Materiezustandes λ zum Zustand λ'

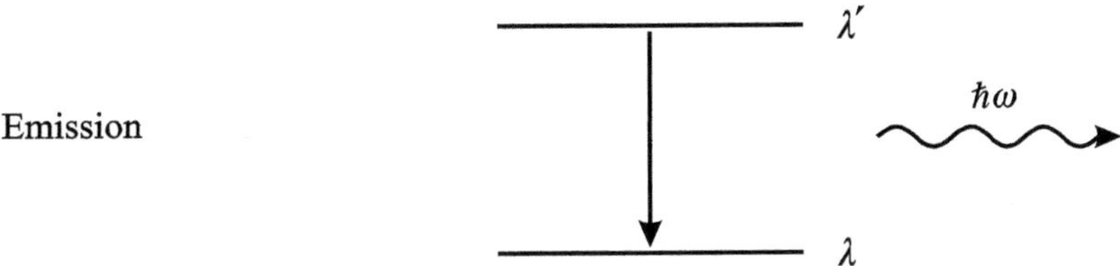

Abb. 14.2 Emission eines Photons durch den Zerfall eines angeregten Zustandes λ' der Materie

$$U_D(t,0) \approx 1 - \frac{i}{\hbar} \int_0^t dt'\, H_D'(t'); \qquad (14.40)$$

dabei trägt der 1.-Term wegen der Orthogonalität der $|\lambda; n_{\mu j}\rangle$ zur Übergangswahrscheinlichkeit nicht bei. Es bleibt also zu berechnen (bis auf den Faktor $-i/\hbar$)

$$\int_0^t dt' \langle \lambda'; n_{\mu j}' | H_D'(t') | \lambda; n_{\mu j}\rangle = \langle \lambda'; n_{\mu j}' | H' | \lambda; n_{\mu j}\rangle \int_0^t dt'\, \exp\left(\frac{i}{\hbar} t'[E' - E]\right),$$
$$(14.41)$$

wobei für H' (14.31) und (14.32) einzusetzen sind; weiter ist abgekürzt

$$E = E_\lambda + \sum_{\mu,j} n_{\mu j} \hbar \omega_\mu; \qquad E' = E_{\lambda'} + \sum_{\mu,j} n_{\mu j}' \hbar \omega_\mu. \qquad (14.42)$$

Die Zeitintegration in (14.41) ergibt

$$-i\hbar \frac{[\exp(\frac{i}{\hbar} t[E' - E]) - 1]}{E' - E} = -i\frac{\exp(2i\xi t) - 1}{2\xi} = \exp(i\xi t)\frac{\exp(i\xi t) - \exp(-i\xi t)}{2i\xi}$$
$$(14.43)$$

mit der Abkürzung

$$\xi = \frac{E' - E}{2\hbar}. \qquad (14.44)$$

Für die Wahrscheinlichkeit $W(t)$, daß das System nach der Zeit t aus dem Anfangszustand $|\lambda; n_{\mu j}\rangle$ in den Endzustand $|\lambda'; n_{\mu j}'\rangle$ übergegangen ist, erhält man also

$$W(t) = \frac{1}{\hbar^2}\left(\frac{\sin(t\xi)}{\xi}\right)^2 |\langle \lambda'; n_{\mu j}' | H' | \lambda; n_{\mu j}\rangle|^2 \qquad (14.45)$$

Abb. 14.3 Die Funktion
$(\sin(t\xi)/\xi)^2$ in (14.45)

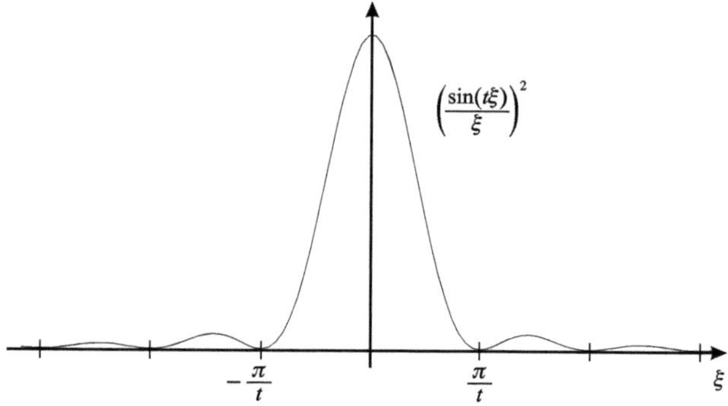

Die Funktion $(\sin(t\xi)/\xi)^2$ hat die in der Abb. 14.3 skizzierte Form; das Hauptmaximum bei $\xi = 0$ wird mit wachsendem t immer schärfer, die Nebenmaxima werden abgebaut.

Übergänge sind dann besonders wahrscheinlich, wenn

$$E' \approx E. \tag{14.46}$$

Der Faktor $(\sin(t\xi)/\xi)^2$ in (14.45) beinhaltet also die Energieerhaltung im Rahmen der Energie-Zeit-Unschärfe. Für $t \to \infty$ ist die Energieerhaltung streng erfüllt, d. h. $E' = E$.

Das Matrixelement $\langle \lambda'; n'_{\mu j} | H' | \lambda; n_{\mu j} \rangle$ aus (14.45) spaltet auf in Anteile, die nur die Materie betreffen, und solche, die nur die Strahlung betreffen. Bei Beschränkung auf 1 Photonen – Prozesse tragen aus H' nur die Terme (14.31) und (14.32) bei. Die **elektrischen** Übergänge werden bestimmt durch

$$\langle \lambda' | \sum_l \mathbf{p}_l \exp(\pm i\mathbf{k} \cdot \mathbf{r}_l) | \lambda \rangle, \tag{14.47}$$

sowie durch

$$\langle \lambda' | \sum_i (\vec{\sigma}_i \times \mathbf{k}) \exp(\pm i\mathbf{k} \cdot \mathbf{r}_i) | \lambda \rangle \tag{14.48}$$

die **magnetischen** Übergänge. Entwicklung der ebenen Welle nach Kugelfunktionen liefert Dipol-Strahlung, Quadrupol-Strahlung etc. Zu (14.47) und (14.48) treten jeweils die das Strahlungsfeld betreffenden Anteile

$$\langle n'_{\mu j} | b_{\mu j} | n_{\mu j} \rangle \tag{14.49}$$

bzw.

$$\langle n'_{\mu j} | b^{\dagger}_{\mu j} | n_{\mu j} \rangle. \tag{14.50}$$

Im Fall der Absorption von Strahlung wird

$$|\langle n_{\mu j} - 1 | b_{\mu j} | n_{\mu j} \rangle|^2 = n_{\mu j}. \tag{14.51}$$

Die Absorptionswahrscheinlichkeit ist also proportional der Zahl der anfangs vorhandenen Photonen bzw. der Intensität des Feldes. Die Emissionswahrscheinlichkeit ist dagegen

$$\sim |\langle n_{\mu j} + 1 | b^{\dagger}_{\mu j} | n_{\mu j} \rangle|^2 = n_{\mu j} + 1. \tag{14.52}$$

An diesem Resultat ist bemerkenswert, daß auch dann Photonen-Emission stattfindet, wenn im Anfangszustand $n_{\mu j} = 0$ ist, d. h. es gibt eine **spontane Emission** (im Gegensatz zu der mit $n_{\mu j}$ wachsenden **induzierten Emission**). Auf Grund dieser spontanen Emission sind alle angeregten Zustände atomarer Systeme instabil; sie haben eine **natürliche Linienbreite.**

Die Tatsache, daß atomare Systeme auf Grund der elektromagnetischen Wechselwirkung aus angeregten Zuständen spontan unter Photonenemission in den Grundzustand übergehen, ist im Rahmen der klassischen Physik nicht zu verstehen. Klassisch ist der Grundzustand des freien Strahlungsfeldes dadurch gekennzeichnet, daß

$$E_{kl.} \equiv 0. \tag{14.53}$$

Wo aber kein elektromagnetisches Feld vorhanden ist, kann es aber auch keine elektromagnetische Wechselwirkung mit Materie geben. Anders die Situation nach Quantisierung des Strahlungsfeldes: der Grundzustand des freien Strahlungsfeldes ist das Photonenvakuum $|0\rangle$; in diesem Zustand ist zwar der Erwartungswert der Feldoperatoren $\mathbf{A}$, $\mathbf{E}$ und $\mathbf{B}$ null,

$$\langle 0 | \mathbf{A} | 0 \rangle = \langle 0 | \mathbf{E} | 0 \rangle = \langle 0 | \mathbf{B} | 0 \rangle = 0, \tag{14.54}$$

es bleiben aber von null verschiedene mittlere quadratische Schwankungen (**Vakuum-Fluktuationen**), z. B.

$$(\Delta \mathbf{E})^2 = (\langle 0 | \mathbf{E}^2 | 0 \rangle - \langle 0 | \mathbf{E} | 0 \rangle^2) = \langle 0 | \mathbf{E}^2 | 0 \rangle \neq 0. \tag{14.55}$$

Der formale Grund für die nicht-verschwindenden Erwartungswerte von $\mathbf{E}^2$ und $\mathbf{B}^2$ ist, daß die Operatoren für $\mathbf{E}$ und $\mathbf{B}$ nicht mit dem Hamiltonoperator des Strahlungsfeldes kommutieren und daher nicht gleichzeitig **scharf** meßbar sind!

Bemerkung Die Vakuum-Fluktuationen von Eichfeldern (Gluonen) in der ‚starken‘ Wechselwirkung spielen eine entscheidende Rolle für die Stabilität der Hadronen und das ‚Confinement‘ der Quarks und Gluonen in Hadronen (Nukleonen und Mesonen).

Zusammenfassend haben wir das Strahlungsfeld quantisiert und die Wechselwirkung zwischen Materie und dem Strahlungsfeld (Photonen) in führender Ordnung ausgewertet, was der Absorption (Emission) von Photonen durch Materie entspricht.

Formale Streutheorie

15

Inhaltsverzeichnis

In Kap. 8 haben wir die Streutheorie eines Teilchens, das durch ein Potential $V(r)$ mit einem anderen unabhängigen Teilchen wechselwirkt, vorgestellt und die relevanten Größen wie die Streuamplitude und den differentiellen Wirkungsquerschnitt aus der Lippmann-Schwinger Gleichung abgeleitet. In diesem Kapitel werden wir die formale Streutheorie für Vielteilchensysteme bereitstellen, die in der Definition der allgemeinen S-Matrix, der T-Matrix und der Born'schen Reihe münden wird.

15.1   Zeitabhängige Formulierung eines Streuprozesses

Zur Beschreibung eines Streuprozesses zerlegen wir den Hamiltonoperator des Gesamtsystems nach Abseparation der Schwerpunktsbewegung (vgl. Abschn. 10.12) in

$$H = T + V + H_{int} =: H_0 + V; \qquad (15.1)$$

dabei ist T die kinetische Energie der Relativbewegung (mit der reduzierten Masse) der Streupartner, V ihre Wechselwirkung und H_{int} der Hamiltonoperator der verbleibenden inneren Freiheitsgrade.

Lange vor dem Stoß wird das System hinsichtlich seiner **Relativbewegung** durch ein kräftefreies Wellenpaket beschrieben:

$$|\Psi_i\rangle =: \lim_{t\to-\infty} |\Psi(t)\rangle = \lim_{t\to-\infty} \sum_a \int da\, c(a) \exp\left(-\frac{i}{\hbar} E_a t\right) |\Phi_a\rangle, \qquad (15.2)$$

wobei

$$H_0|\Phi_a\rangle = E_a|\Phi_a\rangle, \qquad (15.3)$$

und der diskrete und/oder kontinuierliche Index a für einen vollständigen Satz von Quantenzahlen steht. E_a besteht aus der inneren Energie der Stoßpartner und der kinetischen Energie der Relativbewegung; $c(a)$ beschreibt die Form des Wellenpaketes vor dem Stoß. Das Wellenpaket (15.2) entwickelt sich dann gemäß dem zum vollen Hamiltonoperator H gehörenden Zeitentwicklungsoperator $U(t, -\infty)$ und nimmt lange nach dem Stoß wieder die Gestalt eines kräftefreien Wellenpaketes an:

$$|\Psi_f\rangle =: \lim_{t\to\infty} |\Psi(t)\rangle = \lim_{t\to\infty} \sum_a \int da\, \tilde{c}(a) \exp\left(-\frac{i}{\hbar} E_a t\right) |\Phi_a\rangle. \qquad (15.4)$$

Vergleichen wir mit Abschn. 8.3, so entspricht $|\Psi_i\rangle$ der einfallenden ebenen Welle und $|\Psi_f\rangle$ der Kombination einer ebenen Welle und einer richtungsmodulierten auslaufenden Kugelwelle. Die Indizes i und f stehen für **initial** und **final**.

Die Aufgabe der Streutheorie besteht nun darin, die unbekannte Funktion $\tilde{c}(a)$, welche den Zustand des Systems nach dem Stoß charakterisiert, zu berechnen aus der vorgegebenen Anfangsverteilung $c(a)$. Man führt daher zweckmäßigerweise als fundamentale Größe der Streutheorie die

15.2 S-Matrix

ein, welche durch

$$\tilde{c}(a) = \sum_{a'} \int da'\, S(a, a') c(a') \quad \text{mit} \quad S(a, a') = \langle \Phi_a|S|\Phi_{a'}\rangle \qquad (15.5)$$

definiert ist. Sie muß unitär sein, damit die Erhaltung der Norm gewährleistet ist:

$$\sum_a \int da\, |\tilde{c}(a)|^2 = \sum_a \int da\, |c(a)|^2. \tag{15.6}$$

Für das Verständnis des Konzeptes sowie die praktische Berechnung der S-Matrix ist es zweckmäßig, alternative Definitionen zu (15.5) zu betrachten.

Übersetzt man $|\Psi_i\rangle$ und $|\Psi_f\rangle$ in das Dirac-Bild,

$$|\Psi_i^D\rangle = \lim_{t\to-\infty} \exp\left(\frac{i}{\hbar}H_0 t\right) |\Psi(t)\rangle; \qquad |\Psi_f^D\rangle = \lim_{t\to\infty} \exp\left(\frac{i}{\hbar}H_0 t\right) |\Psi(t)\rangle, \tag{15.7}$$

und führt man einen Operator S ein durch

$$|\Psi_f^D\rangle = S|\Psi_i^D\rangle, \tag{15.8}$$

so erweisen sich die Matrixelemente von S in der Basis $|\Phi_a\rangle$ als die in (15.5) eingeführten S-Matrix-Elemente. Dazu bilden wir

$$\langle\Phi_a|\Psi_f^D\rangle = \tilde{c}(a) = \langle\Phi_a|S|\Psi_i^D\rangle = \sum_{a'} \int da'\langle\Phi_a|S|\Phi_{a'}\rangle\langle\Phi_{a'}|\Psi_i^D\rangle \tag{15.9}$$

$$= \sum_{a'} \int da'\, \langle\Phi_a|S|\Phi_{a'}\rangle c(a').$$

Der in (15.8) eingeführte Operator S hängt weiterhin direkt mit dem Zeitentwicklungsoperator des Dirac-Bildes zusammen:

$$|\Psi_f^D\rangle = U_D(\infty, -\infty)|\Psi_i^D\rangle, \tag{15.10}$$

d. h.

$$S = U_D(\infty, -\infty). \tag{15.11}$$

Auf mathematische Details der Grenzwertbildung in $U_D(t, t_0)$ kann hier nicht eingegangen werden (s. P. Roman, Advanced Quantum Theory). Aus (15.11) folgt wiederum die Unitarität von S,

$$SS^\dagger = 1_{\mathcal{H}} = S^\dagger S. \tag{15.12}$$

Alternativ kann S mit Hilfe der Eigenzustände von H definiert werden. Mit (15.11), (15.9) und (15.5) ist

$$S(a, a') = \lim_{t\to\infty, t'\to-\infty} \langle \Phi_a | U_D(t, t') | \Phi_{a'} \rangle \tag{15.13}$$

$$= \lim_{t\to\infty, t'\to-\infty} \langle \Phi_a | \exp(\frac{i}{\hbar} E_a t)\, U(t, t')\, \exp\left(-\frac{i}{\hbar} E_{a'} t'\right) | \Phi_{a'} \rangle,$$

mit

$$U(t, t') = \exp\left(-\frac{i}{\hbar} H(t - t')\right), \tag{15.14}$$

da H als Hamiltonoperator eines abgeschlossenen Systems nicht explizit von t abhängt. Damit wird

$$S(a, a') = \langle \Psi_a^{(-)} | \Psi_{a'}^{(+)} \rangle, \tag{15.15}$$

wenn man einführt (Grenzwertbildung siehe unten)

$$|\Psi_a^{(\pm)}\rangle = \lim_{t\to\mp\infty} \exp\left(-\frac{i}{\hbar}(E_a - H)t\right) |\Phi_a\rangle. \tag{15.16}$$

Zur Behandlung der in (15.16) auftretenden Grenzwerte beachten wir, daß für eine Funktion $F(t)$, deren Grenzwert für $t \to -\infty$ existiert, dieser als **Abel'scher Grenzwert**

$$\lim_{t\to-\infty} F(t) = \lim_{\epsilon\to+0} \epsilon \int_{-\infty}^{0} dt'\, \exp(\epsilon t')\, F(t')$$

$$= \lim_{\epsilon\to+0} \left(\frac{\epsilon}{\epsilon} \exp(\epsilon t) F(t)\big|_{-\infty}^{0} - \frac{\epsilon}{\epsilon} \int_{-\infty}^{0} dt'\, \exp(\epsilon t') F'(t') \right) \equiv F(0) - \int_{-\infty}^{0} dt'\, F'(t') \tag{15.17}$$

geschrieben werden kann, wie man unmittelbar durch partielle Integration sieht. Damit erhalten wir

$$|\Psi_a^{(+)}\rangle = \lim_{\epsilon\to+0} \frac{\epsilon}{\hbar} \int_{-\infty}^{0} dt\, \exp[-\frac{i}{\hbar}(E_a - H + i\epsilon)t]\, |\Phi_a\rangle = \lim_{\epsilon\to+0} \frac{i\epsilon}{E_a - H + i\epsilon} |\Phi_a\rangle \tag{15.18}$$

nach Ausführung der t-Integration. Da der inverse Operator zu $(H - E_a)$ für Werte E_a des kontinuierlichen Spektrums (Streuzustände!) von H nicht existiert (Abschn. 10.5), kann der Grenzübergang $\epsilon \to +0$ erst nach Ausführung der auf $|\Phi_a\rangle$ wirkenden Operatoren $i\epsilon/(E_a - H + i\epsilon)$ durchgeführt werden.

Wir zeigen nun, daß $|\Psi_a^{(+)}\rangle$ Eigenvektor zu H mit Eigenwert E_a ist:

$$(E_a - H)|\Psi_a^{(+)}\rangle = \lim_{\epsilon \to +0} \left(i\epsilon \frac{E_a - H}{E_a - H + i\epsilon}|\Phi_a\rangle \right) = \lim_{\epsilon \to +0} (i\epsilon|\Phi_a\rangle) = 0, \quad (15.19)$$

also

$$H|\Psi_a^{(+)}\rangle = E_a|\Psi_a^{(+)}\rangle. \tag{15.20}$$

Hinter (15.20) verbirgt sich die nicht-triviale Annahme, daß H und H_0 das gleiche kontinuierliche Spektrum besitzen, sich also nur im diskreten Spektrum unterscheiden. Diese Annahme ist durchaus nicht immer erfüllt:

i) Im Fall **nichtlokaler** Wechselwirkungen V können im kontinuierlichen Spektrum von H gebundene Zustände eingebettet sein, welche H_0 nicht besitzt.

ii) Nach obiger Annahme darf sich beim **Einschalten** der Wechselwirkung V die Energie des Systems nicht ändern; diese Abwesenheit von **Level shifts** im Kontinuum ist z. B. in der Quantenelektrodynamik (QED) nicht gegeben.

Wir nehmen daher im Folgenden an, daß V so beschaffen ist, daß der Grenzwert (15.16) existiert, so daß (15.3) und (15.20) für den Streuprozeß simultan erfüllt sind.

15.3   Die Lippmann-Schwinger-Gleichung

Wir wollen als nächstes zeigen, daß $|\Psi_a^{(\pm)}\rangle$ Lösungen des Streuproblems sind, welche in der Ortsdarstellung aus-(ein-)laufende Kugelwellen enthalten. Dazu benutzen wir die generell in der Quantentheorie wichtige **Operator-Identität** ($H = H_0 + V$)

$$\frac{1}{E_a - H + i\epsilon} = \frac{1}{E_a - H_0 + i\epsilon} + \frac{1}{E_a - H_0 + i\epsilon} V \frac{1}{E_a - H + i\epsilon}. \tag{15.21}$$

Beweis

In der Identität

$$[A + B]^{-1} = A^{-1}(1 - B[A + B]^{-1}) \tag{15.22}$$

setze man $A = E_a - H_0 + i\epsilon$ und $B = -V$. Gleichung (15.22) ist leicht zu zeigen durch Multiplikation mit $(A + B)$, z. B. :

$$[A+B]^{-1}(A+B) = 1 = A^{-1}(A+B) - A^{-1}B[A+B]^{-1}(A+B) = 1 + A^{-1}B - A^{-1}B. \tag{15.23}$$

Wendet man (15.21) auf $|\Phi_a\rangle$ an, so erhält man

$$\frac{i\epsilon}{E_a - H + i\epsilon}|\Phi_a\rangle = \frac{i\epsilon}{E_a - H_0 + i\epsilon}|\Phi_a\rangle + \frac{1}{E_a - H_0 + i\epsilon}V\frac{i\epsilon}{E_a - H + i\epsilon}|\Phi_a\rangle. \tag{15.24}$$

Mit (15.18) wird schließlich nach Grenzwertbildung

$$|\Psi_a^{(+)}\rangle = |\Phi_a\rangle + G_a^{(+)}V|\Psi_a^{(+)}\rangle \tag{15.25}$$

mit dem **Green'schen Operator**

$$G_a^{(+)} := \lim_{\epsilon \to +0} \frac{1}{E_a - H_0 + i\epsilon}. \tag{15.26}$$

Nach dem gleichen Verfahren findet man

$$|\Psi_a^{(-)}\rangle = |\Phi_a\rangle + G_a^{(-)}V|\Psi_a^{(-)}\rangle \tag{15.27}$$

mit

$$G_a^{(-)} := \lim_{\epsilon \to +0} \frac{1}{E_a - H_0 - i\epsilon}. \tag{15.28}$$

Als Ortsdarstellung von (15.25) und (15.26) ergibt sich gerade die **Lippmann-Schwinger-Gleichung** und die Green'sche Funktion aus Abschn. 8.1, wenn man die Streuung eines Teilchens an einem Potential V betrachtet, wo $H_0 \equiv T$ wird.

Wir bilden

$$\langle \mathbf{r}|G^{(+)}|\mathbf{r}'\rangle = \int \int d^3q \, d^3q' \, \langle \mathbf{r}|\mathbf{q}\rangle \langle \mathbf{q}|G^{(+)}|\mathbf{q}'\rangle \langle \mathbf{q}'|\mathbf{r}'\rangle \tag{15.29}$$

$$= \frac{1}{(2\pi)^3} \int d^3q \, \exp(i\mathbf{q}\cdot\mathbf{r}) \frac{1}{E - \frac{\hbar^2 \mathbf{q}^2}{2\mu} + i\epsilon} \exp(-i\mathbf{q}\cdot\mathbf{r}')$$

$$= \frac{1}{(2\pi)^3} \frac{2\mu}{\hbar^2} \int d^3q \, \frac{\exp(i\mathbf{q}\cdot(\mathbf{r}-\mathbf{r}'))}{\mathbf{k}^2 - \mathbf{q}^2 + i\epsilon} = \frac{2\mu}{\hbar^2} G^{(+)}(\mathbf{r},\mathbf{r}');$$

dabei wurde benutzt

$$\langle \mathbf{r}|\mathbf{q}\rangle = \langle \mathbf{q}|\mathbf{r}\rangle^* = (2\pi)^{-3/2} \exp(i\mathbf{q}\cdot\mathbf{r}) \tag{15.30}$$

und

$$\langle \mathbf{q}|G^{(+)}|\mathbf{q}'\rangle = \frac{\delta^3(\mathbf{q}-\mathbf{q}')}{E - \frac{\hbar^2 \mathbf{q}^2}{2\mu} + i\epsilon}. \tag{15.31}$$

Entsprechend geht (15.25) in die Lippmann-Schwinger-Gleichung über.

15.4 Die T-Matrix

Wir gehen noch einmal auf

$$S(a,a') = \langle \Phi_a|S|\Phi_{a'}\rangle \tag{15.32}$$

zurück. Da wir uns nur für echte Streuprozesse

$$\Phi_{a'} \to \Phi_a \qquad a \neq a' \tag{15.33}$$

interessieren, ist es sinnvoll, aus S den 1-Operator, der den trivialen Übergang $\Phi_a \to \Phi_a$ beschreibt, herauszuziehen:

$$S(a,a') = \delta(a-a') - 2\pi i \, \delta(E_a - E_{a'}) T(a,a'). \tag{15.34}$$

Dabei ist bei diskreten Quantenzahlen a, a' die δ-Funktion $\delta(a-a')$ durch $\delta_{aa'}$ zu ersetzen; $\delta(E_a - E_{a'})$ trägt der Energieerhaltung Rechnung, während der Faktor $-2\pi i$ aus Konvention abgespalten wird. Die in (15.34) eingeführte T-Matrix ist dann gerade für echte Übergänge verantwortlich.

Durch (15.34) wird die T-Matrix nur für Übergänge $\Phi_a \to \Phi_{a'}$ bei $E_a = E_{a'}$ definiert, d.h. für elastische Prozesse (**On Energy Shell** T-Matrix). Das Konzept der T-Matrix läßt sich jedoch auf beliebige Prozesse verallgemeinern. Wir greifen zurück auf (15.18):

$$|\Psi_a^{(+)}\rangle = \lim_{\epsilon \to +0} \frac{i\epsilon}{E_a - H + i\epsilon}|\Phi_a\rangle = \lim_{\epsilon \to +0} \frac{i\epsilon + E_a - H_0}{E_a - H + i\epsilon}|\Phi_a\rangle \qquad (15.35)$$

$$= \lim_{\epsilon \to +0} \frac{i\epsilon + E_a - H + V}{E_a - H + i\epsilon}|\Phi_a\rangle = \lim_{\epsilon \to +0}[1 + \frac{1}{E_a - H + i\epsilon}V]|\Phi_a\rangle$$

und bilden

$$|\Psi_a^{(-)}\rangle = \lim_{\epsilon \to +0} \frac{i\epsilon}{E_a - H - i\epsilon}|\Phi_a\rangle = \lim_{\epsilon \to +0}[1 + \frac{1}{E_a - H - i\epsilon}V]|\Phi_a\rangle$$

$$= |\Psi_a^{(+)}\rangle + \lim_{\epsilon \to +0}[\frac{1}{E_a - H - i\epsilon} - \frac{1}{E_a - H + i\epsilon}]V|\Phi_a\rangle. \qquad (15.36)$$

Mit (15.15) wird dann (der $\lim_{\epsilon \to +0}$ wird im Folgenden unterdrückt)

$$S(a, a') = \langle \Psi_a^{(-)}|\Psi_{a'}^{(+)}\rangle = \langle \Psi_{a'}^{(+)}|\Psi_a^{(-)}\rangle^* \qquad (15.37)$$

$$= \delta(a - a') + \langle \Psi_{a'}^{(+)}|[\frac{1}{E_a - H - i\epsilon} - \frac{1}{E_a - H + i\epsilon}]V|\Phi_a\rangle^*$$

$$= \delta(a - a') + \langle \Phi_a|V[\frac{1}{E_a - H + i\epsilon} - \frac{1}{E_a - H - i\epsilon}]|\Psi_{a'}^{(+)}\rangle.$$

Wir beachten nun, daß $|\Psi_{a'}^{(+)}\rangle$ Eigenvektor zu H zur Energie $E_{a'}$ ist, d.h.

$$[\frac{1}{E_a - H + i\epsilon} - \frac{1}{E_a - H - i\epsilon}]|\Psi_{a'}^{(+)}\rangle = -\frac{2i\epsilon}{(E_a - E_{a'})^2 + \epsilon^2}|\Psi_{a'}^{(+)}\rangle. \qquad (15.38)$$

Benutzt man die Darstellung der δ-Funktion

$$\delta(x) =: \frac{1}{\pi}\lim_{\epsilon \to +0} \frac{\epsilon}{x^2 + \epsilon^2}, \qquad (15.39)$$

so wird

$$S(a, a') = \delta(a - a') - 2\pi i\, \delta(E_a - E_{a'})\langle \Phi_a|V|\Psi_{a'}^{(+)}\rangle, \qquad (15.40)$$

also mit (15.34)

$$T(a, a') = \langle \Phi_a | V | \Psi_{a'}^{(+)} \rangle. \tag{15.41}$$

Wir führen nun einen Operator T allgemein ein durch

$$T | \Phi_{a'} \rangle = V | \Psi_{a'}^{(+)} \rangle, \tag{15.42}$$

woraus wir mit (15.25) erhalten

$$T = V + V\, G^{(+)} T. \tag{15.43}$$

Da $G^{(+)} = G^{(+)}(E)$, schreiben wir auch genauer $T = T(E)$; der Operator T ist also explizit energieabhängig. Bilden wir nun beliebige Matrixelemente von T in der Basis Φ_a,

$$\langle \Phi_a | T | \Phi_{a'} \rangle, \tag{15.44}$$

wobei im allgem. $E_a \neq E_{a'}$ ist, so haben wir die gewünschte Verallgemeinerung von (15.34) gefunden.

Wir unterscheiden 3 Typen von Matrixelementen von T:

1. **On Energy Shell:**
$$\langle \Phi_a | T | \Phi_{a'} \rangle \text{ bei } E_a = E_{a'} = E.$$

Sie beschreiben die elastische Streuung.

2. **Off Energy Shell:**
$$\langle \Phi_a | T | \Phi_{a'} \rangle \text{ bei } E_a \neq E \neq E_{a'}.$$

Sie treten z. B. bei der inelastischen Nukleon-Kern Streuung auf: $N_1 + (A + N_2) \rightarrow N_1 + N_2 + A^*$.

3. **Half Energy Shell:**

$$\langle \Phi_a | T | \Phi_{a'} \rangle \text{ bei } E_a \neq E_{a'}; \ E = E_a \text{ oder } E = E_{a'}.$$

Beispiel In der Proton-Proton-Bremsstrahlung ist wegen des auftretenden Photons $k_a^2 \neq k_{a'}^2$. Die ‚On Energy Shell'-Elemente hängen direkt mit der Streuamplitude $f(\Omega)$ zusammen:

$$f(\Omega) = -\frac{\mu}{2\pi\hbar^2}\langle\Phi_a|V|\Psi_{a'}^{(+)}\rangle = -\frac{\mu}{2\pi\hbar^2}T(a,a'). \tag{15.45}$$

Zur Berechnung von T und damit von $f(\Omega)$ liegt es nahe, (15.43) durch Iteration zu lösen. Dies führt auf die **Born'sche Reihe,** die wir in Abschn. 8.2.3 eingeführt hatten:

$$T = V + VG^{(+)}V + VG^{(+)}VG^{(+)}V + \dots = V\frac{1}{1 - G^{(+)}V}. \tag{15.46}$$

Man kann die Konvergenzeigenschaften von (15.46) verbessern im Rahmen der

15.5   Verallgemeinerten Born'schen Reihe (DWBA)

Dazu teilen wir H auf in

$$H = H_0' + V', \tag{15.47}$$

wobei jetzt

$$H_0' = T + H_{int} + (V - V') \tag{15.48}$$

außer der kinetischen Energie der Relativbewegung der Stoßpartner auch noch einen Teil ihrer Wechselwirkung enthält (z. B. die Coulomb-Wechselwirkung). Gelingt es, die Lösungen von

$$H_0'|\Phi_a'\rangle = E_a'|\Phi_a'\rangle \tag{15.49}$$

zu bestimmen, so kann das oben geschilderte Verfahren mit der Wechselwirkung V' anstelle von V und

$$G'^{(+)} = \frac{1}{E - H_0' + i\epsilon} \tag{15.50}$$

anstelle von $G^{(+)}$ durchgeführt werden. Man erhält dann eine besser konvergente Reihe

$$T = V' + V'G'^{(+)}V' + V'G'^{(+)}V'G'^{(+)}V' + \ldots\ldots \tag{15.51}$$

Ein Beispiel bildet die Streuung von Protonen an Kernen, wo man die Coulomb-Wechselwirkung in H_0' einbeziehen kann, da das Coulomb Problem exakt lösbar ist; $V - V'$ ist dann die von den Kernkräften herrührende Wechselwirkung. Während die Coulombwellen bei allen Stoßparametern (Drehimpulsen) nichtverschwindende Streuphasen aufweisen (vgl. Abschn. 8.3) und damit die Reihe (15.46) schlecht konvergiert, ist dagegen (15.51) wegen der kurzen Reichweite der Kernkräfte $(V - V')$ eine wesentlich besser konvergente Reihe. Da in diesem Fall die ebenen Wellen der gewöhnlichen Born'schen Reihe in Coulomb-Wellen übergehen, heißt das Verfahren auch **Distorted-Wave-Born-Approximation (DWBA)**.

15.6 S-Matrix in Drehimpulsdarstellung

Entsprechend der Partialwellenentwicklung in Abschn. 8.3 entwickeln wir für $V = V(r)$

$$\Psi_{\mathbf{k}}^{(+)}(\mathbf{r}) = \sum_{l=0} i^l (2l+1)\,\exp(i\delta_l(k))\,P_l(\cos\vartheta)\,\frac{\chi_{l,k}(r)}{r}. \tag{15.52}$$

Während $\Psi_{\mathbf{k}}^{(+)}(\mathbf{r})$ eine auslaufende Kugelwelle enthält, enthält $\Psi_{\mathbf{k}}^{(-)}(\mathbf{r})$ eine einlaufende Kugelwelle. Also ist

$$\Psi_{\mathbf{k}}^{(-)}(\mathbf{r}) = \sum_{l=0} i^l (2l+1)\,\exp(-i\delta_l(k))\,P_l(\cos\vartheta)\,\frac{\chi_{l,k}(r)}{r}. \tag{15.53}$$

Bezeichnen wir die einzelnen Komponenten in (15.52), (15.53) bei festem l mit $\Psi_{k,l}^{(\pm)}$, so wird

$$S(l,k;l'k') = \langle \Psi_{l,k}^{(-)} | \Psi_{l'k'}^{(+)} \rangle = \exp(2i\delta_l(k))\,\delta_{ll'}\,\delta(k-k'), \tag{15.54}$$

wenn man $\chi_{l,k}$ geeignet normiert. Die S-Matrix ist also in l und k diagonal und es gilt:

$$S(l, k; l, k) = S_l(k) = \exp(2i\delta_l(k)). \tag{15.55}$$

Die S-Matrix ist damit vollständig durch impulsabhängige Phasen $\delta_l(k)$ für jede Partialwelle l beschrieben.

15.7 Energie des Grundzustandes

Wir greifen noch einmal zurück auf Abschn. 11.3 und schreiben den exakten Grundzustand zum Zeitpunkt $t = 0$ als

$$|\Psi_0\rangle = U_D(0, -\infty)|\Phi_0\rangle, \tag{15.56}$$

wobei wir den Hamiltonoperator aufgeteilt haben in der Form $H = H_0 + H'$ und das Problem $(H_0 - \epsilon_n)|\Phi_n\rangle$ als bekannt betrachtet wird. Mit

$$H|\Psi_0\rangle = E_0|\Psi_0\rangle \tag{15.57}$$

entsteht durch Bildung des Skalarproduktes mit $\langle\Phi_0|$ und Subtraktion von $\langle\Phi_0|H_0|\Psi_0\rangle$

$$\Delta E_0 = E_0 - \epsilon_0 = \frac{\langle\Phi_0|H'|\Psi_0\rangle}{\langle\Phi_0|\Psi_0\rangle} = \frac{\langle\Phi_0|H'U_D(0, -\infty)|\Phi_0\rangle}{\langle\Phi_0|U_D(0, -\infty)|\Phi_0\rangle}. \tag{15.58}$$

Bei der Bildung von (15.58) ist allerdings sicherzustellen, daß die Zustände $|\Phi_0\rangle$ und $|\Psi_0\rangle$ nicht zueinander orthogonal sind. Dazu betrachten wir den explizit zeitabhängigen Hamiltonoperator $(\eta > 0)$

$$H_\eta(|t|) = H_0 + \exp(-\eta|t|)\, H', \tag{15.59}$$

mit

$$\lim_{|t|\to\infty} H_\eta = H_0, \qquad \lim_{\eta\to 0} H_\eta = H = H_\eta(t = 0). \tag{15.60}$$

Mit dem Ansatz (15.59) wird die Wechselwirkung H' adiabatisch ein- und ausgeschaltet, so daß zur Zeit $t=0$ der volle Hamiltonoperator wirkt. Nun hängt im Fall von (15.59) der Zeitentwicklungsoperator U_D über $H'(t) = \exp(-\eta|t|)\, H'$ von η ab und nur solche Größen sind sinnvoll, für die der Limes $\eta \to 0$ existiert. Darüber sagt das **Theorem von Gell-Mann und Low** aus: Wenn

$$\lim_{\eta \to 0} \frac{U_D(0, -\infty)|\Phi_0\rangle}{\langle \Phi_0|U_D(0, -\infty)|\Phi_0\rangle} = \frac{|\Psi_0\rangle}{\langle \Phi_0|\Psi_0\rangle} \tag{15.61}$$

in jeder Ordnung Störungstheorie existiert, so ist $|\Psi_0\rangle/\langle \Phi_0|\Psi_0\rangle$ Eigenzustand zu H und

$$\Delta E_0 = \lim_{\eta \to 0} \frac{\langle \Phi_0|H'U_D(0, -\infty)|\Phi_0\rangle}{\langle \Phi_0|U_D(0, -\infty)|\Phi_0\rangle}. \tag{15.62}$$

Es ist zu bemerken, daß in (15.61) Zähler und Nenner nicht notwendigerweise separat existieren!

Wir unterdrücken den (länglichen) Beweis des Theorems und geben eine für die Anwendung wichtige Umformung für ΔE_0 an. Mit ($\hbar = 1$)

$$i\frac{\partial}{\partial t}U_D(t, t_0) = H'_D(t)\, U_D(t, t_0) \tag{15.63}$$

oder

$$i\frac{\partial}{\partial t}\langle \Phi_0|U_D(t, t_0)|\Phi_0\rangle = \langle \Phi_0|H'_D(t)\, U_D(t, t_0)|\Phi_0\rangle \tag{15.64}$$

folgt

$$i\frac{\partial}{\partial t}\ln(\langle \Phi_0|U_D(t, -\infty)|\Phi_0\rangle) = \frac{\langle \Phi_0|H'_D(t)\, U_D(t, -\infty)|\Phi_0\rangle}{\langle \Phi_0|U_D(t, -\infty)|\Phi_0\rangle}. \tag{15.65}$$

Damit ist

$$i\lim_{\eta \to 0}\left(\frac{\partial}{\partial t}\ln(\langle \Phi_0|U_D(t, -\infty)|\Phi_0\rangle)\right)_{t=0} = \lim_{\eta \to 0}\frac{\langle \Phi_0|H'_D(t)\, U_D(t, -\infty)|\Phi_0\rangle}{\langle \Phi_0|U_D(t, -\infty)|\Phi_0\rangle} = \Delta E_0. \tag{15.66}$$

Wir zerlegen im Sinne der Störungsreihe

$$\Delta E_0 = \Delta E_0^{(1)} + \Delta E_0^{(2)} + \cdots \tag{15.67}$$

und benutzen

$$\ln(1 + x) = x - \frac{x^2}{2} \pm \cdots \tag{15.68}$$

In **1. Näherung** ist nur $x = \langle \Phi_0 | U_D(t, -\infty) - 1 | \Phi_0 \rangle \approx \langle \Phi_0 | -i \int_{-\infty}^{t} dt_1 \, H_D'(t_1) | \Phi_0 \rangle)$ zu betrachten und wir erhalten:

$$\Delta E_0^{(1)} = i \lim_{\eta \to 0} \left(\frac{\partial}{\partial t} (\langle \Phi_0 | -i \int_{-\infty}^{t} dt_1 \, H_D'(t_1) | \Phi_0 \rangle) \right)_{t=0} = \tag{15.69}$$

$$\lim_{\eta \to 0} \left(\frac{\partial}{\partial t} (\langle \Phi_0 | H_D'(t) | \Phi_0 \rangle) \right)_{t=0} = \langle \Phi_0 | H' | \Phi_0 \rangle.$$

2. Näherung:

Da $x = \langle \Phi_0 | U_D(t, -\infty) - 1 | \Phi_0 \rangle$ in (15.68) für eine Reihe bzgl. H' steht, müssen alle Beiträge 2. Ordnung in H' betrachtet werden. Beiträge 2. Ordnung erhalten wir sowohl aus $x = \langle \Phi_0 | U_D(t, -\infty) - 1 | \Phi_0 \rangle$ mit $U_D(t, -\infty)$ in 2. Ordnung wie aus dem 2. Term in der Entwicklung (15.68) $-x^2/2$, wobei x mit $U_D(t, -\infty) - 1$ in 1. Ordnung in H' zu betrachten ist. Wir bilden also:

i) $U_D(t, -\infty) - 1$ in 2. Ordnung in H':

$$\frac{\partial}{\partial t} \left(\langle \Phi_0 | (-i)^2 \int_{-\infty}^{t} dt_2 \, H_D'(t_2) \int_{-\infty}^{t_2} dt_1 \, H_D'(t_1) | \Phi_0 \rangle \right)_{t=0} = \tag{15.70}$$

$$- \left(\langle \Phi_0 | H_D'(t) \int_{-\infty}^{t} dt_1 \, H_D'(t_1) | \Phi_0 \rangle \right)_{t=0} =$$

$$- \langle \Phi_0 | H' \int_{-\infty}^{0} dt_1 \, \exp(i H_0 t_1) H' \exp(-i H_0 t_1) \exp(-\eta |t_1|) | \Phi_0 \rangle =$$

$$- \sum_{n} \langle \Phi_0 | H' | \Phi_n \rangle \langle \Phi_n | \int_{-\infty}^{0} dt_1 \, \exp(i H_0 t_1) H' \exp(-i H_0 t_1) \exp(-\eta |t_1|) | \Phi_0 \rangle =$$

$$- \sum_{n} |\langle \Phi_n | H' | \Phi_0 \rangle|^2 \int_{-\infty}^{0} dt_1 \, \exp(-i(\epsilon_0 - \epsilon_n) t_1 + \eta t_1) = -i \sum_{n} \frac{|\langle \Phi_n | H' | \Phi_0 \rangle|^2}{\epsilon_0 - \epsilon_n + i\eta}.$$

ii) $U_D(t, -\infty) - 1$ in 1. Ordnung in H'
   Mit

$$\frac{1}{2} \frac{\partial}{\partial t} x^2 = x \frac{\partial x}{\partial t} \tag{15.71}$$

wird der 2. Beitrag zu $\Delta E_0^{(2)}$:

$$- \left(\langle \Phi_0 | -i \int_{-\infty}^{t} dt_1 \, H_D'(t_1) | \Phi_0 \rangle \langle \Phi_0 | -i \, H_D'(t) | \Phi_0 \rangle \right)_{t=0} = \tag{15.72}$$

$$|\langle \Phi_0 | H' | \Phi_0 \rangle|^2 \int_{-\infty}^{0} dt_1 \, \exp(\eta t_1) = \frac{1}{\eta} \, |\langle \Phi_0 | H' | \Phi_0 \rangle|^2.$$

Nach Addition der Beiträge i) und ii) erhalten wir:

$$\Delta E_0^{(2)} = \lim_{\eta \to 0} \sum_n \left(\frac{|\langle \Phi_n | H' | \Phi_0 \rangle|^2}{\epsilon_0 - \epsilon_n + i\eta} + \frac{i}{\eta} \, |\langle \Phi_0 | H' | \Phi_0 \rangle|^2 \right) = \sum_{n \neq 0} \frac{|\langle \Phi_n | H' | \Phi_0 \rangle|^2}{\epsilon_0 - \epsilon_n}. \tag{15.73}$$

Da $1/(i\eta) + i/\eta = 0$ existiert der Limes $\eta \to 0$ für (15.73), während die einzelnen Beiträge i) und ii) divergieren.

15.8 Zeitunabhängige Störungstheorie

Für die Energieverschiebung des Grundzustandes auf Grund der (zeitunabhängigen) Störung H' hatten wir gefunden (15.62):

$$\Delta E_0 = \langle \Phi_0 | H' | \Psi_0 \rangle, \tag{15.74}$$

wenn wir $|\Psi_0\rangle$ so normieren, daß $\langle \Phi_0 | \Psi_0 \rangle = 1$. Formel (15.74) wird erst sinnvoll, wenn es uns gelingt $|\Psi_0\rangle$ zumindest näherungsweise zu berechnen. Dazu führen wir den durch

$$P|\Psi_0\rangle = |\Phi_0\rangle \langle \Phi_0 | \Psi_0 \rangle = |\Phi_0\rangle \tag{15.75}$$

definierten Projektor P ein und schreiben mit der zunächst freien Konstanten $\tilde{E}$ die Schrödinger-Gleichung in der Form:

$$(\tilde{E} - H_0)|\Psi_0\rangle = (\tilde{E} + H' - E_0)|\Psi_0\rangle. \tag{15.76}$$

Die formale Lösung von (15.76) ist

$$|\Psi_0\rangle = (\tilde{E} - H_0)^{-1} (\tilde{E} - E_0 + H')|\Psi_0\rangle \tag{15.77}$$

und ergibt nach Multiplikation mit

$$Q = 1 - P \tag{15.78}$$

die Gleichung

$$|\Psi_0\rangle = |\Phi_0\rangle + \frac{Q}{(\tilde{E} - H_0)} (\tilde{E} - E_0 + H')|\Psi_0\rangle, \tag{15.79}$$

die zur Lösung durch Iteration geeignet ist:

$$|\Psi_0\rangle = |\Phi_0\rangle + \frac{Q}{(\tilde{E} - H_0)} (\tilde{E} - E_0 + H')|\Phi_0\rangle \tag{15.80}$$

$$+ \frac{Q}{(\tilde{E} - H_0)} (\tilde{E} - E_0 + H') \frac{Q}{(\tilde{E} - H_0)} (\tilde{E} - E_0 + H')|\Psi_0\rangle$$

$$= \sum_{n=0}^{\infty} \left(\frac{Q}{(\tilde{E} - H_0)} (\tilde{E} - E_0 + H') \right)^n |\Phi_0\rangle.$$

Damit ergibt sich die Energieverschiebung ΔE_0 zu

$$\Delta E_0 = \langle\Phi_0|H'|\Psi_0\rangle = \sum_{n=0}^{\infty} \langle\Phi_0|H' \left(\frac{Q}{(\tilde{E} - H_0)} (\tilde{E} - E_0 + H') \right)^n |\Phi_0\rangle. \tag{15.81}$$

Für die Festlegung von $\tilde{E}$ bieten sich zwei Möglichkeiten an. Setzt man $\tilde{E} = E_0$ (**Brillouin-Wigner-Methode**), so sind die Gleichungen

$$|\Psi_0\rangle = \sum_{n=0}^{\infty} \left(\frac{Q}{(E_0 - H_0)} H' \right)^n |\Phi_0\rangle \tag{15.82}$$

und

$$\Delta E_0 = \sum_{n=0}^{\infty} \langle\Phi_0|H' \left(\frac{Q}{(E_0 - H_0)} H' \right)^n |\Phi_0\rangle \tag{15.83}$$

iterativ zu lösen, da die Größe E_0 unbekannt ist!

Bei der **Rayleigh-Schrödinger-Methode** wird $\tilde{E} = \epsilon_0$ gesetzt und es entstehen die Gleichungen

$$|\Psi_0\rangle = \sum_{n=0}^{\infty} \left(\frac{Q}{(\epsilon_0 - H_0)} (H' - \Delta E_0) \right)^n |\Phi_0\rangle \qquad (15.84)$$

und

$$\Delta E_0 = \sum_{n=0}^{\infty} \langle \Phi_0 | H' \left(\frac{Q}{(\epsilon_0 - H_0)} (H' - \Delta E_0) \right)^n |\Phi_0\rangle, \qquad (15.85)$$

die wiederum iterativ zu lösen sind für die unbekannte Größe ΔE_0!

Beispiele:

$$n = 0 \quad \rightarrow \quad \Delta E_0^{(1)} = \langle \Phi_0 | H' | \Phi_0\rangle \qquad (15.86)$$

$$n = 1 \quad \rightarrow \quad \Delta E_0^{(2)} = \langle \Phi_0 | H' \frac{Q}{(\epsilon_0 - H_0)} (H' - \Delta E_0) | \Phi_0\rangle = \qquad (15.87)$$

$$\langle \Phi_0 | H' \frac{Q}{(\epsilon_0 - H_0)} H' | \Phi_0\rangle = \sum_n \langle \Phi_0 | H' \frac{Q}{(\epsilon_0 - H_0)} | \Phi_n\rangle \langle \Phi_n | H' | \Phi_0\rangle$$

$$= \sum_{n \neq 0} \frac{|\langle \Phi_0 | H' | \Phi_n\rangle|^2}{\epsilon_0 - \epsilon_n},$$

wenn man $Q|\Phi_0\rangle = 0$ beachtet. Für $n = 2$ erhält man

$$\Delta E_0^{(3)} = \langle \Phi_0 | H' \frac{Q}{(\epsilon_0 - H_0)} (H' - \Delta E_0) \frac{Q}{(\epsilon_0 - H_0)} (H' - \Delta E_0) | \Phi_0\rangle = \qquad (15.88)$$

$$= \sum_n \sum_m \langle \Phi_0 | H' \frac{Q}{(\epsilon_0 - H_0)} | \Phi_n\rangle \langle \Phi_n | (H' - \Delta E_0) \frac{Q}{(\epsilon_0 - H_0)} | \Phi_m\rangle \langle \Phi_m | H' | \Phi_0\rangle$$

$$= \sum_{n \neq 0} \sum_{m \neq 0} \frac{\langle \Phi_0 | H' | \Phi_n\rangle \langle \Phi_n | (H' - \Delta E_0) | \Phi_m\rangle \langle \Phi_m | H' | \Phi_0\rangle}{(\epsilon_0 - \epsilon_n)(\epsilon_0 - \epsilon_m)},$$

$$= \sum_{n \neq 0} \sum_{m \neq 0} \frac{\langle \Phi_0 | H' | \Phi_n\rangle \langle \Phi_n | H' | \Phi_m\rangle \langle \Phi_m | H' | \Phi_0\rangle}{(\epsilon_0 - \epsilon_n)(\epsilon_0 - \epsilon_m)} - \Delta E_0 \sum_{n \neq 0} \frac{|\langle \Phi_0 | H' | \Phi_n\rangle|^2}{(\epsilon_0 - \epsilon_n)^2},$$

wobei $\Delta E_0 = \Delta E_0^{(1)} + \Delta E_0^{(2)} + \Delta E_0^{(3)}$ zu setzen und iterativ zu berechnen ist. Höhere Ordnungen ergeben sich analog durch ‚Einschieben‘ von $\sum_\nu |\Phi_\nu\rangle\langle\Phi_\nu|$, wobei ausgenutzt wird, daß mit Q gerade auf $\sum_{\nu\neq 0} |\Phi_\nu\rangle\langle\Phi_\nu|$ projeziert wird.

Zusammenfassend haben wir die S-Matrix und die T-Matrix für allgemeine Streuprobleme abgeleitet und eine verallgemeinerte Born'sche-Reihe für die T-Matrix aufgestellt, die durch Iteration in beliebiger Ordnung gelöst werden kann.

Die Hartree-Fock Näherung $\qquad$ 16

Inhaltsverzeichnis

In diesem Kapitel werden wir den Hartree-Fock Theorie vorstellen, die ein selbstkonsistenter Ansatz führender Ordnung für das Vielteilchenproblem ist und häufig bei Berechnungen der Grundzustandseigenschaften von Atomen, Molekülen und Atomkernen angewendet wird.

Die Hartree-Fock Theorie stellt sich die Aufgabe, den Grundzustand eines N-Fermionensystems optimal (im Sinne eines Variationsprinzips) durch eine **einzige Slater-Determinante** darzustellen; d. h. die Einteilchenzustände φ_i einer Slater-Determinante Φ werden solange variiert, bis die Energie

$$E = \frac{\langle \Phi | H | \Phi \rangle}{\langle \Phi | \Phi \rangle} \tag{16.1}$$

minimal wird. Der Hamiltonoperator H des Systems bestehe im Folgenden aus einem Einteilchenanteil T und einem Zweiteilchenanteil V der Form

$$H = T + V = \sum_{i=1}^{N} \frac{p_i^2}{2m_i} + \sum_{i<j}^{N} v(ij), \tag{16.2}$$

wobei $v(ij)$ die Wechselwirkung zwischen Teilchen i und j beschreibt. Ist die Slater-Determinante normiert, d. h. $\langle \Phi | \Phi \rangle = 1$, so reduziert sich die Aufgabe darauf, das Minimum von $\langle \Phi | H | \Phi \rangle$ unter Variation der φ_i zu finden.

Die Lösung Φ_0 eines solchen Verfahrens kann auch als 0. Näherung für die Berechnung des exakten Grundzustandes Ψ_0 im Rahmen einer Störungsrechnung angesehen werden. Die Einteilchenwellenfunktionen definieren dann ein **effektives mittleres Potential** U_{HF}, so daß der Hamiltonoperator (16.2) auf die Form

$$H = H_0 + H_R \tag{16.3}$$

mit

$$H_0 = T + U_{HF} \tag{16.4}$$

umgeschrieben werden kann, wobei H_0 die Bewegung unabhängiger Teilchen beschreibt. Man kann dann H_R als Restwechselwirkung betrachten und im Rahmen einer Störungsrechnung den exakten Grundzustand Ψ_0 berechnen. Wir erhalten dann

$$\Psi_0 = \Phi_0 + \sum_n C_{ph}^n \Phi_{ph}^n, \tag{16.5}$$

wobei Φ_{ph}^n die auf Φ_0 bezogenen n-Teilchen - n-Loch Zustände sind.

16.1   Eigenschaften des Hartree-Fock Problems

Wir nehmen zunächst einmal an, die Lösung Φ_0 und die Energie $E_0 = \langle \Phi_0 | H | \Phi_0 \rangle$ seien bekannt. Bei einer infinitesimalen Änderung der Slater-Determinante

$$\Phi_0 \to \Phi_0' = \Phi_0 + \delta \Phi_0 \tag{16.6}$$

muß nach dem Variationsverfahren die **Stationaritätsbedingung**

$$\langle \Phi_0 | H | \delta \Phi_0 \rangle = 0 \tag{16.7}$$

erfüllt sein, wie man durch Variation von (16.1) zeigt. Der infinitesimalen Änderung des N-Teilchenzustandes $\delta \Phi_0$ entspricht die infinitesimale Änderung der Einteilchenfunktionen

$$\varphi_i \to \varphi_i' = \varphi_i + \delta \varphi_i. \tag{16.8}$$

Für die weiteren Untersuchungen ist es zweckmäßig, die Teilchenzahldarstellung zu benutzen. Anstelle der Slater-Determinante Φ_0 tritt dann

$$|\Phi_0\rangle = \prod_{i=1}^{N} a_i^\dagger |0\rangle, \tag{16.9}$$

wobei die Erzeugungsoperatoren $a_i^\dagger$ durch Anwendung auf das Vakuum gerade den Zustand

$$\varphi_i(\xi) = \langle \xi | i \rangle = \langle \xi | a_i^\dagger | 0 \rangle \tag{16.10}$$

erzeugen. Im **Grundzustand** Φ_0 seien nun alle Einteilchenzustände $|i\rangle$ niedrigster Einteilchenenergie ($i = 1, .., N$) mit Wahrscheinlichkeit 1 besetzt. Dann müssen die in (16.8) eingeführten Variationen φ_i' dargestellt werden können (für $i \leq N$) durch

$$\varphi_i' \equiv \left(a_i^\dagger + \sum_{m > N} c_{mi} a_m^\dagger \right) |0\rangle, \tag{16.11}$$

d. h. durch Beimischung von Zuständen oberhalb der Fermikante (gegeben durch den Einteilchenzustand $|N\rangle$), da Beimischungen von Zuständen unterhalb der Fermikante die Slater-Determinante nicht ändern. Für die Φ_0' folgt dann:

$$\Phi_0'(\xi_1, ..., \xi_N) \equiv |\Phi_0'\rangle = \prod_{i \leq N} \left(a_i^\dagger + \sum_{m > N} c_{mi} a_m^\dagger \right) |0\rangle, \tag{16.12}$$

was sich auch einfacher schreiben läßt (Beweis s. u.) als

$$|\Phi_0'\rangle = \prod_{i \leq N} \left(1 + \sum_{m > N} c_{mi} a_m^\dagger a_i \right) |\Phi_0\rangle, \tag{16.13}$$

wenn die Einteilchenzustände $|i\rangle$ orthonormiert sind, so daß die $a_i^\dagger$, a_i den Standard- Vertauschungsregeln für Fermionen genügen.

Beweis Mit der Relation

$$a_m^\dagger a_i a_i^\dagger |0\rangle = a_m^\dagger (1 - a_i^\dagger a_i) |0\rangle = a_m^\dagger |0\rangle \tag{16.14}$$

folgt zunächst

$$|\Phi_0'\rangle = \prod_{i \leq N} \left(1 + \sum_{m > N} c_{mi} a_m^\dagger a_i \right) a_i^\dagger |0\rangle. \tag{16.15}$$

Benutzt man weiterhin für $i \neq k$

$$a_i^\dagger (a_m^\dagger a_k) = -a_m^\dagger a_i^\dagger a_k = (a_m^\dagger a_k) a_i^\dagger, \tag{16.16}$$

so folgt die Behauptung (16.13) über

$$|\Phi_0'\rangle = \prod_{i \leq N} \left(1 + \sum_{m > N} c_{mi} a_m^\dagger a_i\right) \prod_{k \leq N} a_k^\dagger |0\rangle = \prod_{i \leq N} \left(1 + \sum_{m > N} c_{mi} a_m^\dagger a_i\right) |\Phi_0\rangle. \tag{16.17}$$

Für infinitesimale Beimischungen ($|c_{mi}|^2 \ll 1$) kann das obige Produkt entwickelt werden und wir erhalten

$$|\Phi_0'\rangle = \left\{1 + \sum_{i \leq N}\sum_{m > N} c_{mi} a_m^\dagger a_i\right\} |\Phi_0\rangle \equiv |\Phi_0\rangle + |\delta\Phi_0\rangle. \tag{16.18}$$

Aus der Stationaritätsbedingung (16.7) folgt wegen der linearen Unabhängigkeit der Vektoren $a_m^\dagger a_i |\Phi_0\rangle = |\Phi_{mi}\rangle$ unmittelbar das sogenannte **Brillouin-Theorem:**

$$\langle\Phi_0|H\, a_m^\dagger a_i|\Phi_0\rangle \equiv \langle\Phi_0|H|\Phi_{mi}\rangle = 0 \quad i \leq N, m > N \tag{16.19}$$

für beliebige $1T - 1L$ Zustände $|\Phi_{mi}\rangle$.

Eine direkte Folge des Brillouin-Theorems ist die Stabilität der Hartree-Fock Lösung gegen $1T - 1L$ Anregungen, da diese wegen (16.19) den HF-Grundzustand $|\Phi_0\rangle$ nicht verbessern können. Erst durch $2T - 2L$ Korrekturen (sowie $3T - 3L$ Terme u. s. w.) ist der Grundzustand

$$\Psi_0 = \Phi_0 + \sum_{2T,2L} c_{2T2L}\Phi_{2T2L} + \ldots \tag{16.20}$$

durch 2-Teilchen Korrelationen (sowie 3-Teilchen Korrelationen u. s. w.) zu präzisieren.

Anstelle des Brillouin-Theorems (16.19) für N-Teilchenzustände wollen wir nun eine äquivalente Aussage für die Einteilchenzustände $|\alpha\rangle$ aufstellen. Dazu benötigen wir die expliziten Matrixelemente von $\langle\Phi_0|H|\Phi_{mi}\rangle$ mit dem Hamiltonoperator

$$H = \sum_{\alpha\beta}(\alpha|t|\beta)a_\alpha^\dagger a_\beta + \frac{1}{2}\sum_{\alpha\beta\gamma\delta}(\alpha\beta|v|\gamma\delta)\, a_\alpha^\dagger a_\beta^\dagger a_\delta a_\gamma. \tag{16.21}$$

Für die Matrixelemente von $H a_m^\dagger a_i$ mit Φ_0 erhalten wir dann im Einzelnen:

$$\langle\Phi_0|a_\alpha^\dagger a_\beta a_m^\dagger a_i|\Phi_0\rangle = \delta_{i\alpha}\delta_{m\beta}, \tag{16.22}$$

$$\langle\Phi_0|a_\alpha^\dagger a_\beta^\dagger a_\delta a_\gamma a_m^\dagger a_i|\Phi_0\rangle = \langle\Phi_0|a_\alpha^\dagger a_\beta^\dagger a_\delta a_i|\Phi_0\rangle\delta_{m\gamma} - \langle\Phi_0|a_\alpha^\dagger a_\beta^\dagger a_\gamma a_i|\Phi_0\rangle\delta_{m\delta} \qquad (16.23)$$

für $m > N$, $i \leq N$. Mit (16.22), (16.23) lautet dann das Brillouin-Theorem

$$(i|t|m) + \frac{1}{2}\left(\sum_{\beta\leq N}(i\beta|v|m\beta) - \sum_{\alpha\leq N}(\alpha i|v|m\alpha) - \sum_{\beta\leq N}(i\beta|v|\beta m) + \sum_{\alpha\leq N}(\alpha i|v|\alpha m)\right) = 0.$$
$$(16.24)$$

Unter Berücksichtigung der Symmetrie

$$(\alpha\beta|v|\gamma\delta) = (\beta\alpha|v|\delta\gamma)$$

– (aus (12.53) für $v(1,2) = v(2,1)$) – erhalten wir schließlich

$$(i|t|m) + \sum_{\alpha\leq N}(i\alpha|v|m\alpha) - (i\alpha|v|\alpha m) = 0 \qquad (16.25)$$

für $i \leq N$, $m > N$. Zur Interpretation von (16.25) führen wir den (hermiteschen) Operator

$$H_{HF} \equiv \sum_{\alpha\beta}\left((\alpha|t|\beta) + \sum_{n\leq N}(\alpha n|v|\beta n)_{\mathcal{A}}\right)a_\alpha^\dagger a_\beta = \sum_{\alpha\beta}(\alpha|h_{HF}|\beta)\,a_\alpha^\dagger a_\beta \qquad (16.26)$$

mit

$$(\alpha n|v|\beta n)_{\mathcal{A}} = (\alpha n|v|\beta n) - (\alpha n|v|n\beta) \qquad (16.27)$$

ein, der infolge des Brillouin-Theorems in den Unterräumen der besetzten und unbesetzten Zustände getrennt diagonalisiert werden kann! Dieser Diagonalisierungsprozeß ist ohne Einfluß auf die Slater-Determinante Φ_0, denn

i) Φ_0 ist unabhängig von φ_m für $m > N$ und

ii) Φ_0 ist invariant unter beliebigen unitären Transformationen der φ_i für $i \leq N$ untereinander.

Wir können daher ohne Beschränkung der Allgemeinheit im Weiteren davon ausgehen, daß h_{HF} in der Basis der $\{\varphi_i\}$ diagonal ist, d. h.

$$(\alpha|t|\beta) + \sum_{n \leq N} (\alpha n|v|\beta n)_{\mathcal{A}} = \epsilon_{\alpha}\delta_{\alpha\beta}. \tag{16.28}$$

Damit nimmt H_{HF} die einfache Form

$$H_{HF} = \sum_{\alpha} \epsilon_{\alpha} a_{\alpha}^{\dagger} a_{\alpha} \tag{16.29}$$

mit reellen Einteilchenenenergien ϵ_{α} an. Die Slater-Determinante Φ_0 ist dann der Grundzustand von H_{HF} mit

$$H_{HF}|\Phi_0\rangle = (T + U_{HF})|\Phi_0\rangle = \sum_{i \leq N} \epsilon_i |\Phi_0\rangle. \tag{16.30}$$

Um eine explizite Form für U_{HF} zu finden, greifen wir auf (16.28) zurück. Da diese Gleichung für alle α gelten soll, können wir auch (in der **Ortsdarstellung der Hartree-Fock Gleichungen**) schreiben

$$(t + U_H)\varphi_{\beta}(\xi) - \int d\xi'\, U_F(\xi, \xi')\varphi_{\beta}(\xi') = \epsilon_{\beta}\, \varphi_{\beta}(\xi) \tag{16.31}$$

mit dem **lokalen** Hartree-Potential

$$U_H(\xi) = \sum_{n \leq N} \int d\xi'\, \varphi_n^*(\xi')\, v(\xi, \xi')\, \varphi_n(\xi') \tag{16.32}$$

und dem **nichtlokalen** Fock-Potential

$$U_F(\xi, \xi') = \sum_{n \leq N} \varphi_n^*(\xi')\, v(\xi, \xi')\, \varphi_n(\xi). \tag{16.33}$$

Formal können wir (16.28) auch als Schrödingergleichung für 1 Teilchen schreiben,

$$(t + U_{HF})\varphi_{\alpha} = \epsilon_{\alpha}\varphi_{\alpha}, \tag{16.34}$$

wobei das mittlere Potential $U_{HF} = U_H - U_F$ insgesamt nichtlokal ist. Dieses **selbstkonsistente Einteilchen-Potential** U_{HF} ist durch die Wechselwirkung $v(1, 2)$ und durch die in Φ_0 besetzten Einteilchenzustände φ_i ($i \leq N$) vollständig bestimmt.

16.2 Praktische Durchführung des HF-Verfahrens

Die Gl. (16.34) stellt ein System von N gekoppelten Integro-Differential-Gleichungen dar für $\alpha \leq N$, während für $\alpha > N$ nur je eine Integro-Differential-Gleichung zu lösen ist. Das in der Praxis übliche Verfahren zur Lösung von (16.34) besteht darin, daß man die gesuchten HF-Lösungen φ_α nach einer beliebigen (aber ‚nahen') orthonormierten Basis $\{\psi_\mu\}$ entwickelt,

$$\varphi_\alpha = \sum_\nu C_\nu^\alpha \, \psi_\nu. \tag{16.35}$$

Das Gleichungssystem (16.34) geht dann über in ein nichtlineares Gleichungssystem für die Entwicklungskoeffizienten C_ν^α. Die explizite Form dieses Systems erhält man durch Einsetzen von (16.35) in (16.34), Multiplikation von links mit ψ_μ^* und Integration über ξ :

$$\sum_\nu \left((\psi_\mu | t | \psi_\nu) + \sum_{n \leq N} \sum_{\rho\sigma} C_\rho^{n*} (\psi_\mu \psi_\rho | v | \psi_\nu \psi_\sigma)_\mathcal{A} C_\sigma^n \right) C_\nu^\alpha = \epsilon_\alpha \, C_\mu^\alpha. \tag{16.36}$$

Dieses Gleichungssystem können wir iterativ lösen, indem wir es formal als lineares System schreiben,

$$\sum_\nu h_{\mu\nu} C_\nu^\alpha = \epsilon_\alpha C_\mu^\alpha, \tag{16.37}$$

und beachten, daß $h_{\mu\nu} = h_{\mu\nu}(C^*, C)$.
Das **Iterationsverfahren** läuft dann wie folgt:

1. **Schritt:**
   Man wählt eine Basis $\{\psi_\nu\}$ so, daß die Matrixelemente von t und v leicht zu berechnen sind (z. B. Oszillator-Eigenfunktionen oder Eigenfunktionen des H-Atoms – je nach Problemstellung). Als **Startlösung** setzt man dann an:

$$C_\mu^{\alpha(0)} = \delta_{\mu\alpha}, \tag{16.38}$$

   und wählt dann die energetisch niedrigsten Zustände ψ_ν ($\nu \leq N$) aus.

2. Schritt:

Mit den ψ_ν wird die Matrix

$$h_{\mu\nu}^{(0)} = (\psi_\mu|t|\psi_\nu) + \sum_{n \leq N}(\psi_\mu\psi_n|v|\psi_\nu\psi_n) \tag{16.39}$$

berechnet. Im

3. Schritt

wird dann das lineare Gleichungssystem

$$\sum_\nu h_{\mu\nu}^{(0)}C_\nu^{\alpha(1)} = \epsilon_\alpha C_\mu^{\alpha(1)} \tag{16.40}$$

diagonalisiert und die neuen Zustände

$$\varphi_\alpha^{(1)} = \sum_\nu C_\nu^{\alpha(1)}\psi_\nu \tag{16.41}$$

berechnet. Im

4. Schritt

wählt man dann die ‚besetzten' Zustände $\varphi_\alpha^{(1)}$ ($\alpha \leq N$) aus und beginnt wieder mit Schritt 2, d. h. der Berechnung der Matrix $h_{\mu\nu}^{(1)}$ mit den Zuständen $\varphi_\alpha^{(1)}$.

Das Verfahren wird fortgesetzt, bis die **Selbstkonsistenz**

$$C_\mu^{\alpha(n)} \equiv C_\mu^{\alpha(n+1)} \text{ bzw } h_{\mu\nu}^{(n)} \equiv h_{\mu\nu}^{(n+1)} \tag{16.42}$$

erreicht ist. Da die Matrizen $h_{\mu\nu}^{(n)}$ in jedem Iterationsschritt hermitesch sind, sind die zugehörigen Eigenwerte $\epsilon_\alpha^{(n)}$ reell und die $\varphi_\alpha^{(n)}$ zu verschiedenen $\epsilon_\alpha^{(n)}$ orthogonal.

Ein praktisches Problem ist allerdings dadurch gegeben, daß aufgrund der Nichtlinearität der HF-Gleichungen die Lösung nicht eindeutig sein muß. Durch eine falsche Wahl der besetzten Zustände im n-ten Iterationsschritt kann es durchaus passieren, daß man statt des absoluten Minimums nur ein lokales Minimum oder auch ein Maximum findet, welches dann einer instabilen Lösung entspricht (siehe Abb. 16.1).

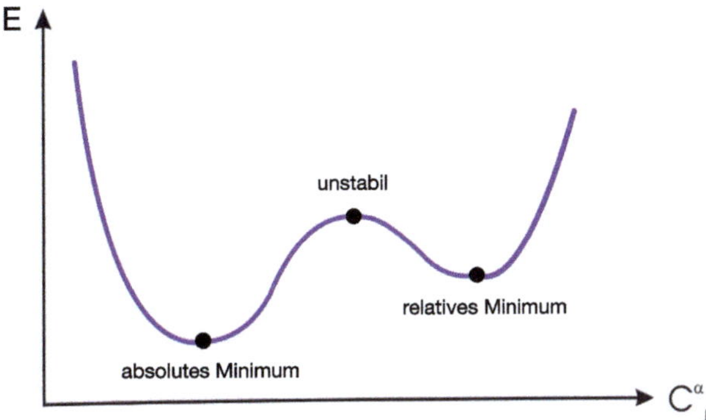

Abb. 16.1 Illustration der möglichen Lösungen für das Hartree-Fock Problem

16.3 Theorem von Koopman

Die Grundzustandsenergie

$$\langle \Phi_0 | H | \Phi_0 \rangle = E_0 = \sum_{\alpha \leq N} \left((\alpha|t|\alpha) + \frac{1}{2} \sum_{n \leq N} (\alpha n|v|\alpha n)_{\mathcal{A}} \right) \tag{16.43}$$

unterscheidet sich von dem Erwartungswert von H_{HF} im Zustand $|\Phi_0\rangle$, da in

$$\langle \Phi_0 | H_{HF} | \Phi_0 \rangle = \sum_{\alpha \leq N} \left((\alpha|t|\alpha) + \sum_{n \leq N} (\alpha n|v|\alpha n)_{\mathcal{A}} \right) = \sum_{\alpha \leq N} \epsilon_\alpha \neq E_0 \tag{16.44}$$

die Wechselwirkung zwischen den Teilchen doppelt gezählt wird.

Einfachste Anregungen des Systems auf dem Grundzustand

$$|\Phi_0\rangle = \prod_{\alpha \leq N} a_\alpha^\dagger |0\rangle \tag{16.45}$$

sind 1T-1L Zustände

$$|\Phi_{mi}\rangle = a_m^\dagger a_i |\Phi_0\rangle \quad \text{mit } m > N, i \leq N. \tag{16.46}$$

Ihre Anregungsenergie

$$\Delta E = \epsilon_m - \epsilon_i \tag{16.47}$$

ist wiederum verschieden von der Differenz der Erwartungswerte von H in den Zuständen $|\Phi_0\rangle$ und $|\Phi_{mi}\rangle$,

$$\langle \Phi_{mi} | H | \Phi_{mi} \rangle - E_0 = \epsilon_m - \epsilon_i - (mi|v|mi)_{\mathcal{A}} \tag{16.48}$$

infolge der Doppelzählung der Wechselwirkung in ϵ_m und ϵ_i. Es stellt sich also die Frage nach der physikalischen Interpretation der Einteilchenenergien ϵ_μ.

Das **Theorem von Koopman** besagt nun, daß die HF-Einteilchenenergie ϵ_μ gerade **die Separationsenergie eines Teilchens im Zustand** φ_μ ist. Zum ‚Beweis' machen wir Gebrauch von der Annahme, daß sich die HF-Einteilchenzustände φ_ν beim Übergang vom N-Teilchensystem zum $(N-1)$-Teilchensystem approximativ nicht ändern, falls N hinreichend groß ist. Dann können wir einen Zustand des $(N-1)$-Teilchensystems darstellen durch Vernichtung eines Teilchens im Zustand φ_μ der Slater-Determinante $|\Phi_0\rangle$ (16.45), d. h.

$$|\Phi_\mu\rangle = a_\mu|\Phi_0\rangle = \prod_{\alpha \le N, \alpha \ne \mu} a_\alpha^\dagger |0\rangle. \tag{16.49}$$

Die Abtrennenergie ist nun die Differenz von

$$E_\mu = \langle \Phi_\mu|H|\Phi_\mu\rangle = \sum_{\alpha \le N, \alpha \ne \mu} \left((\alpha|t|\alpha) + \frac{1}{2} \sum_{n \le N, n \ne \mu} (\alpha n|v|\alpha n)_{\mathcal{A}} \right) \tag{16.50}$$

und

$$E_0 = \langle \Phi_0|H|\Phi_0\rangle = \sum_{\alpha \le N} \left((\alpha|t|\alpha) + \frac{1}{2} \sum_{n \le N} (\alpha n|v|\alpha n)_{\mathcal{A}} \right), \tag{16.51}$$

also

$$E_\mu - E_0 = -(\mu|t|\mu) - \sum_{i \le N} (i\mu|v|i\mu)_{\mathcal{A}} = -\epsilon_\mu \tag{16.52}$$

wie behauptet. Abweichungen von dieser Aussage finden wir in der Kernphysik speziell bei Systemen mit geringer Teilchenzahl, wo die φ_ν beim Übergang vom $N-$ zum $(N-1)$-Teilchensystem sich merklich verändern bzw. dort, wo die HF-Näherung selbst zu schlecht für den exakten Grundzustand $|\Psi_0\rangle$ ist.

Bemerkung In der **zeitabhängigen Hartree-Fock Theorie** beschränkt man sich auf die Berechnung der Zeitentwicklung einer Slater-Determinante mit zeitabhängigen Einteilchen-Wellenfunktionen $\varphi_\beta(\xi, t)$,

$$\left(-\frac{\hbar^2}{2m}\nabla^2 + U_H(\xi, t) \right) \varphi_\beta(\xi, t) - \int d\xi' \, U_F(\xi, \xi'; t)\varphi_\beta(\xi', t) = i\hbar\frac{\partial}{\partial t}\varphi_\beta(\xi, t), \tag{16.53}$$

wobei das Hartree-Fock Potential über die Wellenfunktionen $\varphi_\beta(\xi, t)$ auch explizit zeitabhängig wird. Das zeitabhängige Hartree-Fock Verfahren ist immer dann anwendbar, wenn die Restwechselwirkung H_R vernachlässigbar ist und die Zeitentwicklung des Systems durch die unabhängige Bewegung von Teilchen in einem selbstkonsistenten (zeitabhängigen) Einteilchenpotential dominiert wird. **Anwendungsbeispiele** sind niederenergetische Reaktionen von Kernen, Atomen und Molekülen.

Zusammenfassend haben wir in diesem Kapitel die Hartree-Fock Theorie abgeleitet, die eine selbstkonsistente Methode erster Ordnung für das Vielteilchenproblem darstellt und häufig in Berechnungen der Grundzustandseigenschaften von Atomen, Molekülen und Atomkernen angewendet wird.

Supraleitung im BCS – Modell 17

Inhaltsverzeichnis

In diesem Kapitel werden wir die Beschreibung der Supraleitung einführen, die eine allgemeine Eigenschaft von Fermionsystemen bei niedrigen Temperaturen darstellt, sofern eine attraktive Restwechselwirkung zwischen bestimmten Zuständen existiert.

17.1   Experimentelle Hinweise für Cooper-Paare

Unter **Cooper-Paaren** versteht man in der

I) **Festkörperphysik**
Paare von Elektronen mit antiparallelem Impuls und Spin

$$(\mathbf{k}\ up,\ -\mathbf{k}\ down), \tag{17.1}$$

in der

II) **Kernphysik**
Paare von Nukleonen mit Gesamtdrehimpuls I=0:

$$(m_j,\ -m_j). \tag{17.2}$$

© Der/die Autor(en), exklusiv lizenziert an Springer Nature Switzerland AG 2025   293
W. Cassing, *Theoretische Physik kompakt III*,
https://doi.org/10.1007/978-3-031-96448-0_17

Im Folgenden werden einige experimentelle Hinweise auf die Existenz von Cooper-Paaren zusammengestellt.

1.) Odd-Even Effekt in der Kernphysik
Die Systematik der Kernmassen zeigt, daß

$$M_A > \frac{1}{2}(M_{A-1} + M_{A+1}) \tag{17.3}$$

für ungerade Massenzahlen A. Mit der Energie-Masse-Relation

$$Am = M_A + B_A/c^2, \tag{17.4}$$

wobei m die Nukleonmasse und B_A die Bindungsenergie bezeichnet, folgt für ungerade Massenzahlen:

$$B_A < \frac{1}{2}(B_{A-1} + B_{A+1}). \tag{17.5}$$

2.) Energy-Gap
Einteilchen-Anregungen liegen in gg-Kernen (mit jeweils gerader Protonen- und Neutronenzahl) systematisch höher als in ug-Kernen,

$$\Delta E_{s.p.}(gg) > \Delta E_{s.p.}(ug), \tag{17.6}$$

da in gg-Kernen – im Gegensatz zu ug-Kernen – ein Cooper-Paar aufgebrochen werden muß, um eine Einteilchenanregung zu ermöglichen (siehe unten).

3.) Supraleitung in Festkörpern

In einem Normalleiter erfolgt die elektrische Leitung durch quasifreie Elektronen; der Widerstand ist eine Folge der Stöße zwischen den Elektronen und den Gitteratomen. Ohne äußeres Feld ist der Zustand der Leitungselektronen beschrieben durch eine Fermikugel um den Ursprung im Impulsraum (stromloser Zustand). Durch ein äußeres Feld (angelegte Spannung U) wird die Fermikugel (in erster Ordnung) linear im Impulsraum verschoben,

$$\Delta k = \frac{\sqrt{2em_e U}}{\hbar}, \tag{17.7}$$

so daß ein nichtverschwindender Erwartungswert des Stromes resultiert. Nach Abschalten des äußeren Feldes stellt sich der stromlose Zustand wieder her durch Stöße zwischen Elektronen und Gitteratomen.

Im **Supraleiter** ist bei Anwesenheit von Cooper-Paaren dieser Relaxationsprozeß stark unterdrückt, solange die durch das äuß ere Feld zugeführte Energie eU nicht zum Aufbruch der Cooper-Paare ausreicht! Der Strom fließt weiterhin widerstandslos! In einfacher Abschätzung kann für

$$\frac{\hbar^2}{2m}\left((k_F + \Delta k)^2 - (k_F - \Delta k)^2\right) = \frac{\hbar^2 k_F \Delta k}{m} < P \qquad (17.8)$$

dann ein Suprastrom fließen, wobei in (17.8) k_F für den Fermi-Impuls, Δk für die Verschiebung der Fermikugel durch das äußere Feld (17.7) und P für die Paar-Energie steht. Die **kritische Stromstärke** j_c kann man abschätzen über

$$\Delta k = \frac{m\,\Delta v}{\hbar} = \frac{m}{e\hbar n}\,j_c, \qquad n = \frac{k_F^3}{3\pi^2}, \qquad (17.9)$$

wobei n die Elektronendichte bezeichnet, was zusammen mit (17.8) zu einer kritischen Stromstärke $j_c \sim 10^7$ Amp/cm^2 führt.

Oberhalb einer kritischen Temperatur $k_B T_c \geq P$ können die Cooper-Paare ‚thermisch' aufgebrochen werden; die Supraleitung verschwindet wieder. Eine Abschätzung liefert $T_c < 20^o$ K für Metalle.

17.2 Herkunft der Paar-Kraft

In der **Festkörperphysik** ergibt die Elektron-Phonon Kopplung in zweiter Ordnung Störungstheorie einen attraktiven Beitrag zur Elektron-Elektron Wechselwirkung, der unter bestimmten Umständen die Coulomb-Repulsion der Elektronen überkompensiert und zur Paarbildung führt.

In der **Kernphysik** begünstigen Komponenten hoher Multipolarität der Nukleon-Nukleon-Wechselwirkung,

$$V(r_{12}) = \sum_l f_l(r_1, r_2)\, P_l(\cos(\theta_{12})), \qquad (17.10)$$

die Bildung von Nukleon-Paaren mit Gesamtdrehimpuls $I = 0$.

17.3 BCS-Grundzustand

Im Modell von **Bardeen-Cooper-Schrieffer** wird der Grundzustand des Systems aus Cooper-Paaren $(k, \bar{k})$ aufgebaut:

$$|\tilde{\Phi}_0\rangle = \prod_{k>0} (u_k + v_k a_k^\dagger a_{\bar{k}}^\dagger)|0\rangle, \qquad (17.11)$$

wobei $\bar{k}$ der zu k zeitumgekehrte Zustand und u_k, v_k reelle Entwicklungskoeffizienten sind. Die Notation $k > 0$ bedeutet, daß nur Zustände mit $m_j > 0$ in der Kernphysik bzw.

nur Zustände mit Spin *up* in der Festkörperphysik gezählt werden, da der zeitumgekehrte Zustand $\bar{k}$ über die Paarbildung bereits berücksichtigt wird. Die Normierung von $|\tilde{\Phi}_0\rangle$ liefert

$$\langle \tilde{\Phi}_0|\tilde{\Phi}_0\rangle = \prod_{k>0}(u_k^2 + v_k^2). \tag{17.12}$$

Folglich ist $\langle \tilde{\Phi}_0|\tilde{\Phi}_0\rangle$ auf 1 normiert, wenn

$$u_k^2 + v_k^2 = 1 \qquad \forall\, k. \tag{17.13}$$

Zum Beweis von (17.12) beachtet man, daß

$$[]a_k^\dagger a_{\bar{k}}^\dagger, a_l^\dagger a_{\bar{l}}^\dagger]_+ = 0; \quad [a_k^\dagger a_{\bar{k}}^\dagger, a_{\bar{l}} a_l]_+ = 0 \quad \forall\, k \neq l \tag{17.14}$$

und

$$\langle 0|a_{\bar{l}} a_l a_k^\dagger a_{\bar{k}}^\dagger|0\rangle = \delta_{lk}\delta_{\bar{l}\bar{k}}. \tag{17.15}$$

In den Produkten (mit $(a_l^\dagger a_{\bar{l}}^\dagger)^\dagger = a_{\bar{l}} a_l$)

$$\langle \tilde{\Phi}_0|\tilde{\Phi}_0\rangle = \prod_{k>0}\prod_{l>0}\langle 0|(u_l + v_l a_{\bar{l}} a_l)(u_k + v_k a_k^\dagger a_{\bar{k}}^\dagger)|0\rangle \tag{17.16}$$

kann man damit die $a_{\bar{l}} a_l$ für $l \neq k$ an den $a_k^\dagger a_{\bar{k}}^\dagger$ vorbeiziehen, womit das Produkt über $l > 0$ lediglich einen Faktor mit $l = k$ ergibt:

$$\prod_{k\neq l, k>0} \langle 0|u_k u_k + u_k v_k a_k^\dagger a_{\bar{k}}^\dagger + v_k u_k a_{\bar{k}} a_k + v_k v_k a_{\bar{k}} a_k a_k^\dagger a_{\bar{k}}^\dagger|0\rangle = (u_k^2 + v_k^2)\langle \tilde{\Phi}_0|\tilde{\Phi}_0\rangle'$$

wobei $'$ andeutet, daß das Paar $(k, \bar{k})$ auszulassen ist. Wiederholte Anwendung führt dann auf (17.12).

Bemerkung Der Schalenmodell-Grenzfall ist im Ansatz (17.11) enthalten, wenn man $(u_k = 0,\, v_k = 1)$ für Zustände k unterhalb der Fermi-Energie und $(u_k = 1,\, v_k = 0)$ oberhalb der Fermi-Energie setzt.

Als Folge kann man v_k^2 als **Besetzungswahrscheinlichkeit** des Paar-Zustandes $(k, \bar{k})$ bezeichnen. Für ‚endliche‘ $0 \leq v_k^2 \leq 1$ wird die im Schalenmodell scharfe Fermi-Kante durch die Restwechselwirkung ‚verschmiert‘. Diese Verschmierung sieht ähnlich aus wie im Fall endlicher Temperaturen T in der Quantenstatistik, jedoch ist hier der korrelierte Grundzustand (17.11) (bei $T = 0$) relativ zum Einteilchen-Schalenmodell bereits ‚verschmiert‘! Die Parameter u_k und v_k lassen sich aus dem Variationsprinzip bestimmen:

$$\delta \langle \tilde{\Phi}_0 | H - \lambda \mathcal{N} | \tilde{\Phi}_0 \rangle = 0, \qquad (17.17)$$

wobei der Lagrange-Parameter λ so zu wählen ist, daß

$$\langle \tilde{\Phi}_0 | \mathcal{N} | \tilde{\Phi}_0 \rangle = N \qquad (17.18)$$

der geforderten Teilchenzahl entspricht, da der Zustand $| \tilde{\Phi}_0 \rangle$ unscharf bzgl. der Teilchenzahl ist (siehe unten).

17.4 BCS-Quasiteilchen

Quasiteilchen werden definiert in Relation zu einem Referenzvakuum, das nicht mit dem physikalischen Vakuum $|0\rangle \langle 0|$ übereinstimmen muß. Für die Operatoren

$$\alpha_k = u_k a_k - v_k a_{\bar{k}}^{\dagger}; \quad \alpha_{\bar{k}} = u_k a_{\bar{k}} + v_k a_k^{\dagger} \qquad (17.19)$$
$$\alpha_k^{\dagger} = u_k a_k^{\dagger} - v_k a_{\bar{k}}; \quad \alpha_{\bar{k}}^{\dagger} = u_k a_{\bar{k}}^{\dagger} + v_k a_k$$

gilt

$$\alpha_k | \tilde{\Phi}_0 \rangle = \alpha_{\bar{k}} | \tilde{\Phi}_0 \rangle = 0 \qquad \forall \, k, \bar{k}. \qquad (17.20)$$

Der **Beweis** erfolgt in 2 Schritten:

1.)
$$\alpha_l | \tilde{\Phi}_0 \rangle = (u_l a_l - v_l a_{\bar{l}}^{\dagger}) \prod_{k>0} (u_k + v_k a_k^{\dagger} a_{\bar{k}}^{\dagger}) |0\rangle \qquad (17.21)$$

$$= \left(\prod_{l \neq k, k>0} (u_k + v_k a_k^{\dagger} a_{\bar{k}}^{\dagger}) \right) (u_l a_l - v_l a_{\bar{l}}^{\dagger})(u_l + v_l a_l^{\dagger} a_{\bar{l}}^{\dagger}) |0\rangle,$$

d.h. man kann $(u_l a_l - v_l a_{\bar{l}}^{\dagger})$ an den Operatoren $a_k^{\dagger} a_{\bar{k}}^{\dagger}$ vorbeiziehen für $l \neq k, \bar{k}$, da für $l \neq k, \bar{k}$ gilt

$$[a_k^{\dagger} a_{\bar{k}}^{\dagger}, a_l]_+ = [a_k^{\dagger} a_{\bar{k}}^{\dagger}, a_l^{\dagger}]_+ = 0. \qquad (17.22)$$

2.) Schritt:

$$(u_l a_l - v_l a_{\bar{l}}^\dagger)(u_l + v_l a_l^\dagger a_{\bar{l}}^\dagger)\,|0\rangle = (u_l^2 a_l + u_l v_l a_l a_l^\dagger a_{\bar{l}}^\dagger - u_l v_l a_{\bar{l}}^\dagger - v_l^2 a_{\bar{l}}^\dagger a_l^\dagger a_{\bar{l}}^\dagger)\,|0\rangle \quad (17.23)$$

$$= (u_l v_l a_l a_l^\dagger - u_l v_l)a_{\bar{l}}^\dagger\,|0\rangle = (u_l v_l - u_l v_l)a_{\bar{l}}^\dagger\,|0\rangle \equiv 0.$$

Folglich kann $|\tilde{\Phi}_0\rangle$ als **Quasiteilchen-Vakuum** bzgl. der Operatoren α_l betrachtet werden. Die Umkehrung von (17.19) lautet

$$a_k = u_k \alpha_k + v_k \alpha_{\bar{k}}^\dagger; \qquad a_{\bar{k}} = u_k \alpha_{\bar{k}} - v_k \alpha_k^\dagger \tag{17.24}$$
$$a_k^\dagger = u_k \alpha_k^\dagger + v_k \alpha_{\bar{k}}; \qquad a_{\bar{k}}^\dagger = u_k \alpha_{\bar{k}}^\dagger - v_k \alpha_k,$$

wie man leicht nachrechnet. In kompakter Form:

$$a_k = u_k \alpha_k + S_k v_k \alpha_{\bar{k}}^\dagger, \qquad a_k^\dagger = u_k \alpha_k^\dagger + S_k v_k \alpha_{\bar{k}} \tag{17.25}$$

mit $S_k = 1$ für $k > 0$ und $S_k = -1$ für $\bar{k} = k < 0$. Aus den Fermi-Vertauschungsrelationen der $a_k, a_k^\dagger$ folgen ebenfalls die Fermi-Vertauschungsrelationen der $\alpha_k, \alpha_k^\dagger$,

$$[\alpha_k, \alpha_l^\dagger]_+ = \delta_{kl}, \quad [\alpha_k, \alpha_l]_+ = [\alpha_k^\dagger, \alpha_l^\dagger]_+ = 0. \tag{17.26}$$

Der Übergang von Teilchen zu Quasiteilchen erweist sich als vorteilhaft für die Berechnung von Matrixelementen und als physikalisch sinnvoll für die Konstruktion angeregter Zustände.

Bemerkung Die BCS-Quasiteilchen sind nicht mit den Cooper-Paaren zu verwechseln!

17.5   Matrixelemente in BCS-Modell

Die **Teilchenzahl** im BCS-Grundzustand ist gegeben durch

$$\langle \tilde{\Phi}_0 | \mathcal{N} | \tilde{\Phi}_0 \rangle = \sum_m \langle \tilde{\Phi}_0 | a_m^\dagger a_m | \tilde{\Phi}_0 \rangle \tag{17.27}$$

$$= \sum_m \langle \tilde{\Phi}_0 | (u_m^2 \alpha_m^\dagger \alpha_m + S_m v_m u_m \alpha_{\bar{m}} \alpha_m + u_m v_m S_m \alpha_m^\dagger \alpha_{\bar{m}} + S_m v_m S_m v_m \alpha_{\bar{m}} \alpha_{\bar{m}}^\dagger) | \tilde{\Phi}_0 \rangle$$

$$= \sum_m \langle \tilde{\Phi}_0 | \alpha_{\bar{m}} \alpha_{\bar{m}}^\dagger | \tilde{\Phi}_0 \rangle v_m^2 = \sum_m v_m^2 = 2 \sum_{m>0} v_m^2 .$$

Sie ist im allgemeinen unscharf, denn die **Teilchenzahl-Unschärfe**

$$(\Delta N)^2 = \langle \tilde{\Phi}_0 | \mathcal{N}^2 | \tilde{\Phi}_0 \rangle - \langle \tilde{\Phi}_0 | \mathcal{N} | \tilde{\Phi}_0 \rangle^2 = 2 \sum_m u_m^2 v_m^2 \neq 0 \tag{17.28}$$

außer im Schalenmodell-Grenzfall! Zum Beweis bildet man

$$\langle \tilde{\Phi}_0 | \mathcal{N}^2 | \tilde{\Phi}_0 \rangle = \langle \tilde{\Phi}_0 | \sum_{m,n} a_m^\dagger a_m a_n^\dagger a_n | \tilde{\Phi}_0 \rangle \tag{17.29}$$

$$= \langle \tilde{\Phi}_0 | \sum_m a_m^\dagger a_n \delta_{nm} | \tilde{\Phi}_0 \rangle - \langle \tilde{\Phi}_0 | \sum_{m,n} a_m^\dagger a_n^\dagger a_m a_n | \tilde{\Phi}_0 \rangle$$

$$= \sum_m v_m^2 - \sum_{m,n} \langle \tilde{\Phi}_0 | \alpha_{\bar{m}} \alpha_{\bar{n}} \alpha_{\bar{m}}^\dagger \alpha_{\bar{n}}^\dagger | \tilde{\Phi}_0 \rangle v_m^2 v_n^2 - \sum_{m,n} \langle \tilde{\Phi}_0 | \alpha_{\bar{m}} \alpha_n^\dagger \alpha_m \alpha_{\bar{n}}^\dagger | \tilde{\Phi}_0 \rangle S_n v_n S_m v_m u_n u_m$$

$$= \sum_m v_m^2 + \sum_{m \neq n} v_m^2 v_n^2 + \sum_m v_m^2 u_m^2$$

mit $(v_m^2 = 1 - u_m^2)$ sowie

$$\langle \tilde{\Phi}_0 | \mathcal{N}^2 | \tilde{\Phi}_0 \rangle - \langle \tilde{\Phi}_0 | \mathcal{N} | \tilde{\Phi}_0 \rangle^2 \tag{17.30}$$

$$= \sum_m v_m^2 + \sum_{m \neq n} v_m^2 v_n^2 + \sum_m u_m^2 v_m^2 - \sum_m v_m^4 - \sum_{m \neq n} v_m^2 v_n^2$$

$$= \sum_m v_m^2 + \sum_m u_m^2 v_m^2 - \sum_m v_m^4 = \sum_m v_m^2 + \sum_m u_m^2 v_m^2 - \sum_m v_m^2 (1 - u_m^2)$$

$$= 2 \sum_m v_m^2 u_m^2 .$$

Die Matrixelemente des Hamiltonoperators ergeben sich zu:

$$\langle \tilde{\Phi}_0 | H | \tilde{\Phi}_0 \rangle = \sum_m \left((m|t|m) + \frac{1}{2} \sum_n (mn|V|mn)_{\mathcal{A}} \, v_n^2 \right) v_m^2 \tag{17.31}$$

$$+ \sum_{m>0,n>0} (m\bar{m}|V|n\bar{n})_{\mathcal{A}} (u_n v_n)(u_m v_m),$$

wobei der 1. Term einer Summe über **modifizierte Einteilchenenergien** entspricht und der 2. Term eine reine **Paar-Wechselwirkung** ergibt, welche im Schalenmodell-Grenzfall verschwindet. Zum Beweis von (17.31) rechnet man

$$\langle \tilde{\Phi}_0 | H | \tilde{\Phi}_0 \rangle = \sum_{m,n} (m|t|n) \langle \tilde{\Phi}_0 | a_m^\dagger a_n | \tilde{\Phi}_0 \rangle + \frac{1}{2} \sum_{k,l,m,n} (kl|V|mn) \langle \tilde{\Phi}_0 | a_k^\dagger a_l^\dagger a_n a_m | \tilde{\Phi}_0 \rangle$$

$$\tag{17.32}$$

auf Quasiteilchenoperatoren um. Als Zwischenergebnis erhält man

$$\langle \tilde{\Phi}_0 | a_m^\dagger a_n | \tilde{\Phi}_0 \rangle = \delta_{nm} v_m^2, \tag{17.33}$$

$$\langle \tilde{\Phi}_0 | a_k^\dagger a_l^\dagger a_n a_m | \tilde{\Phi}_0 \rangle = \langle \tilde{\Phi}_0 | \alpha_{\bar{k}} \alpha_{\bar{l}} \alpha_{\bar{n}}^\dagger \alpha_{\bar{m}}^\dagger | \tilde{\Phi}_0 \rangle S_k v_k S_l v_l S_n v_n S_m v_m \tag{17.34}$$

$$+ \langle \tilde{\Phi}_0 | \alpha_{\bar{k}} \alpha_l^\dagger \alpha_n \alpha_{\bar{m}}^\dagger | \tilde{\Phi}_0 \rangle S_k v_k u_l S_m v_m u_n.$$

Nichtverschwindende Matrixelemente im 1. Term von (17.34) gibt es nur für $k = m, l = n$ oder $k = n, l = m$ und im 2. Term von (17.34) nur für $n = \bar{m}, l = \bar{k}$. Die Auswertung liefert

$$\langle \tilde{\Phi}_0 | H | \tilde{\Phi}_0 \rangle = \sum_m \left((m|t|m) + \frac{1}{2} \sum_{m,n} (mn|V|mn)_{\mathcal{A}} v_n^2 \right) v_m^2 \tag{17.35}$$

$$+ \frac{1}{2} \sum_{m,n} (m\bar{m}|V|n\bar{n}) S_n S_m u_n v_n u_m v_m$$

mit dem antisymmetrisierten Matrixelement

$$(mn|V|mn)_{\mathcal{A}} = (mn|V|mn) - (mn|V|nm). \tag{17.36}$$

Wegen der Zeitumkehrinvarianz der Wechselwirkung und Hermitizität der kinetischen Energie gilt weiterhin

$$(\bar{m}|t|\bar{m}) = (m|t|m)^* = (m|t|m), \tag{17.37}$$

sowie

$$(\bar{m}\bar{n}|V|\bar{m}\bar{n})_{\mathcal{A}} = (mn|V|mn)_{\mathcal{A}}, \tag{17.38}$$

$$(m\bar{n}|V|m\bar{n})_{\mathcal{A}} = (\bar{m}n|V|\bar{m}n)_{\mathcal{A}}$$

$$S_n S_m (m\bar{m}|V|n\bar{n}) + S_{\bar{n}} S_m (m\bar{m}|V|\bar{n}n) = (m\bar{m}|V|n\bar{n})_{\mathcal{A}}.$$

Eine Zusammenfassung der Summationen in (17.35) liefert dann das Ergebnis (17.35).

17.6 BCS-Lösungen

Da $u_m^2 + v_m^2 = 1$ ist die Variation (17.17) nach den Parametern u_m, v_m nicht unabhängig und man nutzt aus, daß

$$\frac{\partial}{\partial v_m}(u_m v_m) = \frac{\partial}{\partial v_m}\left(\sqrt{1 - v_m^2}\, v_m\right) = -\frac{v_m^2}{u_m} + u_m = \frac{u_m^2 - v_m^2}{u_m}. \tag{17.39}$$

Zur Berechnung der verbleibenden Variation

$$\frac{\partial}{\partial v_m}\langle \tilde{\Phi}_0|H - \lambda\mathcal{N}|\tilde{\Phi}_0\rangle = 0 \tag{17.40}$$

führt man (im Hinblick auf (17.27) und (17.31)) **verallgemeinerte Einteilchenenergien** ein,

$$\tilde{\epsilon}_m = (m|t|m) - \lambda + \sum_n (mn|V|mn)_{\mathcal{A}}\, v_n^2, \tag{17.41}$$

sowie ein **mittleres Paar-Potential**

$$\Delta_m = \sum_{n>0}(m\bar{m}|V|n\bar{n})_{\mathcal{A}}\, u_n v_n. \tag{17.42}$$

Gleichung (17.40) liefert dann

$$2\tilde{\epsilon}_m v_m + \Delta_m \frac{u_m^2 - v_m^2}{u_m} = 0. \tag{17.43}$$

Die formalen Lösungen von (17.43) sind

$$u_m^2 = \frac{1}{2}\left(1 + \frac{\tilde{\epsilon}_m}{\sqrt{\tilde{\epsilon}_m^2 + \Delta_m^2}}\right), \qquad v_m^2 = \frac{1}{2}\left(1 - \frac{\tilde{\epsilon}_m}{\sqrt{\tilde{\epsilon}_m^2 + \Delta_m^2}}\right), \tag{17.44}$$

welche iterativ zu lösen sind. Man sieht unmittelbar, daß

$$u_m^2 v_m^2 = \frac{1}{4}\left(1 - \frac{\tilde{\epsilon}_m^2}{\tilde{\epsilon}_m^2 + \Delta_m^2}\right) = \frac{1}{4}\frac{\Delta_m^2}{\tilde{\epsilon}_m^2 + \Delta_m^2}. \tag{17.45}$$

Als **Startwerte für die Iteration** wählt man

1.) die Hartree-Fock Werte, d. h. man setzt in (17.41) $v_m^2 = 1$ für Energien unterhalb der Fermi-Energie und $v_m^2 = 0$ oberhalb.

2.) In der **Gap-Gleichung** (unter Ausnutzung von (17.45))

$$\Delta_m = \frac{1}{2}\sum_{n \neq \bar{n}}(m\bar{m}|V|n\bar{n})_{\mathcal{A}}\frac{\Delta_n}{\sqrt{\tilde{\epsilon}_n^2 + \Delta_n^2}}, \tag{17.46}$$

setzt man $\tilde{\epsilon}_n^2$ gemäß Schritt 1.) ein und approximiert Δ_n durch einen zustandsunabhängigen **Gap-Parameter** Δ, der sich aus (17.46) nach Division durch Δ ergibt,

$$1 = \frac{1}{2}\sum_{n \neq \bar{n}}(m\bar{m}|V|n\bar{n})_{\mathcal{A}}\frac{1}{\sqrt{\tilde{\epsilon}_n^2 + \Delta^2}}. \tag{17.47}$$

Die Bedeutung von λ wird klar, wenn man die **verallgemeinerte Fermikante** definiert durch

$$v_F^2 = u_F^2 = \frac{1}{2}; \tag{17.48}$$

dann wird

$$\tilde{\epsilon}_F = 0 \qquad \rightarrow \lambda = \epsilon_F. \tag{17.49}$$

17.7 Anregungen auf dem BCS-Grundzustand

Im Schalenmodell hatten wir angesetzt

$$H = H_0 + H_R, \qquad H_0 = \sum_i \epsilon_i a_i^\dagger a_i = \sum_i e_i \alpha_i^\dagger \alpha_i \tag{17.50}$$

mit den Quasiteilchen-Operatoren α_i aus (17.19) (für $v_i = 1, 0$) und

$$e_i = \epsilon_i - \epsilon_F \ \text{ falls } \epsilon_i > \epsilon_F; \tag{17.51}$$

$$e_i = \epsilon_F - \epsilon_i \ \text{ falls } \epsilon_i \leq \epsilon_F.$$

1 Teilchen - 1 Loch (oder **1**particle -**1**hole) Anregungen sind dann

$$|\Phi_{mi}\rangle = a_m^\dagger a_i |\Phi_0^{SM}\rangle = \alpha_m^\dagger \alpha_i^\dagger |\Phi_0^{SM}\rangle \tag{17.52}$$

mit $i \leq N$ und $m > N$; sie entsprechen dann **2-Quasiteilchen-Anregungen** mit der Anregungsenergie $\epsilon_m - \epsilon_i = e_m + e_i$.

Analog gehen wir vor im BCS-Modell mit der neuen Aufteilung

$$H = \tilde{H}_0 + \tilde{H}_R, \qquad \tilde{H}_0 = \sum_k \tilde{e}_k \alpha_k^\dagger \alpha_k, \tag{17.53}$$

wobei $\tilde{H}_0$ nun auch die Anteile von H_R enthält, die zur Bildung von Cooper-Paaren führen. Durch Umrechnen von H auf die BCS-Quasiteilchen-Operatoren $\alpha_i^\dagger$, α_i findet man

$$\tilde{e}_k = \sqrt{\tilde{\epsilon}_k^2 + \Delta_k^2}. \tag{17.54}$$

1-Quasiteilchen-Anregungen beschreiben Systeme mit ungerader Massenzahl, z. B. (u, g)-Kerne:

$$\alpha_n^\dagger |\tilde{\Phi}_0\rangle = a_n^\dagger \prod_{n \neq k, k \rangle 0} (u_k + v_k a_k^\dagger a_{\bar{k}}^\dagger) \, |0\rangle, \tag{17.55}$$

da

$$(u_n a_n^\dagger - v_n a_{\bar{n}})(u_n + v_n a_n^\dagger a_{\bar{n}}^\dagger) \, |0\rangle = (u_n^2 + v_n^2) a_n^\dagger |0\rangle; \quad \text{und } [\alpha_n^\dagger, a_k^\dagger a_{\bar{k}}^\dagger] = 0 \quad \forall k, \bar{k} \neq n. \tag{17.56}$$

Der Grundzustand eines u, g-Systems ist dann $\alpha_n^\dagger |\tilde{\Phi}_0\rangle$ falls $\tilde{\epsilon}_n = 0$; eine 1T-1L Anregung des u, g Systems wird dann beschrieben durch

$$\alpha_n^\dagger \alpha_F \alpha_F^\dagger |\tilde{\Phi}_0\rangle_{gg} = \alpha_n^\dagger \alpha_F |\tilde{\Phi}_0\rangle_{ug} \tag{17.57}$$

mit der Energie:

$$e_n - e_F \approx \Delta \left(1 + \frac{\tilde{\epsilon}_n}{\Delta} \cdots \right) - \Delta \approx \tilde{\epsilon}_n. \tag{17.58}$$

2-Quasiteilchen-Anregungen werden beschrieben durch

$$\alpha_n^\dagger \alpha_{n'}^\dagger |\tilde{\Phi}_0\rangle = a_n^\dagger a_{n'}^\dagger \prod_{n \neq k \neq n', k > 0} (u_k + v_k a_k^\dagger a_{\bar{k}}^\dagger)|0\rangle \tag{17.59}$$

und haben die Anregungsenergie $e_n + e_{n'}$, also mindestens $\Delta_n + \Delta_{\bar{n}} \approx 2\Delta$ zum Aufbruch eines Cooper-Paares. Damit erklären sich die Effekte unter 17.1 in ‚einfacher' Weise.

Zusammenfassend haben wir eine erste Erweiterung der Hartree-Fock-Theorie vorgestellt, indem wir die attraktive Restwechselwirkung von Cooper-Paaren einbezogen haben, die bei Fermion-Systemen bei niedrigen Temperaturen (und geeigneter Dichte) zum Phänomen der Supraleitung führen kann.

Stichwortverzeichnis

Symbols
T-Matrix, 269
s-Wellen-Streuung, 160
1. Bornsche Näherung, 149, 160
1. Brillouin-Zone, 96

A
Abelscher Grenzwert, 266

B
Bildbereich, 188
Blochsches Theorem, 96
Bohrscher Radius, 134
Bohrsches Atom-Modell, 17
Bornsche Reihe, 148, 272
Brillouin-Theorem, 284
Brillouin-Wigner-Methode, 278

C
Cauchy-Folge, 175
Clebsch-Gordon-Koeffizient, 207
Compton-Effekt, 10
Coulomb-Streuung, 161

D
de-Broglie-Beziehung, 12
Definitionsbereich, 188
Dirac-Bild, 222, 265
Dispersionsrelation, 19

Drehimpulsdarstellung, 128
Drehinvarianz, 84

E
Eigenwertspektrum, 55
Einstein-de-Haas-Effekt, 78
Emission
 induzierte, 259
 spontane, 259
Energiebänder, 97
Entartung, 32
Erhaltungsgröße, 41
Erzeugungsoperator, 103

F
Feinstrukturkonstante, 131
Fock-Potential, 286
Fock-Raum, 228, 231

G
Gap-Gleichung, 302
Gap-Parameter, 302
Grundzustand, 102

H
Hamilton-Formalismus, 4
Hamilton-Funktion, 4
Hamiltonoperator, 30
Hartree-Potential, 286